React.js+Node.js+MongoDB

企业级全栈开发实践

李海燕 著

清華大学出版社
北 京

内 容 简 介

本书系统介绍Web应用全栈开发技术，通过一个真实的企业项目，讲解如何使用React全家桶以及Node.js、MongoDB进行全栈开发，帮助开发人员快速积累开发经验，全面掌握开发技巧。读完本书相当于真实参与一个完整的全栈项目开发。本书配套示例项目源代码。

本书共27章，内容包括开发环境的搭建、组件化的理解、主流前端框架的介绍、React组件和状态管理、Redux/React Redux的运用、Hooks API的运用、高阶组件、中间件、路由、webpack、axios、前端常用第三方工具库、UI框架antd、前端存储、国际化、toggle、前端调试、质量管理、前端工程化管理、与第三方继承、React项目性能优化、服务器开发的准备、Express应用框架、MongoDB的连接和数据操作、使用Postman测试接口、企业项目的React前端开发、企业项目的Node后端开发。

本书既适合React初学者、React+Node全栈开发初学者、了解基础知识但缺乏全栈开发经验的前端开发人员，以及想要拓宽职业技能的Web应用开发人员，也适合高等院校或高职高专Web应用开发相关课程的师生。

图书在版编目（CIP）数据

React.js+Node.js+MongoDB 企业级全栈开发实践/李海燕著. —北京：清华大学出版社，2024.1
（Web 前端技术丛书）
ISBN 978-7-302-64946-5

Ⅰ. ①R… Ⅱ. ①李… Ⅲ. ①网页制作工具－JAVA 语言－程序设计 Ⅳ. ①TP393.092.2 ②TP312.8

中国国家版本馆 CIP 数据核字（2023）第 224873 号

责任编辑：夏毓彦
封面设计：王　翔
责任校对：闫秀华
责任印制：杨　艳

出版发行：清华大学出版社
网　　址：https://www.tup.com.cn，https://www.wqxuetang.com
地　　址：北京清华大学学研大厦 A 座　　**邮　　编**：100084
社 总 机：010-83470000　　**邮　　购**：010-62786544
投稿与读者服务：010-62776969，c-service@tup.tsinghua.edu.cn
质量反馈：010-62772015，zhiliang@tup.tsinghua.edu.cn
印 装 者：河北鹏润印刷有限公司
经　　销：全国新华书店
开　　本：190mm×260mm　　**印　　张**：22.5　　**字　　数**：607 千字
版　　次：2024 年 1 月第 1 版　　**印　　次**：2024 年 1 月第 1 次印刷
定　　价：89.00 元

产品编号：103237-01

前　　言

哪些公司用 React

全球500强公司中，很多知名企业都在用React，例如Facebook、纽约时报、雅虎、Airbnb、Asana、微软、联想、阿里、腾讯、小米等。React是大厂的选择，也是我们进大厂的选择。作为前端开发人员，掌握React是进入这些顶级公司的必备技能。

React 对开发有什么好处

组件化开发减少了重复工作，提高了开发效率；用数据驱动页面变化，拒绝手动操作DOM，最大限度地减少了DOM操作带来的排版与重绘损耗，显著提高了网站性能。

React不仅仅是一个库、一种架构，甚至不只是一个生态系统，它是一个社区。在这里我们可以寻求帮助、发现机会并结交新朋友。我们将会遇到开发者和设计师、初学者和专家、研究人员和艺术家、教师和学生等各行各业的人士。我们的背景可能不同，但React让我们所有人都能够共同创建用户界面。

全栈开发更厉害、更有前途

全栈开发就是前端、后端，甚至是测试等什么都能干，一个人就能独立完成整个产品的开发。

全栈开发相对稀有，物以稀为贵。

全栈开发人员在学习过程中，接受的知识更广泛，再加上编程的很多知识点是相互关联的，因此，他们在学习新知识时，比如技术框架，有些一看就能联想到自己学过的知识，从而更快接受和理解新知识，甚至说给个文档上手就能写。

本书真的适合你吗

现在的前端开发和十年前已经完全不同了，不仅技术格局大面积翻新，而且开发思路也大不相同。这就对开发者提出了更高的要求，开发者不仅要能使用框架进行组件化开发，还要了解服务器端开发、数据库应用。

本书带领读者开发一个真实的企业项目——计算机选购配置系统，它是一个在线工具，根据用户选择的软件和应用程序，给出笔记本电脑和服务器的最优配置。该系统包括客户端和服务器端两个工程。

本书不仅详细讲解计算机选购配置系统的实现，让读者从基本概念到如何运用，再到内部原理，系统地学习，还介绍各种实用技巧，包括项目搭建、Toggle控制、与第三方集成等。读者仿佛置身于公司项目组参与开发，可以快速吸收高手的开发经验，缩短与老员工的差距。

本书特点

（1）本书以企业的真实项目作为案例，从实际应用的角度出发，讲解细致，分析透彻。

（2）全栈开发涉及客户端项目和服务器端项目两个工程，其中每个文件的代码都做了细致的解释，让读者不仅知其然，更知其所以然。

（3）内容深入浅出、轻松易学。本书用通俗易懂的语言讲解难理解的技术，并将设计思路贯穿其中，激发读者的阅读兴趣，让读者能够真正学习到React开发中实用、前沿的技术。

（4）技术新颖、与时俱进，结合时下热门的技术，如React.js、Redux、Hooks、webpack、Node.js、Express、MongoDB、axios、antd、微前端框架Micro-app，让读者全面了解并熟悉更多的相关开发技术，快速吸收实战经验。对于无法全面讲解的一些框架，也给出了文档地址供读者参考。

（5）贴近读者、贴近实际，大量成熟第三方组件和框架的使用和说明，可以帮助读者快速找到问题的最优解决方案。

配套资源下载

本书配套提供示例源代码，需要用微信扫描下面二维码获取。

如果阅读过程中发现问题，请用电子邮件联系booksaga@163.com，邮件主题务必写“React.js+Node.js+MangoDB企业级全栈开发实践”。

本书读者

- React+Node 全栈开发人员
- React 前端开发初学者
- React 前端开发工程师
- 从事后端开发但对前端有兴趣的人员
- 高等院校或高职高专的学生
- 培训学校的学生

编　者

2023年12月

目　　录

第1章 组件化开发

参与过网站开发的人都知道，网站需要不断进行迭代和维护。随着网站功能的增加，项目的维护成本也随之增加。某些功能或UI的展示会在网站不同页面或不同位置重复出现，开发人员为了减少开发成本就要实现功能复用。在网站的开发中，每一个功能都是一个模块，一个模块由一个或几个组件组成。将每个模块拆分为组件是现代网站开发的必然趋势。

本章主要涉及的知识点有：

- 组件化开发的基本概念
- 使用组件化开发的原因和背景

1.1 什么是组件化开发

随着前端框架的出现，单页面应用的概念应运而生。前端的开发模式已经发生了翻天覆地的变化，不再是传统的由多个网页组成一个网站的架构模式。单页面应用中一个很重要的思想就是组件化开发，了解组件化开发是用好前端框架的前提。

1.1.1 多页应用

传统的网站开发是多页面的架构模式，就是一个网站由多个HTML页面组成。例如一个电商网站，一般由首页、产品列表页面、产品详情页面、购物车页面、结算页面等组成。每个页面对应一个HTML文件、若干个CSS文件以及若干个JavaScript文件。

项目的目录结构一般是把HTML文件放在最外层，把CSS文件、JavaScript文件放在单独的目录中。

数据的填充有两种方式，第一种是后端工程师将HTML页面进行改造，借助某种模板技术（如JSP、ASP、PHP）在服务器端动态生成HTML页面。这种开发模式下，前端代码和后端代码混在一起，网页的每次改动都需要前后端人员共同参与，增加了项目的沟通成本和协调成本。示例代码如下：

```
<table width="50%" class="border">
  <tr>
    <td height="25" align="right" class="tabletd1">name</td>
    <td height="25" class="tabletd1">
      <select name="students">
        <option value="">--please select--</option>
        <%
          ArrayList students = array.getXuesheng();
          for(int i = 0;i < students.size();i++) {
            ArrayList alRow = (ArrayList) students.get(i);
            if (client == null || client.size() == 0) {
        %>
        <option value="<%=alRow.get(6) %>"><%=alRow.get(6) %></option>
        <% } else { %>
        <option value="<%=alRow.get(5) %>"><%=alRow.get(5) %></option>
        <% }} %>
      </select>
    </td>
  </tr>
</table>
```

在上面这段代码中，Java工程师不得不面对前端的HTML代码，前端工程师也不得不面对页面上的<%@ %>、<jsp>等JSP语法，前后端耦合度太高，开发和维护起来都非常麻烦。

为了使前后端代码彻底分开，出现了另一种开发模式。前端工程师把其中的HTML文件改成ejs或jade等模板文件，通过ajax请求接口，并将接口返回的数据填充到页面中。在这种模式中，后端只提供数据，前端负责整个页面的模板渲染、数据填充以及交互逻辑，其本质是将模板文件和数据通过模板引擎生成最终的HTML。示例代码如下：

```
<body>
  <script>
    let users = ['geddy', 'neil', 'alex']
  </script>
  <ul>
   <% for(var i = 0; i < users.length; i++) { %>
      <% var user = users[i]; %>
      <li><%= user %></li>、
    <% } %>
    </ul>
</body>
```

以上两种开发模式都是早期多页面开发的数据填充方式。多页面模式的缺点是当用户单击一个链接并切换页面时，要刷新整个网页，也就是说浏览器需要重新从网络服务器请求HTML文档，并且下载页面相关的CSS和JavaScript静态资源。如果网站的静态资源下载比较慢，则用户体验会大打折扣。

1.1.2 单页应用

目前大部分的React项目都是单页应用，即整个网站或系统只有一个HTML文件作为容器，向用户展示的内容实际通过JavaScript进行填充，页面之间的跳转使用history实现。

单页应用可以带来更快的用户体验，因为浏览器不需要请求一个全新的HTML文档，也不需要为下一页重新下载CSS和JavaScript静态资源。它还可以通过动画等方式实现更动态的用户体验。

单页应用项目的目录结构一般如下所示。

```
|--public
     |--index.html
|--src
    |--page
         |--welcome.js
         |--goods.js
    |--component
         |--nav
             |--index.js
             |--index.css
    |--App.js
    |-- ...
|--node_modules
```

每个UI界面都是一个容器组件，例如src/page/welcome.js。每个容器组件由多个子组件组成，例如src/component/nav。每个组件都包含一个JS文件和一个CSS文件，JS文件负责UI渲染和逻辑交互，CSS文件负责组件的样式。然后通过打包工具将所有组件的JS文件和CSS文件打包为一个总的JS和CSS文件，例如上面结构中的App.js。最后通过webpack插件自动将总的JS和CSS文件放置于HTML文件中。在单页应用中，为每个页面分配一个路由，当路由切换时，渲染路由对应的组件。

1.1.3　组件化的概念

在单页应用中组件的概念至关重要。组件化是一种软件开发方法，首先，将软件分解为可识别和可重用的部分，使得应用程序开发人员可以独立构建和部署这些部分；然后，通过某些标准将这些组件拼接在一起。

对于什么是组件，什么不是组件，React没有任何硬性规定。一般来说，如果应用中的某部分是一个明显的“区块”，或者某个功能经常被重用，那么它可能是一个组件。

在单页应用中，经常把一些常见的UI元素制作成组件，以便可以在多个位置重复使用。如果该组件的样式或交互需要修改，那么只需修改一次，在使用该组件的任何地方就都可以看到更改。

1.2　为什么要用组件化开发

组件化的目的一方面是让应用中的各个部分可以被复用，以减少重复的代码，提高项目可维护性；另一方面是可以更好地使团队分工协作，让不同的人负责编写不同的组件，提高工作效率。

1.2.1　前后端分离思想

前后端分离就是一个系统的前端代码和后端代码分开编写。

它是当软件技术和业务发展到一定程度时，在项目管理工作上必须进行的一种升级，是公司部门架构的一种调整。它是一种必然而不是偶然。

初期的网站应用其实是侧重于后端的，因为互联网初期的页面功能比较简单，只需要进行数据的展示、提供基本的操作就可以了，整个项目的重点放在后台的业务逻辑处理上。但是随着业务和技术的发展，前端功能越来越复杂，也变得越来越重要，同时前端的技术栈越来越丰富。因此，在开发中遇到的问题就越来越多，解决这些问题的难度就越来越大。这时我们发现前端开发不能像以前那样零散地分布在整个系统架构当中了，前端也应该像后端那样实现工程化、模块化、系统化。

如何做到这一点呢？

将前端开发从之前的前后端混合在一起的组织架构当中分离出来，专门去研究开发工程化的前端技术，迭代升级新的技术体系，以解决项目中的问题，适应技术的发展。

1.2.2 组件复用

当一个系统复杂到一定程度时，会产生很多页面，这些页面中有一部分模块可能具有相同的样式或者相同的交互。因此，需要将这些相同的部分提取出来形成一个一个的组件，从而可以在不同位置重复引用，达到复用的目的。组件复用可以提高开发效率，并且易于后期维护。

1.3 计算机选购配置系统

本节主要介绍计算机选购配置系统，它是一个企业级项目，前端使用的是React技术栈，后端使用的是基于Node.js的Express框架。本书讲解的所有知识点都围绕这个系统展开。

1.3.1 系统介绍

计算机选购配置系统是一个企业级的软件系统，是一个在线选购计算机或服务器的工具系统。这个系统的主要目的是根据用户的选择，从数据库中筛选出符合条件的性价比和配置最优的个人计算机或服务器供用户选购。

用户的选择包括所在市场/区域、国家、语言、计算机上要安装的软件和应用程序。

整个项目由前端React工程和后端Node工程两部分组成。

- 前端React工程中，组件的编写使用了React、Redux、React Redux、Hooks，路由使用了react-router，项目构建使用了create-react-app和webpack。
- 后端Node工程中，接口的编写使用了Express，项目搭建使用了express-generator。

1.3.2 系统 UI 界面

计算机选购配置系统的UI界面包含登录页面、注册页面和内容页面。登录页面如图1.1所示。

Welcome to Software Labs

Software Labs can help you find a more suitable hardware solution based on your requirement.

* Username:

* Password:

Remember me

LOGIN

Or register now!

图 1.1　计算机选购配置系统的登录页面

注册页面如图1.2所示。

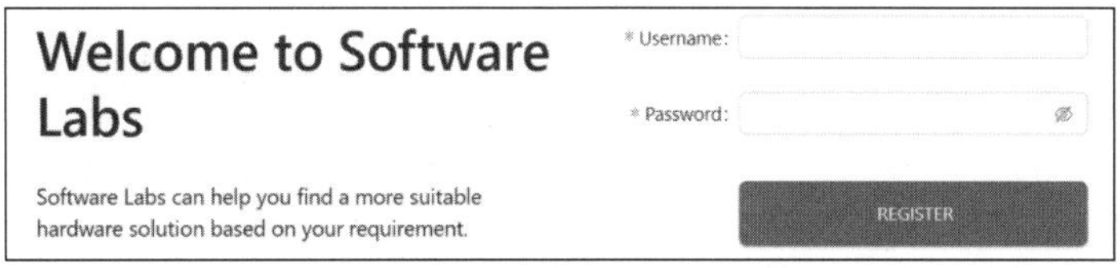

Welcome to Software Labs

Software Labs can help you find a more suitable hardware solution based on your requirement.

* Username:

* Password:

REGISTER

图 1.2　计算机选购配置系统的注册页面

内容页面中有两个界面UI：初始界面和产品列表界面。内容页面的初始界面如图1.3所示。

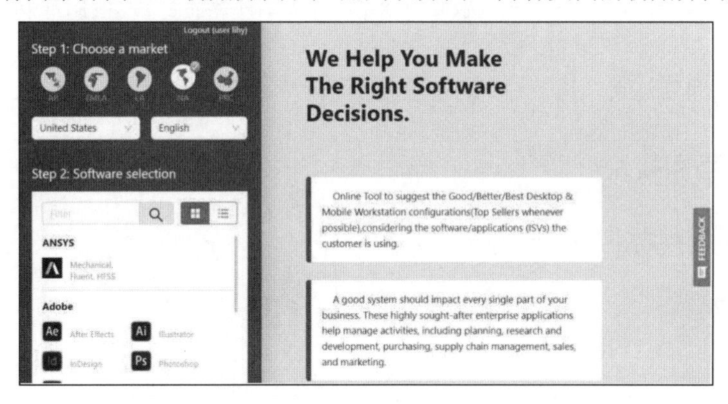

图 1.3　计算机选购配置系统的内容页面初始界面

内容页面的产品列表界面如图1.4所示。

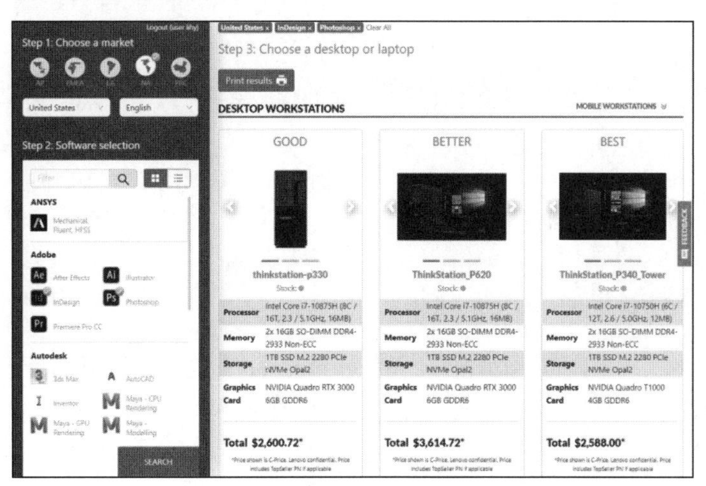

图 1.4　计算机选购配置系统中，搜索产品后的内容页面

1.3.3 登录页面和模块介绍

登录页面包括欢迎提示、登录表单和注册按钮，如图1.5所示。

Welcome to Software Labs

Software Labs can help you find a more suitable hardware solution based on your requirement.

欢迎提示

登录表单

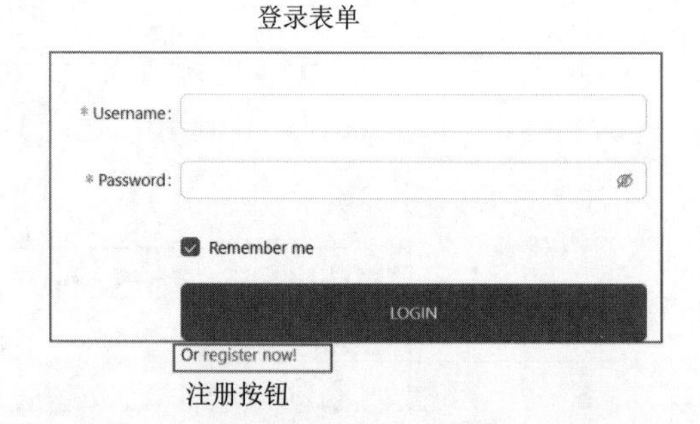

注册按钮

图1.5 登录页面模块划分

欢迎提示中的是固定文案，登录表单包含用户名、密码、记住我和登录按钮。当用户输入表单内容后，单击登录按钮，前端向后端发送ajax请求，调用后端接口，调用成功则表示登录成功，跳转到内容页面。

在登录页面中单击注册按钮，将跳转到注册页面。

1.3.4 注册页面和模块介绍

注册页面包括欢迎提示和注册表单，如图1.6所示。

欢迎提示

注册表单

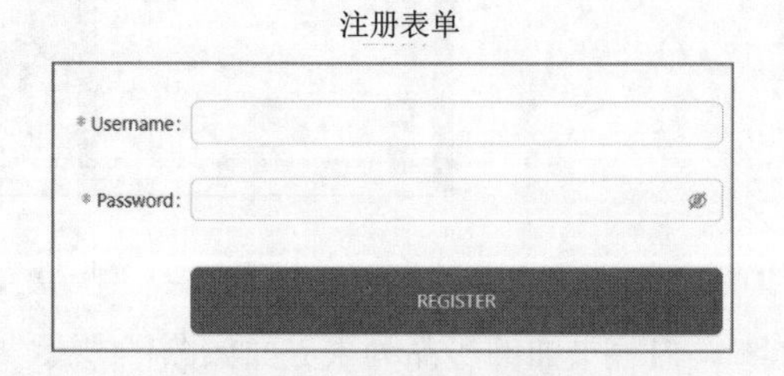

图 1.6 注册页面模块划分

注册页面和登录页面很相似，因此和登录页面的代码写在一个组件里，根据路由做判断，呈现不同的界面细节。

在注册页面，用户输入表单内容并单击注册按钮后，前端调用后端接口发送ajax请求，如果请求成功，则表示注册成功，并跳转到内容页面。

1.3.5 内容页面初始界面和模块介绍

内容页面在初始状态下，包括功能区、系统介绍banner和反馈，如图1.7所示。

左侧功能区中包括3个模块，分别是选择市场、选择软件和搜索。

在选择市场模块下，首先需要选择区域，有欧洲、亚洲、北美等，每个区域对应的国家列表不同。然后在国家列表下选择国家，每个国家对应的语言不同。最后在语言列表下选择语言。至此，选择市场模块的操作完成。

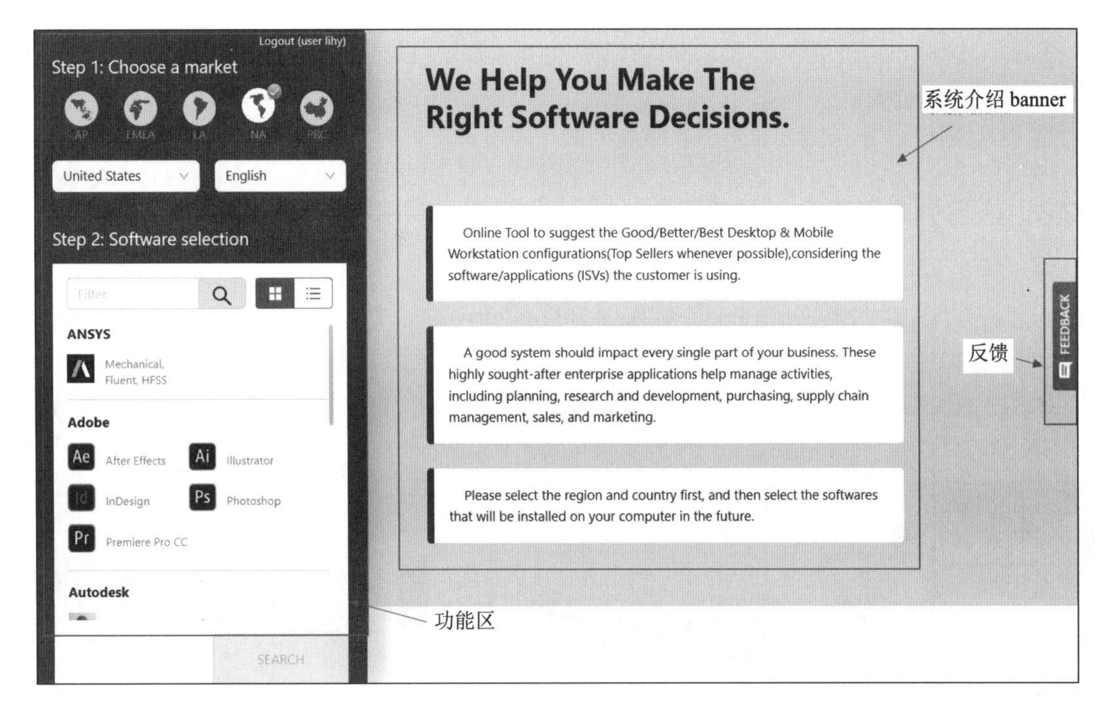

图 1.7　内容页面初始界面

由于笔者Chrome浏览器默认语言是美国英语，因此默认选择NA市场，美国，英文，如图1.8所示。

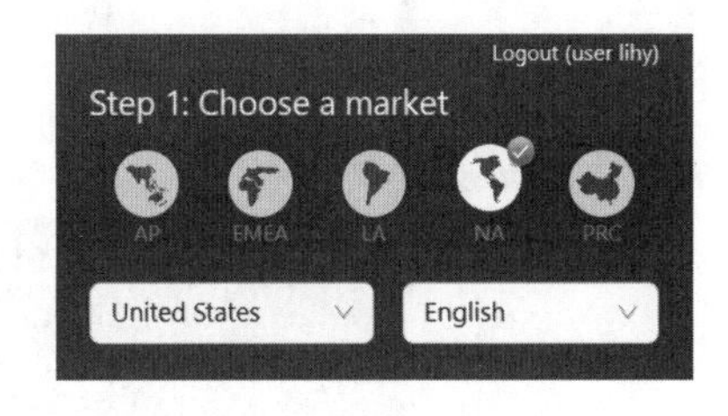

图1.8　选择市场模块

当选择市场模块操作完成后，选择软件模块会根据选择的语言展示相应语言的软件列表。用户根据需求选择1个或多个软件，当选择软件后，搜索按钮由灰色变为蓝色，表示可以搜索了，如图1.9所示。

另外，可以通过单击软件搜索框右侧的按钮来切换软件列表的展示形式，如图1.10所示。

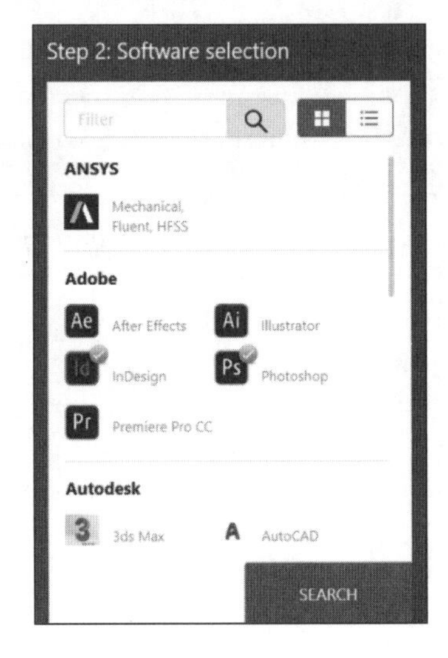

图 1.9　选择软件模块和搜索按钮

Step 2: Software selection

Filter

ISV	SOFTWARE
ANSYS	Mechanical, Fluent, HFSS
Adobe	After Effects
Adobe	Illustrator
Adobe	InDesign
Adobe	Photoshop
Adobe	Premiere Pro CC
Autodesk	3ds Max

SEARCH

图 1.10　选择软件模块的另一种展示形式

图1.8～图1.10展示的区域、国家和语言列表数据，都是由前端向后端发送ajax，再通过接口返回的。

单击搜索按钮后，内容页面将呈现搜索到的产品列表。

1.3.6 产品列表界面和模块介绍

产品列表界面包括功能区、用户筛选的条件、产品列表、联系我们和反馈，如图1.11所示。其中，产品列表、联系我们和反馈每个功能块划分为一个模块，也就是一个组件，每个组件又可以拆分为功能更单一的子组件。产品列表模块固定展示6个产品，分为上下两块，上面是DESKTOP WORKSTATIONS，下面是MOBILE WORKSTATIONS。每一个产品都由轮播图、产品名称、产品信息、产品总价和产品提示组成。产品列表模块如图1.12所示。

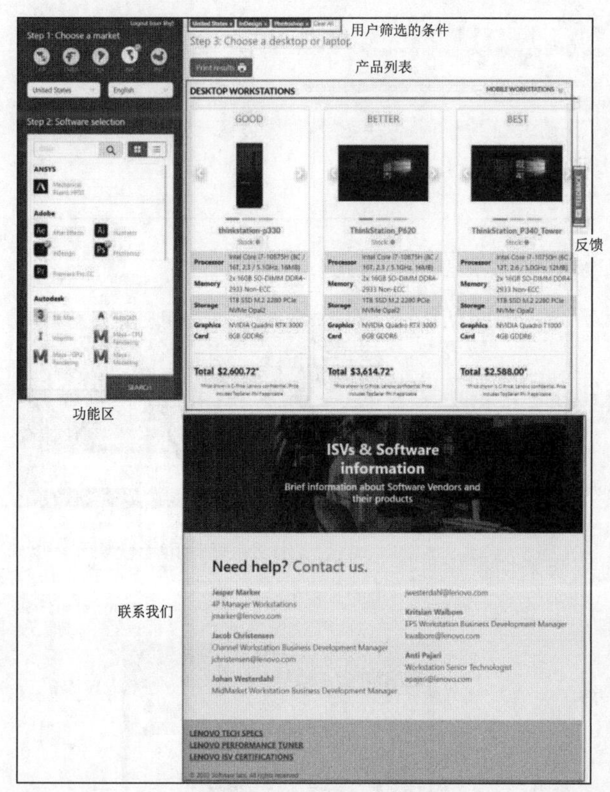

图 1.11 产品列表界面

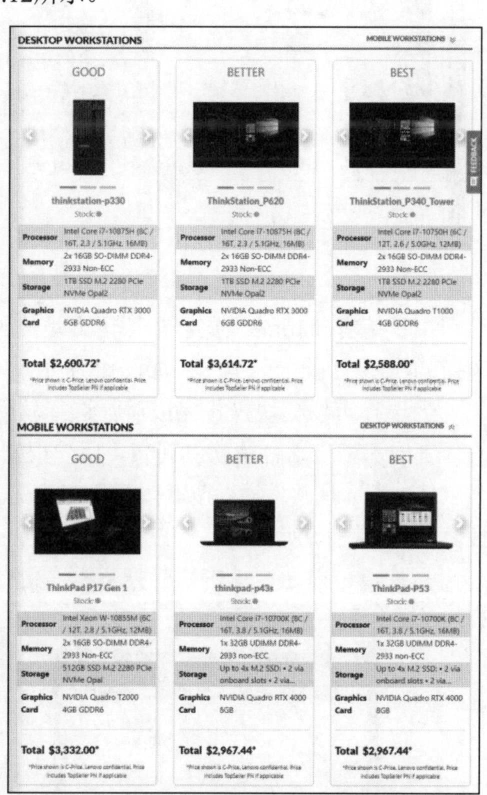

图 1.12 计算机选购配置系统的产品列表模块

在内容页面上，单击FEEDBACK按钮后将出现弹窗界面，如图1.13所示。

产品列表界面的顶部还有条件tag和打印按钮，如图1.14所示。

联系我们模块如图1.15所示。

Feedback

We are always looking for ways to improve. Please tell us what you think of our website below.

Overall, how satisfied are you with your website experience today?

Not at all Satisfied　Not Satisfied　Satisfied　Very Satisfied　Extremely Satisfied

Please tell us more about why you feel this way

Write your comments here

SEND FEEDBACK

图 1.13　单击 FEEDBACK 按钮后出现弹窗界面

图 1.14　条件 tag 和打印按钮界面

图 1.15　联系我们模块

1.4　小结

本章主要介绍了多页面应用和单页面应用的概念和特点，以及组件化开发的概念和优势。第1.3节详细介绍了本书案例——计算机选购配置系统的UI界面和组件划分。通过对本章内容的学习，读者能了解网站系统的结构和模块，并能进行合适的划分，便于以后项目的开发和维护。

第2章 三大主流前端框架介绍

在前端项目中，可以借助某些框架（如React、Vue、Angular等）来实现组件化开发，使代码更容易复用。此时，一个网页不再是由一个个独立的HTML、CSS和JavaScript文件组成，而是按照组件的思想将网页划分成一个个组件，如轮播图组件、列表组件、导航栏组件等。将这些组件拼装在一起，就形成一个完整的网页。

本章主要涉及的知识点有：

- React框架介绍
- Vue框架介绍
- Angular框架介绍
- 如何选型

2.1 React

React框架是目前流行的前端框架之一。许多公司的项目都由React框架进行构建和编写，尤其是外企或涉及全球团队合作的项目。本节先简单介绍React框架的基础知识和必须了解的一些知识点，使读者对React有一个基本的概念和认知。

React是由Facebook团队开发的一个开源框架，官方网站如图2.1所示。

图 2.1　React 官方网站

React是一个用于构建用户界面的JavaScript库。使用React框架创建一系列的React组件（如缩略图、点赞按钮和视频等），然后将它们组合成一个页面、系统或应用程序。

React框架在开发项目时有一套流程和规范，无论你是自己工作还是与成千上万的其他开发人员合作，使用React都是一样的。它旨在让工程师可以无缝地组合由独立人员、团队或组织编写的组件。

React组件的本质是JavaScript函数。例如，下面是VideoList.js组件代码实例：

```
function VideoList({ videos, emptyHeading }) {
  const count = videos.length;
  let heading = emptyHeading;
  if (count > 0) {
    const noun = count > 1 ? 'Videos' : 'Video';
heading = count + ' ' + noun;
  }
  return (
    <section>
      <h2>{heading}</h2>
      {videos.map(video =>
        <Video key={video.id} video={video} />
      )}
</section>
  );
}
```

上面代码中return()中的这种标记语法称为JSX，它是React推广的JavaScript语法扩展。JSX看起来与HTML相似，对于写过HTML代码的前端工程师来说，写JSX组件非常容易，不需要记住很多特定标记，并且使用JSX标记写出的组件呈现逻辑清晰，这使得React组件易于创建、维护和删除。

React组件会接收数据并将这些数据和JSX模板编译后形成一段一段的JavaScript代码，这些JavaScript代码会将数据呈现到屏幕上。React框架可以向组件传递新的数据以响应交互，例如当用户通过表单输入内容时，React随后将更新屏幕以匹配新数据。

React是单向响应的数据流，采用单向数据绑定，即Model（数据）的更新会触发View（页面）的更新，而View的更新不会触发Model的更新，它们的作用是单向的。在 React 中，当用户操作View 层的按钮或表单输入等需要更新Modal时，必须通过相应的 Actions 来进行操作。

2.2　Vue

Vue在中国公司的项目开发中非常流行，因为它具有上手快、轻量化的特点，并且文档对国人更友好。一些小型的、逻辑简单的项目大多使用Vue框架构建。

Vue是尤雨溪开发的一款开源的、构建用户界面的渐进式框架。Vue的官方网站如图2.2所示。

Vue的模板语法基于HTML的模板语法，并有特定的一套规则，例如插值语法，包括文本插值、Attribute插值等；指令语法，包括绑定事件的内部指令v-bind、v-on、v-model等，以及自定义指令；修饰符，v-on:submit.prevent等。

图 2.2　Vue 官方网站

与React类似，在底层机制中，Vue会将模板编译成JavaScript代码。结合响应式系统，当应用状态变更时，Vue能够智能地推导出需要重新渲染的组件的最少数量，并应用最少的DOM操作。

Vue支持单向数据绑定和双向数据绑定。

- 单向数据绑定时，使用v-bind属性绑定、v-on事件绑定或插值形式{{data}}。
- 双向数据绑定时，使用v-model指令，用户对View的更改会直接同步到Model。v-model本质是v-bind和v-on相组合的语法糖，是框架自动帮我们实现了更新事件。换句话说，我们完全可以采取单向绑定，自己实现类似的双向数据绑定。

2.3 Angular

Angular诞生于2009年，其出现的时间要早于React和Vue，它是一款来自谷歌的开源的Web前端框架，Angular的官方网站如图2.3所示。

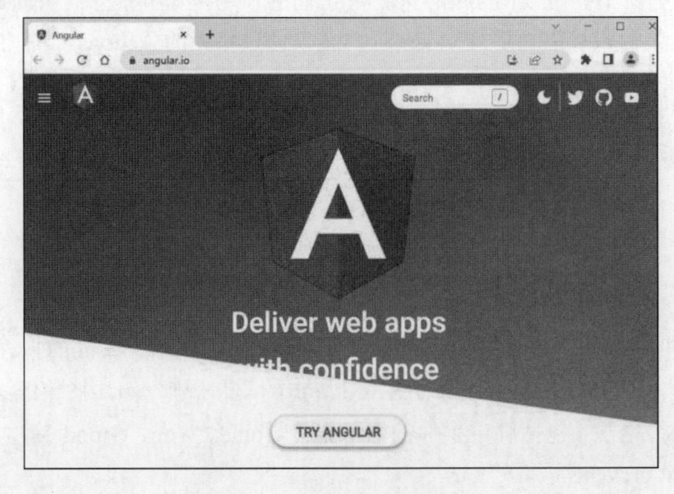

图 2.3　Angular 官方网站

Angular的模板功能强大、丰富，并且还引入了Java的一些概念，是一款大而全的框架，更侧重于大型前端工程的构建，为开发人员屏蔽项目构建底层的细节提出了自己的一套解决方案。

使用Angular的难点是学习曲线比较陡峭，优点是由于使用了标准化的开发方式，后期能极大地提高开发生产力，提高开发效率。

AngularJS支持单向数据绑定和双向数据绑定。

- 单向数据绑定时，使用ng-bind指令或插值形式{{data}}。
- 双向数据绑定时，使用ng-model指令，用户对View的更改会直接同步到Model。

2.4 如何选型

框架选型由多个因素决定，例如项目的类型、项目的复杂程度以及项目组成员的技能掌握情况。

React适合多组件的应用程序，另外对于具有扩展和增长可能的项目，由于React组件具有声明性，因此它可以轻松处理此类复杂结构。

Vue由于具有可接受且快速的学习曲线，因此最适合解决短期的小型项目，例如，业务逻辑简单、不需要处理复杂数据结构的项目。

Angular 最适合大型和高级项目，用于创建有着复杂基础架构的大型企业应用程序。

2.5 小结

本章主要介绍了目前流行的三大前端框架，包括它们各自的特点、基础语法和数据绑定类型。最后介绍了开发项目时应该如何进行选型。

第3章 前端环境的搭建

开发项目首先要搭建代码编写环境。这个环境承载着HTML、CSS、JavaScript代码的运行、打包和编译。在搭建好的项目环境中，前端可以使用本地服务器进行开发，下载项目中所需的第三方工具包，配置接口调用时的服务器端代理地址，并在不同项目下切换不同版本Node.js。

本章主要涉及的知识点有：

- Node.js
- npm
- nvm
- CLI

3.1 Node.js 的安装与使用

Node.js（也称nodejs或者Node）是JavaScript代码运行时，前端项目中必不可少的一个环境。所有第三方工具包都依赖Node.js。

1. Node.js的下载和安装

通常是到Node.js官方网站下载稳定版本（LTS），首先，根据计算机操作系统选择Windows或Linux版本，根据系统处理器选择32位或64位；然后单击安装包进行安装即可，如图3.1所示。

图3.1　根据计算机系统下载Node.js

2. Node.js在前端项目中的作用

Node.js在纯前端开发中使用的功能比较少，一般有3个。

第一个是项目中使用了很多第三方工具包，它们的使用要依赖Node.js。如图3.2所示是计算机选购配置系统对应的客户端项目software-labs-client中依赖的部分第三方工具包。

第二个是前端项目的工程化，例如打包、构建、部署等。

第三个是搭建本地服务器，用于与后端通信进行接口调用。不过，现在前端不必用Node.js底层代码一步一步地写本地服务器，通常有已经封装好的第三方插件，直接使用即可。

Node.js中启动服务的内置对象是http对象，这个对象有一些方法，例如创建一个服务器、监听端口等。流行的Express就是用Node.js的http对象写的。而前端打包工具webpack中自带的devServer就是一个轻量级的Node.js Express服务器，相当于是一个封装好的“Express的http服务器 + 调用webpack-dev-middleware”。

图3.2　software-labs-client中依赖的部分第三方工具包

3.2　npm 的安装与使用

npm是JavaScript的包管理工具，也是目前Node.js默认的包管理工具。npm能解决Node.js代码部署上的很多问题，例如从npm服务器下载别人编写的第三方包到本地使用、从npm服务器下载并安装别人编写的命令行程序到本地使用，或者将自己编写的包或命令行程序上传到npm服务器供别人使用。

由于新版的Node.js已经集成了npm，因此npm也一并安装好了。可以通过输入“npm -v”来测试是否成功安装npm，命令如下：

```
npm -v
```

出现版本提示表示安装成功。例如，在Windows系统中，在VS Code终端输入npm -v后，显示npm版本，如图3.3所示。

```
PS D:\project\book\softwareSystem\software-labs-client> npm -v
8.1.0
```

图3.3　显示npm的版本

npm常见的使用场景有以下3种：

- 允许用户从npm服务器下载别人编写的第三方包到本地使用。
- 允许用户从npm服务器下载并安装别人编写的命令行程序到本地使用。
- 允许用户将自己编写的包或命令行程序上传到npm服务器供别人使用。

开发项目时，不是所有交互和功能都需要自己写，例如axios、antd等，可以使用别人编写好的第三方工具包，这些包可以从npm服务器下载。

使用npm install安装第三方工具包的命令如下：

```
npm install <Module Name>
```

npm install可以缩写为npm i。

npm安装包时有3个常见参数：-d、-s、-g。

- -s即--save，包名会被注册在package.json的dependencies里面，在生产环境下这个包的依赖依然存在。
- -d即--dev，包名会被注册在package.json的devDependencies里面，仅在开发环境下存在的包用-d，如Babel、sass-loader这些解析器。
- -g表示全局安装，安装过一次后，在当前计算机的其他项目里也可以使用。

devDependencies里面的插件只用于开发环境，不用于生产环境，而 dependencies是需要发布到生产环境的。

- 如果一个包需要在生产环境使用时就用npm install模块名-s，如axios、antd、react。
- 如果一个包只在开发时使用就用npm install模块名-d。

3.3 nvm 的安装与使用

nvm是一个Node.js版本管理器，也就是说，一个nvm可以管理多个Node.js版本。通常一个前端工程师可能同时参与多个项目的开发和维护，而不同项目由于创建时间不同，Node.js版本可能不同。有了nvm，可以方便快捷地安装、切换不同版本的 Node.js。

1. nvm的安装

打开nvm的GitHub地址https://github.com/coreybutler/nvm-windows/releases/tag/1.1.7，下载Assets的第三个nvm-setup.zip安装包，下载之后双击安装包进行安装。

可以通过输入“nvm -v”来测试是否成功安装nvm。命令如下：

```
nvm -v
```

出现版本提示表示安装成功。例如，在Windows系统中，在VS Code终端输入nvm -v后，显示nvm版本，如图3.4所示。

2. nvm的使用

图3.4所示是官方提供的命令行使用方法，实际项目中常用的使用方法有4个：

（1）安装Node.js某个版本：（xxx为Node.js版本号）

```
nvm install xxx
```

（2）卸载Node.js某个版本：（xxx为Node.js版本号）

```
nvm uninstall xxx
```

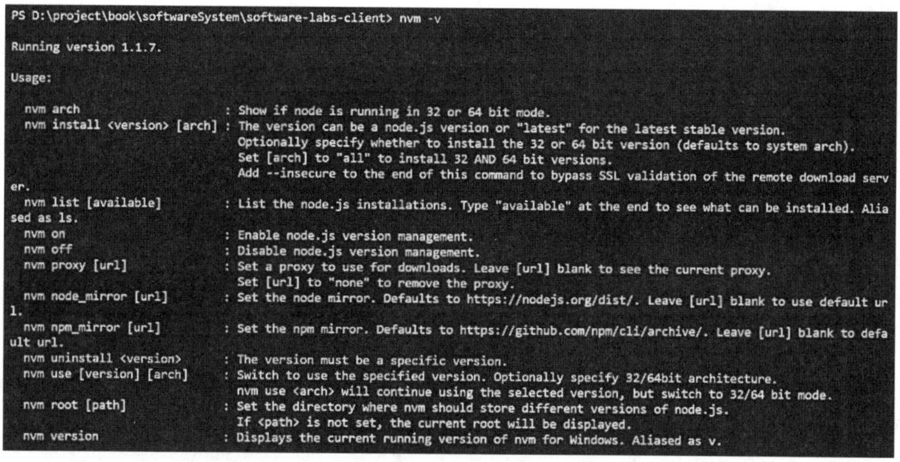

```
PS D:\project\book\softwareSystem\software-labs-client> nvm -v

Running version 1.1.7.

Usage:

  nvm arch                     : Show if node is running in 32 or 64 bit mode.
  nvm install <version> [arch] : The version can be a node.js version or "latest" for the latest stable version.
                                 Optionally specify whether to install the 32 or 64 bit version (defaults to system arch).
                                 Set [arch] to "all" to install 32 AND 64 bit versions.
                                 Add --insecure to the end of this command to bypass SSL validation of the remote download serv
er.
  nvm list [available]         : List the node.js installations. Type "available" at the end to see what can be installed. Alia
sed as ls.
  nvm on                       : Enable node.js version management.
  nvm off                      : Disable node.js version management.
  nvm proxy [url]              : Set a proxy to use for downloads. Leave [url] blank to see the current proxy.
                                 Set [url] to "none" to remove the proxy.
  nvm node_mirror [url]        : Set the node mirror. Defaults to https://nodejs.org/dist/. Leave [url] blank to use default ur
l.
  nvm npm_mirror [url]         : Set the npm mirror. Defaults to https://github.com/npm/cli/archive/. Leave [url] blank to defa
ult url.
  nvm uninstall <version>      : The version must be a specific version.
  nvm use [version] [arch]     : Switch to use the specified version. Optionally specify 32/64bit architecture.
                                 nvm use <arch> will continue using the selected version, but switch to 32/64 bit mode.
  nvm root [path]              : Set the directory where nvm should store different versions of node.js.
                                 If <path> is not set, the current root will be displayed.
  nvm version                  : Displays the current running version of nvm for Windows. Aliased as v.
```

图3.4　显示nvm的版本

（3）查看所有已安装的Node.js版本：

```
nvm list
```

（4）切换到某个Node.js版本：（xxx为Node.js版本号）

```
nvm use xxx
```

3.4　CLI 与 create-react-app

一般企业根据业务需要往往会部署运行多套软件系统。相应地，前端工程师需要搭建多个项目。如果这些项目创建的目录结构或者组织架构有很多共同之处，那么搭建一个新项目不必每次都从0开始，可以使用前端脚手架实现前端架构的重用，以减少重复工作。

1. 什么是CLI

广义的CLI只是Command Line Interface（命令行界面）的缩写，是指在用户提示符下输入可执行指令的界面。它通常不支持鼠标，用户通过键盘输入指令，计算机接收到指令后，予以执行。

在前端项目中，不同的技术栈会有自己的目录结构、工作流程，所以很多前端框架（例如React、Vue、Angular、Ember）会有自己的脚手架工具（一般就叫xxx-cli）。因此，在前端项目中，CLI通常指的就是脚手架。

使用一个脚手架命令，项目的目录结构、webpack配置、Babel配置、空的测试文件都会自动生成。工程师可以直接写核心业务代码，不必做重复性工作。

2. create-react-app

create-react-app是Facebook专门出的一个快速构建React项目的脚手架，官方网站地址是https://create-react-app.bootcss.com/，create-react-app是基于webpack+ES 6创建的。

create-react-app有两种使用方法。

方法1：

```
npm install create-react-app -g
create-react-app software-labs-client --template redux
```

第一行代码是全局安装create-react-app脚手架工具；第二行代码是使用create-react-app创建项目，项目名是software-labs-client，并且自动集成Redux、Redux Toolkit和React-Redux。

--template后面也可以加其他第三方工具，例如create-react-app software-labs-client --template redux-typescript，表示集成Redux并且使用TypeScript语法。

software-labs-client是计算机选购配置系统的客户端部分，主要完成页面的展示、交互、通过接口从后端获取数据等功能。在后面的服务器端章节还有software-labs-server，它是后端项目，负责编写接口以及实现MongoDB数据库的增、删、改、查。

方法2：

```
npx create-react-app software-labs-client --template redux
```

此行代码表示安装create-react-app脚手架并创建项目software-labs-client，是第一种方法的合并。如图3.5所示是使用命令npx create-react-app software-labs-client --template redux创建计算机选购配置系统的客户端项目software-labs-client。

```
PS D:\project> npx create-react-app software-labs-client --template redux

Creating a new React app in D:\project\software-labs-client.

Installing packages. This might take a couple of minutes.
Installing react, react-dom, and react-scripts with cra-template-redux...

[###.............] | idealTree:eslint: timing idealTree:node_modules/eslint Completed in 961ms
```

图3.5 使用create-react-app创建计算机选购配置系统的客户端项目software-labs-client

项目创建好后，在VS Code的终端中输入npm run start启动项目，在浏览器中输入http://localhost:3000/展示页面，如图3.6所示。

在VS Code中打开项目software-labs-client，此时的目录结构如图3.7所示。

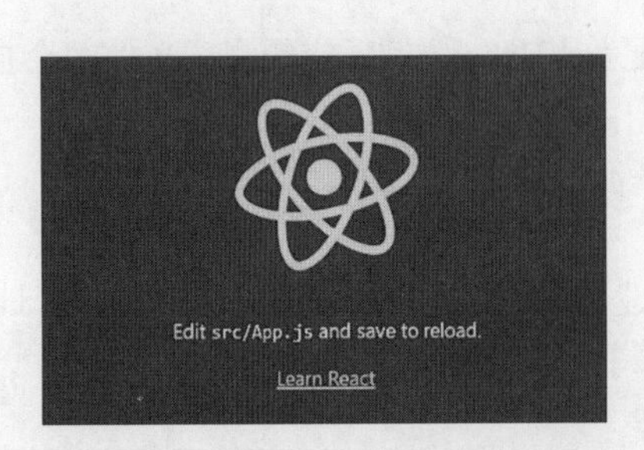

图 3.6 项目启动后的默认页面

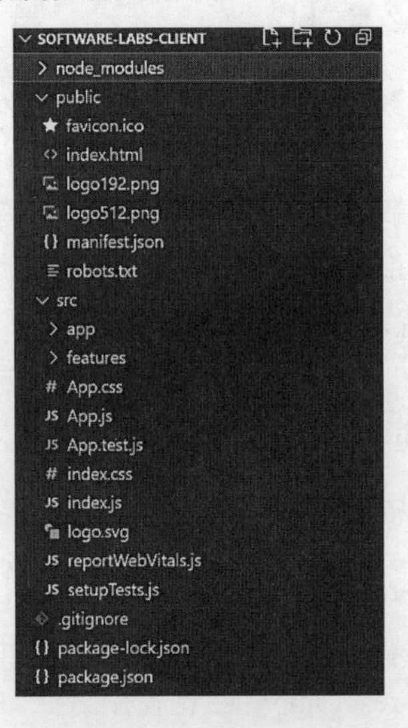

图 3.7 项目 software-labs-client 的目录结构

结构说明：

（1）node_mudules是项目依赖的所有第三方包。

（2）public文件夹保存所有静态资源，并且这些静态资源不会被webpack编译。其中 index.html是页面模板。一般情况下，public文件夹中的内容不会被修改，所有项目基本相同。

（3）src文件夹是最重要的目录，它里面存放的是项目的所有源代码，其中index.js是项目的JavaScript入口文件，即所有JavaScript逻辑从这里开始；features/下保存所有项目的自定义组件。这里不同项目根据需要可以自行修改。

（4）src/app/store.js是Redux的store文件，保存所有Redux数据。

（5）src/App.js是容器组件，即初始化启动后看到的首页。

（6）package-lock.json文件主要用来锁定包的版本。使用npm install安装包后会自动生成package-lock.json，但它并不是每次都生成，只有在不存在的情况下才会自动生成。当package-lock.json存在并且包发生变化时，会自动同步更新。

（7）README.md是项目信息，里面包含项目的启动、介绍及文件说明等。

（8）package.json文件定义项目的基本信息，如项目名称、版本号、作者、在该项目下可执行的命令以及项目的依赖模块等。例如scripts属性下的命令可以启动项目、测试项目、打包项目等。

当安装第三方模块时，模块的相关信息会被自动添加到package.json文件中，示例代码如下：

```
{
  "name": "software-labs-client",
  "version": "0.1.0",
  "private": true,
  "dependencies": {
    "@reduxjs/toolkit": "^1.9.5",
    "@testing-library/jest-dom": "^5.16.5",
    "@testing-library/react": "^13.4.0",
    "@testing-library/user-event": "^14.4.3",
    "axios": "^1.4.0",
    "react": "^18.2.0",
    "react-dom": "^18.2.0",
    "react-redux": "^8.0.5",
    "react-scripts": "5.0.1",
    "web-vitals": "^2.1.4"
  },
  "scripts": {
    "start": "react-scripts start",
    "build": "react-scripts build",
    "test": "react-scripts test",
    "eject": "react-scripts eject"
  },
  "eslintConfig": {
    "extends": [
      "react-app",
      "react-app/jest"
    ]
  },
  "browserslist": {
    "production": [
      ">0.2%",
```

```
        "not dead",
        "not op_mini all"
      ],
      "development": [
        "last 1 chrome version",
        "last 1 firefox version",
        "last 1 safari version"
      ]
    }
  }
```

代码解析：

- name属性保存项目名称。
- dependencies保存项目部署生产环境时依赖的所有第三方包。还有一个和dependencies类似的属性是devDependencies，用于保存项目在开发环境时依赖的第三方包。这些包只在开发时使用，因为生产环境的代码是已经经过打包后的文件，有些包已经不需要了。
- scripts是可执行命令。例如在项目根目录下打开终端，输入命令npm start可以启动项目进行开发，输入命令npm run build可以打包项目文件。注意，除了start可以直接用npm start外，其他都要用npm run xxx。
- eslintConfig是代码检测，可以配合ESlint工具进行代码检测。
- browserslist是浏览器列表配置，表示当执行npm run build进行生产环境代码构建时，所有代码兼容全球使用率>0.2%的各种浏览器；当执行npm run start进行开发时，网站的所有代码兼容Chrome、Firefox和Safari最新版本的现代浏览器。这里提供了良好的开发体验，尤其是在使用诸如async/await之类的语言功能时，能在生产中提供与许多浏览器的高度兼容性。

以上就是使用脚手架时默认创建的项目的结构和目录。

上面的目录和结构可以按照实际项目进行适当修改，主要是src/下的文件需要根据UI界面划分的模块来创建文件夹和文件，修改后的目录结构如图3.8所示。

修改后的项目结构中，src/下增加了assets/，用于保存需要webpack编译的第三方JS、CSS或者图片等。如图3.9所示，我们放置了项目中的公用CSS文件：font.css是所有字体的样式，icon.css是所有图标的样式，normalize.css是所有通用样式；fonts/文件夹保存所有字体，images/保存所有图片。

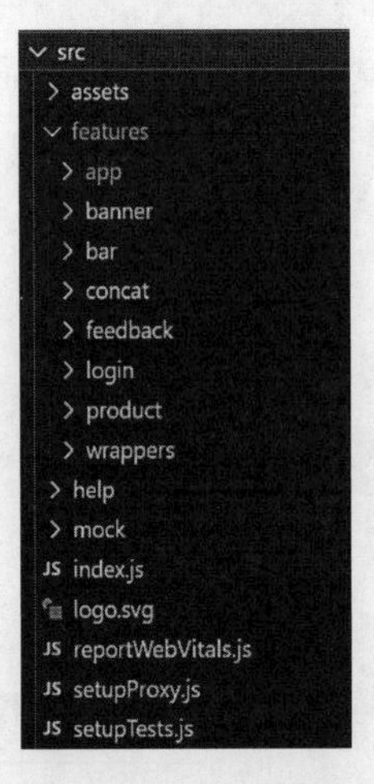

图 3.8 修改后项目 software-labs-client 的结构

图 3.9 software-labs-client 下的 assets/文件夹

3.5　小结

本章主要介绍了构建前端项目需要准备的工作，包括Node.js的安装，npm、nvm以及React.js项目的脚手架create-react-app的使用。至此，我们通过npx create-react-app software-labs-client --template redux这个命令创建了一个空的React项目，并且根据software-labs-client的界面UI对src/文件夹下的目录进行了调整。

第 4 章

React 全家桶介绍

在上一章，我们介绍并安装了Node.js、nvm、create-react-app，使用npx命令创建了一个空白React项目software-labs-client，并对项目的结构进行了初步规划。本章将详细介绍React项目的整体结构，并对各部分展开介绍。学完本章，读者将对项目的整体架构有所了解，并能完成路由构建、ajax请求的封装以及UI框架antd与项目的集成。

本章主要涉及的知识点有：

- React项目整体架构
- 状态管理
- 路由
- 集成axios
- 集成UI 框架

4.1 React 项目整体架构

本节将进一步介绍React项目“计算机选购配置系统”的整体架构。在本节结束时，应该规划好UI界面中每个模块及其子模块的具体位置。

上一章中，为software-labs-client项目下的src/features/划分了若干个文件夹，用于保存一些基本的大模块。但是每个模块下还应该包含若干个子模块，如此一层一层地拆分，达到组件灵活复用的目的。

每个模块对应的文件夹下一般包含index.js、index.scss、actions.js、components/、selector.js。

- index.js用于编写模块的容器组件，它一般是子组件的汇总文件，可以写模块通用的逻辑。
- index.scss是SCSS文件，用于保存模块的样式表。在index.js中引用。
- actions.js是将来引入Redux要用的action文件，用于发送ajax请求或者向Redux发送动作将数据保存到Redux中。如果该模块不涉及向Redux中保存数据或发送ajax请求，可以没有此文件。
- components/用于保存子模块，也称子组件。每个子组件都由一个JS文件和一个SCSS文件组成。

- selector.js用于从Redux中获取数据。

（1）app/的目录结构如图4.1所示。由于app/中的App组件不需要从Redux中获取数据，只是发送ajax请求，因此不需要selector.js。

（2）banner/的目录结构如图4.2所示。由于banner/中的Banner组件对应UI界面中的系统介绍banner模块，它是一个纯UI文本展示，因此不需要actions.js。

（3）bar/文件中定义的Bar组件对应UI界面左侧的功能区模块，是整个项目中比较复杂的一块，其目录结构也相对复杂，其中包括components文件，如图4.3所示。

图4.1 app/的目录结构

图4.2 banner/的目录结构

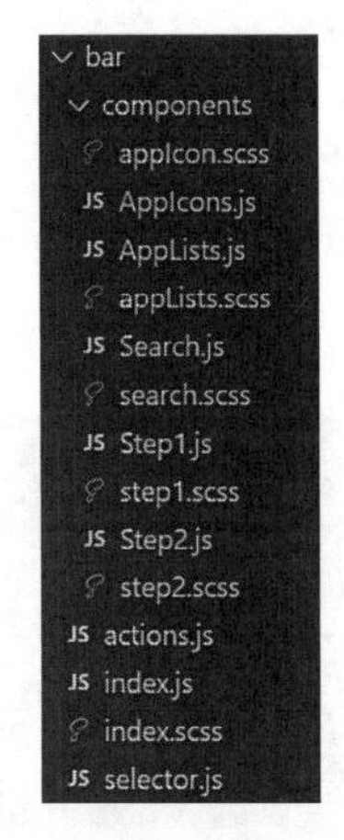

图4.3 bar/的目录结构

Search.js是搜索按钮组件，search.scss是该组件对应的样式表，Step1.js对应UI界面中的步骤一——选择市场模块，Step2.js对应UI界面中的步骤二——选择选择软件模块。由于软件列表有两种展示形式，图标+文字的形式和表格的形式。因此，在该模块中，又分两个子模块：AppIcon.js和AppLists。其中AppIcon.js组件对应图标+文字的展示形式，appIcon.scss是其样式表；AppLists组件对应表格的展示形式，appLists.scss是其样式表。

（4）concat/的目录结构如图4.4所示。

（5）feedback/的目录结构如图4.5所示。components/FeedBackModal.js组件对应界面UI中的feedback弹窗，FeedBackModal.scss是该组件对应的样式表。

（6）login/的目录结构如图4.6所示。LoginForm.js中定义了LoginForm组件，对应登录页面中的表单模块，该模块是登录和注册页面的公用模块。

（7）product/的目录结构如图4.7所示。

CarouselButton.js中定义了CarouselButton组件，对应界面中图片轮播的左右切换按钮。CarouselCard.js中定义了CarouselCard组件，对应界面中的图片轮播模块。Category.js中定义了Category组件，对应界面中的计算机产品所属的类别。Stock.js中定义了Stock组件，对应界面中的Stock模块。ProductTable.js中定义了ProductTable组件，对应界面中的计算机产品信息模块。TotalPrice.js中定义了TotalPrice组件，对应界面中的计算机总价。PriceTip.js中定义了PriceTip组件，对应界面中的产品提示。Product.js中定义了Product组件，是包含以上所有组件的容器组件，对应界面中的每个计算机产品。Product组件各模块文件和界面的对应关系如图4.8所示。

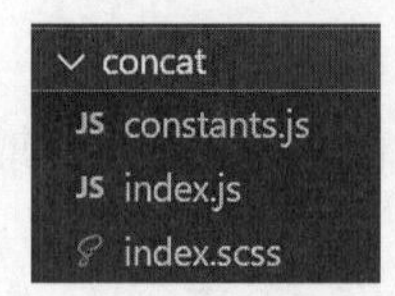

图4.4 concat/的目录结构

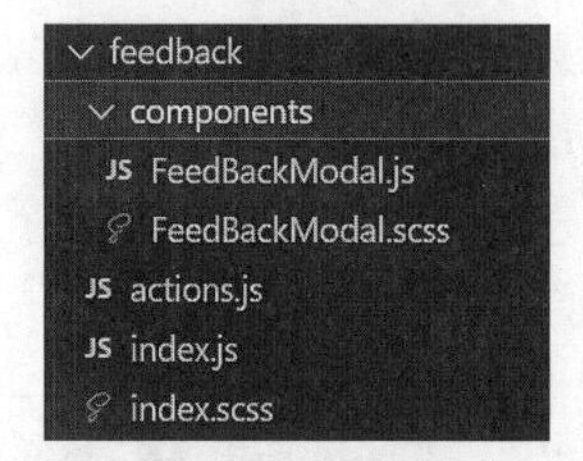

图4.5 feedback/的目录结构

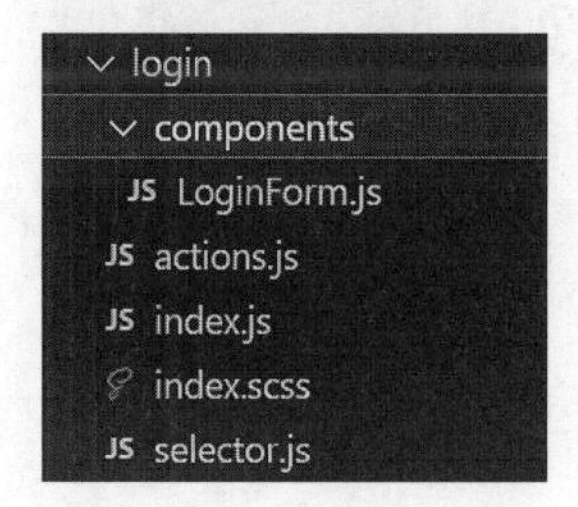

图4.6 login/的目录结构

图4.7 product/的目录结构

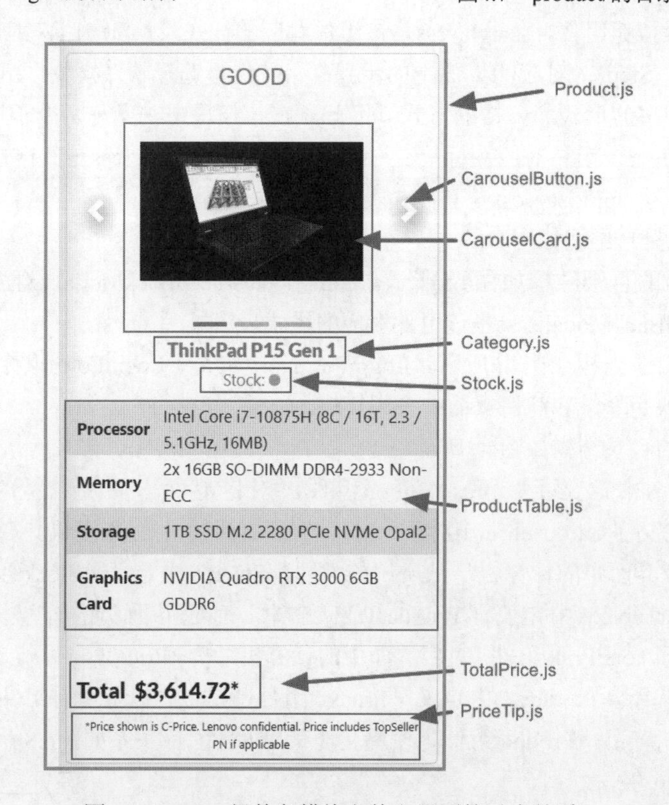

图4.8 Product组件各模块文件和界面的对应关系

ProductLists.js是产品列表，由多个Product组件组成。ClearAll.js中定义ClearAll组件，对应界面中的ClearAll按钮。SearchSoftwares.js中定义了SearchSoftwares组件，对应界面中的搜索软件列表。ClearAll.js和SearchSoftwares.js与界面的对应关系如图4.9所示。

（8）wrappers/的中定义了Wrappers组件，其目录结构如图4.10所示。

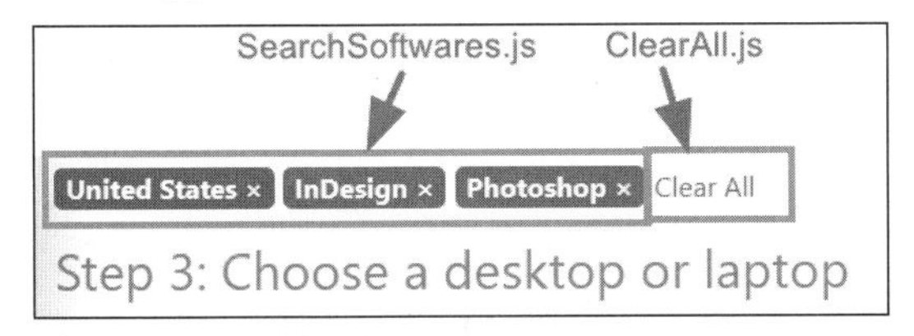

图4.9　ClearAll.js和SearchSoftwares.js与界面的对应关系

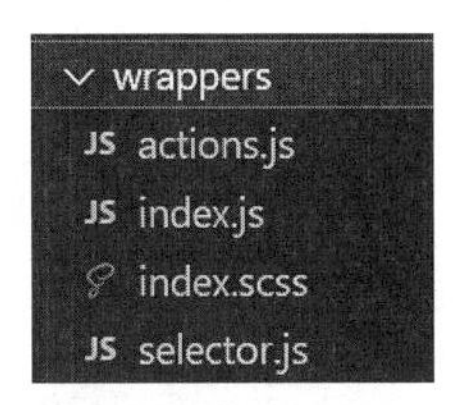

图4.10　wrappers/的目录结构

4.2　状态管理

在React项目中，组件之间共享数据可以通过多种方式实现。父子组件之间可以通过props传递数据，而组件内部则可以通过state保存数据。但是，当数据需要在多个组件之间共享时，就需要借助Redux将它们保存到store中。

1. Redux

Redux是JavaScript应用的状态容器。它不是专门为React开发的，事实上，它可以和很多UI框架搭配使用，例如Angular、Ember等。

Redux是一个使用叫作“action”的事件来管理和更新应用状态的模式和工具库。它以集中式存储（centralized store）的方式对整个应用中使用的状态进行集中管理，其规则确保状态只能以可预测的方式更新。Redux帮我们管理“全局”状态，即应用程序中很多组件都需要的状态。

Redux在项目中不是必需的。当项目比较简单，组件状态不多，组件之间共享的数据也不多时，可以不与Redux集成。但是一般情况下，企业项目都是需要集成状态管理工具的，因为随着时间的推移，企业项目会不断增加新功能、新组件，数据管理会越来越复杂。

2. React Redux

Redux的使用比较复杂，要手动调用store.subscript()来监听store变化。

为了简化并更好地与React集成，Redux团队开发了React Redux。它是 Redux 的官方 React UI 绑定库。它与Redux的基本原理一致，只是增加了特有的方法，例如Provider组件增加了connect、mapStateToprops、mapDispatchToProps方法。

如果使用脚手架create-react-app创建项目，则Redux和React Redux都已经默认安装了。因此，在项目software-labs-client中不必手动安装。

4.3 路由

React项目虽然是单页应用，但是URL地址却不一定是一个。不同URL地址对应不同的页面内容，而页面之间的切换，则要靠路由进行管理。

1. react-router的安装

react-router 创建于2014年，是一个用于React的声明式、基于组件的路由库，它可以保持UI与URL同步，拥有简单的API与强大的功能。

要将react-router添加到现有项目中，就需要使用包管理器npm来安装依赖：

```
npm install react-router-dom@6
```

@6表示安装的版本是6.x.x，安装完成后看到package.json中多了一行，如图4.11所示。

```
{} package.json ×
{} package.json > ...
13        "css-loader": "6.5.1",
14        "lodash": "4.17.21",
15        "react": "^18.2.0",
16        "react-dom": "^18.2.0",
17        "react-intl": "6.0.5",
18        "react-redux": "8.0.2",
19        "react-router-dom": "6.3.0",
20        "react-scripts": "5.0.1",
21        "sass": "1.53.0",
22        "sass-loader": "12.3.0",
23        "style-loader": "3.3.1",
24        "uuid": "8.3.2",
25        "web-vitals": "^2.1.4"
26      },
```

图4.11　安装react-router后的package.json

2. react-router的使用

安装完成react-router后，本节我们开始编写一个简单的路由组件。

打开software-labs-client下的src/index.js。之前说过，这个文件是整个项目的入口文件，也就是说要看一个项目的代码，一定要先找到入口文件，它相当于一个线团的头，找到这个头，顺着这个文件，就能一步一步了解整个项目有哪些文件、每个文件的作用以及每个文件都由哪些组件组成。

index.js文件的代码如下：

```
01  import React from 'react';
02  import { createRoot } from 'react-dom/client';
03  import { Provider } from 'react-redux';
04  import { store } from './store';
05  import { HashRouter, Routes, Route } from "react-router-dom";
06  import Wrappers from './features/wrappers/index.js';
07  import reportWebVitals from './reportWebVitals';
08  import App from './features/app/index.js';
09  import Login from './features/login';
```

```
10  import './assets/css/normalize.css';
11
12  const container = document.getElementById('root');
13  const root = createRoot(container);
14
15  root.render(
16    <Provider store={store}>
17      <HashRouter>
18        <Routes>
19          <Route path="/*" element={<Wrappers />}>
20            <Route path="login" element={<Login />}/>
21            <Route path="register" element={<Login />}/>
22            <Route path="main" element={<App />}/>
23          </Route>
24        </Routes>
25      </HashRouter>
26    </Provider>
27  );
28
29  // If you want to start measuring performance in your app, pass a function
30  // to log results (for example: reportWebVitals(console.log))
31  // or send to an analytics endpoint. Learn more: https://bit.ly/CRA-vitals
32  reportWebVitals();
```

代码解析：

- 第01行引入React。
- 第02行引入createRoot方法，用于创建组件容器根节点。
- 第03行引入Provider组件，用于连接容器组件和Redux。
- 第04行引入store.js文件，在该文件中具体写Redux的逻辑。
- 第05行引入路由，其中HashRouter、Routes、Route都是必需的，它们是react-router-dom内置的路由组件，在第17～25行使用。HashRouter是Hash方式的路由，即URL地址中带有“#”，也就是锚点，当URL跳转时，只有#后面会变化。Route组件中的参数path表示路由地址中#后面的内容；element参数的值表示具体组件，例如<Route path="login" element= {<Login />}/>表示当URL地址是http://localhost:3000/#/login时，加载并渲染Login组件。

HashRouter、Routes和Route的结构关系：HashRouter在最外层，Routes在中间，最里面是Route。Route组件还可以进行嵌套。例如第19行表示Wrappers组件是所有组件的最外层容器，不论路由是跳转到/#/login、/#/register还是/#/main，都必须经过组件Wrappers。

4.4　集成 axios

在前端项目中，调用接口一般都用ajax。ajax是基于原生的XHR开发的，而XHR架构本身不清晰，并且基于事件的异步模型不友好。

目前常用的网络请求库是axios。它是一个基于 promise 的网络请求库，符合现在前端MVVM的模式，并适用于浏览器和Node.js环境。

axios提供了HTTP拦截和易用的错误处理。它支持Promise API，符合最新的ES规范，可以拦截请求和响应数据，自动转换成JSON数据。因为是基于Promise实现的，axios的异步模型非常友好，可以使用Async/await进行简化。axios的安装也非常容易，使用如下命令即可：

```
npm install axios
```

安装完成后，package.json如图4.12所示。

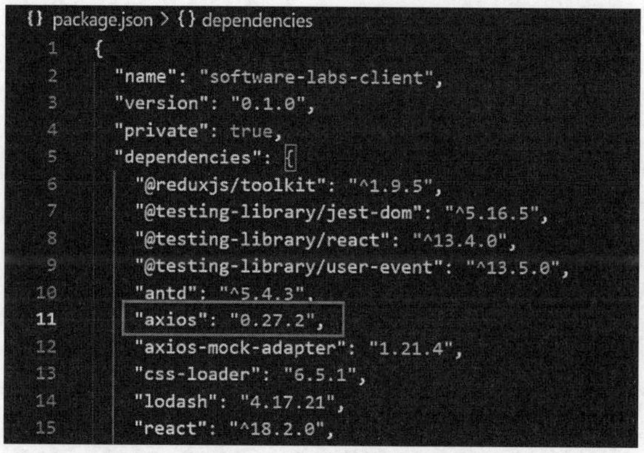

```
{} package.json > {} dependencies
1   {
2     "name": "software-labs-client",
3     "version": "0.1.0",
4     "private": true,
5     "dependencies": {
6       "@reduxjs/toolkit": "^1.9.5",
7       "@testing-library/jest-dom": "^5.16.5",
8       "@testing-library/react": "^13.4.0",
9       "@testing-library/user-event": "^13.5.0",
10      "antd": "^5.4.3",
11      "axios": "0.27.2",
12      "axios-mock-adapter": "1.21.4",
13      "css-loader": "6.5.1",
14      "lodash": "4.17.21",
15      "react": "^18.2.0",
```

图4.12　安装axios后的package.json

axios用于在项目中发起ajax请求。在实际项目中，通常将axios的GET和POST请求封装成一个公用request.js文件。在此文件中，对ajax请求做统一处理，包括设置超时时间、对响应进行拦截、对接口错误状态码进行统一处理等。

4.5 集成 UI 框架

React主要用于构建UI，通过传递多种类型的参数渲染UI和传递动态变量，甚至是可交互的应用组件。

在实际项目中，有一些UI样式或交互会借助第三方UI框架，不必开发者自己编写，安装并引入后直接使用即可。当业务对交互有特殊需求，现成的UI框架不能满足时，一般有3个解决方案：第一个是在UI框架功能的基础上进行封装，第二个是引入其他轻量的第三方工具库，第三个是开发人员完全自己编写。

React UI框架使交互式的UI变得容易。无论我们现在使用的是什么技术栈，都可以在无须重写现有代码的前提下，通过引入React UI框架来开发新功能。流行的React UI框架有很多，例如Ant Design、Element UI、Bootstrap等。

本书案例计算机选购配置系统集成了Ant Design。它主要应用于企业级中后台产品，是一款开箱即用的高质量React组件库，其视觉风格简洁大气，支持大部分浏览器，并且支持数十个国际化语言。此外，Ant Design的每个组件提供的功能都能原子化地满足业务所需，还拥有流畅的手势交互和细致的动画展示。

4.6　小结

本章概括地介绍了前端项目中一些比较重要的内容，包括如何使用create-react-app搭建一个好的项目结构、计算机选购配置系统改造后的项目结构与文件分布、组件与界面的对应关系、项目中组件状态管理的工具Redux和React Redux、react-router的集成和使用、ajax请求使用axios的优势，以及常用UI框架。

第5章 React 组件

在React项目中，一切皆为组件。组件是应用程序中根据UI结构划分的不同功能的代码集合。在上一章，我们介绍了React全家桶，了解了React项目涉及的工具库和知识点，本章开始讲解怎样编写React组件。

本章主要涉及的知识点有：

- 组件类型
- JSX
- React组件状态管理
- React组件的生命周期和执行时机
- 事件

5.1 组件类型

企业项目一般比较复杂，由多人合作完成，组件的写法也各不相同。组件可以分为两类：一类是类（class）组件，一类是函数（Function）组件。为了秉承React 组合优于继承的设计理念，React团队推荐将函数组件+Hooks作为项目的主要开发方式。本节将详细介绍React组件，它们在项目中都很常见，且有各自特点，因此要熟练掌握。

5.1.1 class 组件

class组件是React的基本类型组件之一，也是最重要的一种写法。class组件的写法继承自ES 6 class类的写法，是构造函数的语法糖。

在ES 6中，定义类可以使用class关键字，例如：

```
01  class Person {
02    constructor(name, age) {
03      this.name = name;
```

```
04        this.age = age;
05      }
06      eat() {
07        console.log(this.name + 'is eating');
08      }
09    }
10
11    class Student extends Person {
12      constructor(name, age, id){
13        super(name, age);
14        this.id = id;
15      }
16      eat() {
17        super.eat();
18        console.log('Student' + this.name + 'is eating');
19      }
20    }
```

代码解析：

- 第01～09行定义Person类，其中第01行使用了class关键字。
- 第02～05行定义Person类的构造函数constructor。在构造函数中，通过this.name和this.age为Person类的实例定义两个属性，name和age。
- 第06～08行定义Person类实例的eat方法。
- 第11～20行定义Student类。
- 第11行的关键字extends表示Student类继承自Person类。
- 第13行使用super关键字继承Person类构造函数中的this.name = name;this.age = age。
- 第17行的super.eat()继承Person类中的eat方法并执行。

在React中，class组件的写法采用了ES 6 extends的写法。extends是一个关键字，用来实现类之间的继承。类组件应该继承React.Component父类，从而使用父类中提供的方法或属性。React.Component是定义为JavaScript类的React组件的基类。组件基类需要初始化props、state，setState()方法用于改变状态。

class组件的示例代码如下：

```
01   import React from 'react';
02   import _ from 'lodash';
03
04   export class Catalog extends React.Component {
05     constructor(props) {
06      super(props);
07      this.state = {
08        catalog: ['a', 'b', 'c']
09      }
10     }
11     render() {
12      const {title} = this.state;
13       return (
14           <div className='catalog-page'>
```

```
15             <h3>Product catalog</h3>
16            <ul>
17           {
18              _.map(catalog, item => {
19                 return <li>{item}</li>
20              })
21           }
22          <ul>
23         </div>
24     );
25   }
26 }
```

代码解析：

- 第01行引入React。
- 第02行引入lodash工具库。
- 第04～26行是React组件Catalog。
- 第04行的写法是React class组件的固定写法。extends表示React组件Catalog继承自React.Component。
- 第05～10行定义constructor构造函数。其中第06行使用super(props)继承父类的属性，同时创建this。
- 第07～09行设置Catalog组件的内部状态值catalog。
- 第11～25行是render方法，用于返回JSX DOM内容渲染UI。

通过上面的示例代码可以看出，React的class组件在定义时，类名必须以大写字母开头，类组件必须提供render方法，并且render方法必须有返回值，表示该组件的UI结构。render会在组件创建时执行一次。

在React中，每一次由状态改变导致的页面视图改变，都会经历两个阶段——render阶段和commit阶段。因此，class组件具有生命周期，并且所有的生命周期函数都会在render阶段和commit阶段执行。

React有众多生命周期函数，例如在首次渲染时执行constructor、componentWillMount、render，在更新时执行componentWillReceiveProps、shouldComponentUpdate、componentWillUpdate、render。这些生命周期函数在适当的阶段会被自动调用，开发者可以在这些函数中编写业务逻辑处理ajax请求、UI渲染和交互。例如下面的示例代码是增加了生命周期函数的class组件的写法。

```
01 import React from 'react';
02 import _ from 'lodash';
03
04 export class Catalog extends React.Component {
05   constructor(props) {
06    super(props);
07    this.state = {
08      catalog: []
09    }
10   }
11  componentDidMount() {
```

```
12      //执行ajax请求，从后端接口获取catalog的数据，通过this.setState更新catalog
13    }
14    shouldComponentUpdate(nextProps, nextState) {
15      console.log('shouldComponentUpdate()');
16      return true;
17    }
18     render() {
19      const {title} = this.state;
20       return (
21           <div className='catalog-page'>
22               <h3>Product catalog</h3>
23              <ul>
24              {
25                 _.map(catalog, item => {
26                    return <li>{item}</li>
27                 })
28              }
29            <ul>
30           </div>
31       );
32     }
33   }
```

代码解析：

- 第11行增加了componentDidMount生命周期函数，这个函数只调用一次。该函数中可以执行ajax请求，从后端接口获取组件渲染或处理逻辑需要的数据。
- 第14行增加了shouldComponentUpdate生命周期函数，这个函数控制组件是否重新渲染。

在class组件中，还可以根据需求增加其他生命周期函数。

5.1.2 function 组件

function组件也称函数式组件，是比较常见的一种组件写法，它有一些特点，例如语法相比class组件更简单，只需要传入一个props参数，返回一个React片段。而class组件要求先继承React.Component，然后创建一个render方法，在render里面返回React片段。

由于function 组件只是一个普通的函数，因此不可以在其中使用this.state、setState()。这也是它被叫作无状态组件的原因。当一个组件需要用到状态的时候，要使用class组件。

另外，function组件不具有生命周期，因为所有的生命周期钩子函数均来自React.Component。因此，当一个组件需要生命周期钩子的时候，也需要使用class组件。

总之，function组件的代码量更少，上手容易，更易于编写、阅读和测试，并且因为没有状态，所以可以更好地实现容器和表现的分离，可以只负责表现层的逻辑，不用考虑用复杂的逻辑去改变状态而带来的麻烦，有利于代码复用。对于不需要保存状态的组件，最合适使用function的写法。

function组件的本质就是一个JavaScript函数，示例代码如下：

```
01  import {Link} from 'react-router'
02
03  const Tools = props => {
04    return (
```

```
    05      <ul>
    06        <li>
    07            <Link to='/config'><FormattedMessage id="Memory
Configuration"/></Link>
    08        </li>
    09        <li>
    10            <Link to='/solution'><FormattedMessage id="Solution
Builder"/></Link>
    11        </li>
    12      </ul>
    13    );
    14  };
```

代码解析：

- 上面的代码是一个Tools组件，该组件是一组URL路由的跳转。
- 第01行引入react-router中的Link组件，这是react-router自带的组件，用于路由跳转，功能与<a>标签类似，区别在于<Link>组件的“跳转”行为只会触发相匹配的<Route>对应的页面内容进行更新，而不会刷新整个页面。
- 第03～14行定义了Tools组件，传入参数props，返回用JSX语法写的DOM。可以看到，这个组件的定义方式其实就是一个JavaScript函数的定义。

通过上面的示例代码可以看出，函数式组件在定义时，组件名称须以大写字母开头，React据此区分组件和普通的HTML。另外，函数式组件必须有返回值，其返回值表示该组件的UI结构。如果不需要渲染任何内容，则返回null。

5.1.3 Hooks

从React 16.8开始新增了Hooks API。

函数组件由于是一个纯函数，没有组件实例，执行完即销毁，因此轻量、性能好，但缺点是没有生命周期，没有state和setState保存组件的状态，只能接收props。

而class组件虽然有生命周期，也能保存状态，但是也存在一些问题。例如当组件逻辑十分复杂时，功能不好拆分，后期维护困难，如果想复用其中某个业务，则要继承整个组件，所以得不偿失，对系统性能有影响。因此React更提倡函数式编程，因为函数更灵活，更易拆分。但用于函数组件没有状态和生命周期，因此出现了Hooks，Hooks就是用来增强函数组件功能的。

hook的意思是“钩子、钩住”，React函数式组件可以通过hook把需要的状态“钩”进来，放到函数内部，让原来的函数式组件拥有状态和生命周期。

Hooks API有很多，最常见的有useState、useEffect、useSelector、useDispatch、useNavigate。

1. useState

useState使函数组件拥有内部状态（state），例如设置按钮初始状态为不可单击，代码如下：

```
const [disabled, setDisabled] = useState(false);
```

disabled和setDisabled分别是state（状态）和更新state的函数。false是state的初始值，调用setDisabled时可更新disabled的值。

在software-labs-client项目中，打开src/features/bar/components/Search.js定义Search组件，search按钮初始状态是不可单击的，代码如下：

```
01  import React, { useState, useEffect } from 'react';
02  import { useSelector, useDispatch } from 'react-redux';
03  import {FormattedMessage} from 'react-intl';
04  import _ from 'lodash';
05  import { getProducts, updateSearchSoftwares } from '../../product/actions';
06  import { selectPreferences} from '../../wrappers/selector';
07  import { selectCheckedSoftwareLists } from '../selector';
08  import { selectSearchStatus } from '../../product/selector';
09  import { Button } from 'antd';
10
11  const Search = () => {
12    const preferences = useSelector(selectPreferences);
13    const countryCode = preferences.countryCode;
14    const currency = preferences.currency;
15    const checkedSoftwareLists = useSelector(selectCheckedSoftwareLists);
16    const searchStatus = useSelector(selectSearchStatus);
17    const [disabled, setDisabled] = useState(false);
18    const dispatch = useDispatch();
19
20    useEffect(() => {
21      if(!countryCode){
22        setDisabled(true);
23        return;
24      }
25      if(_.isEmpty(checkedSoftwareLists)){
26        setDisabled(true);
27        return;
28      }
29      setDisabled(false);
30    }, [countryCode, checkedSoftwareLists])
31
32    const handleSearch = async () => {
33      if(disabled){
34        return;
35      }
36      const response = await getProducts({countryCode, currencyCode: currency,
applications: 37 checkedSoftwareLists, lang: 'en' })(dispatch);
38      if(response.payload.code === 200){
39        dispatch(updateSearchSoftwares(checkedSoftwareLists))
40      }
41    }
42
43    return (
44        <Button
45          id="search-button"
46          type="primary"
47          onClick={handleSearch}
48          disabled={disabled}
49          loading={searchStatus === 'loading'}
50        >
```

```
51          <FormattedMessage id="SEARCH"/>
52        </Button>
53    );
54  }
55
56  export default Search;
```

代码解析：

- 第01行从React中引入useState函数。
- 第17行调用useState函数。设置组件内状态disabled初始值为false，定义更新disabled的方法为setDisabled。
- 第43～53行通过return返回组件的UI结构。其中第48行将disabled值传入Button组件，该组件是antd UI框架的一个内置组件，disabled值为false表示button按钮不可单击，是置灰状态。
- 第22行和第26行表示当用户进行某些操作时，通过setDisabled函数将disabled值设置为true，此时组件捕获到state状态disabled发生变化，自动重新渲染，当重新执行return语句后，button按钮变为可单击，是默认的蓝色按钮状态。

Search.js对应的按钮状态界面如图5.1所示。

图5.1　Search.js中的搜索按钮通过useState改变状态

又如，设置软件的展示形式，用displayForm表示，初始state值为“app”，代码如下：

```
const [displayForm, setDisplayForm] = useState('apps');
```

当单击切换按钮后，可以调用setDisplayForm更新displayForm的值。

在software-labs-client项目中，打开src/features/bar/components/Step2.js定义Step2组件，该组件会展示软件列表的两种不同呈现形式，代码如下：

```
01  import React, { useState, useEffect } from 'react';
02  ...
03  import AppIcons from './AppIcons';
04  import AppLists from './AppLists';
05
06  const getDisplayFormClassnames = (state, value) => {
07    return classNames('btn btn-outline-primary button-group-label icon-flex', {
08      'active': state === value
09    });
10  }
11
12  const Step2 = () => {
13    ...
14    const [displayForm, setDisplayForm] = useState('apps');
15    ...
16    const changeDisplayForm = (e) => {
17      setDisplayForm(e);
18    }
19
20    return (
21      <div className="stepTwoWrap">
22        ...
23          <div className="sidebar-step-content">
24            <div className='searchWrap'>
25              <div className="search_mod">...</div>
26              <div className="btn-group" >
27                <label
28                 className={getDisplayFormClassnames(displayForm, 'apps')}
29                 onClick={()=>changeDisplayForm('apps')}>
30                      <AppstoreFilled />
31                  </label>
32                  <label
33                className={getDisplayFormClassnames(displayForm, 'list')}
34                onClick={()=>changeDisplayForm('list')}>
35                      <UnorderedListOutlined />
36                  </label>
37              </div>
38          </div>
39          <div className={`apps-wrap`}>
40          ...
41            {
42              displayForm === 'apps' &&
43              <AppIcons
44                filterSoftwareLists={filterSoftwareLists}
45                selectSoftware={selectSoftware}
46                checkedSoftwareLists={checkedSoftwareLists}
47              />
48            }
49            {
```

```
50              displayForm === 'list' &&
51              <AppLists
52                filterSoftwareLists={filterSoftwareLists}
53                selectSoftware={selectSoftware}
54                checkedSoftwareLists={checkedSoftwareLists}
55              />
56            }
57          </div>
58        </div>
59      </div>
60    );
61  }
62  export default Step2;
```

代码解析：

- 第01行从React中引入useState函数。
- 第03行引入组件AppIcons。在这个组件中，软件列表以图标+文字的形式展示。
- 第04行引入组件AppLists。在这个组件中，软件列表以表格的形式展示。
- 第06行定义的getDisplayFormClassnames函数用于切换按钮的高亮样式。单击按钮时会切换displayForm的值。
- 第14行调用useState函数，设置组件内状态displayForm初始值为apps，定义更新displayForm的方法为setDisplayForm。组件在渲染时会根据displayForm的值来决定是展示组件AppIcons还是组件AppLists。
- 第16行在定义的changeDisplayForm中调用setDisplayForm，用于设置displayForm的值。
- 从第20行开始通过return组件返回UI结构。
- 第42行判断displayForm === 'apps'，如果为true，则渲染AppIcons组件，否则不渲染。
- 第50行判断displayForm === 'list'，如果为true，则渲染AppLists组件，否则不渲染。

Step2.js对应的Step2组件中，切换两种软件展示形式的界面图如图5.2所示。

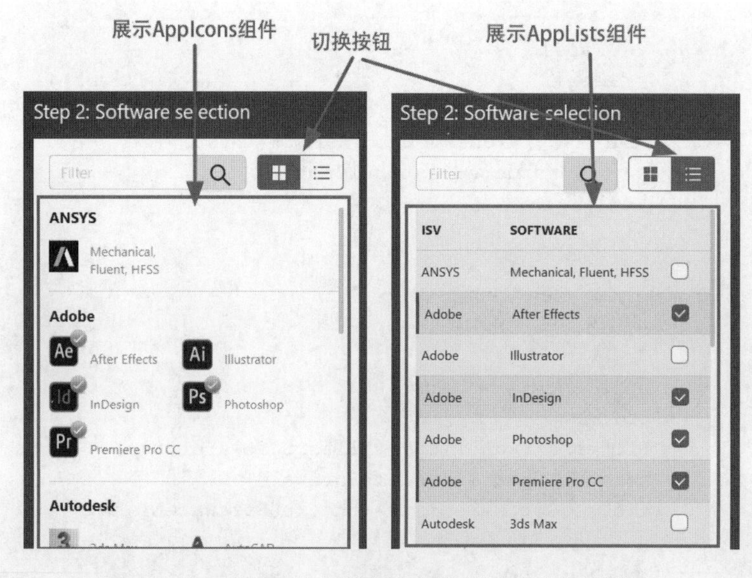

图5.2 Step2组件中，切换两种软件展示形式的界面图

2. useEffect

useEffect使函数组件拥有处理生命周期的能力，例如在渲染之前需要从接口获取数据，示例代码如下：

```
useEffect(() => {
    if(!_.isEmpty(locales)){
      return;
    }
    dispatch(getLocales());
}, [])
```

在useEffect中判断locales是否为空，如果为空则说明还没有取回locales数据，那就执行dispatch，调用接口获取数据。

useEffect有两个参数，第一个是函数，第二个是数组，当数组不为空时表示只有数组中的值发生变化才会执行useEffect的第一个函数。可以把useEffect看作componentDidMount、componentDidUpdate和componentWillUnmount这3个生命周期函数的组合。

3. useSelector和useDispatch

useSelector和useDispatch是React Redux中的hook函数，代替了之前React Redux中的connect，是为了配合React Hook而出现的。useSelector用于从Redux的store中获取数据，useDispatch用于向Redux发送action，进而更新Redux。

4. useNavigate

useNavigate是react-router的hook函数，用于路由跳转，示例代码如下：

```
01  import {useNavigate} from "react-router-dom";
02  const Bar = () => {
03    const dispatch = useDispatch();
04    const navigate = useNavigate();
05    const userName = useSelector(selectUsername);
06    const handleLogout = () => {
07      logout(dispatch)
08      navigate('/login')
09    }
10  }
```

代码解析：

- 第01行从react-router库引入useNavigate函数。
- 第02行定义Bar组件。
- 第04行执行useNavigate，得到navigate函数。
- 第06～09行定义handleLogout函数，该函数是单击登出按钮后执行的函数。
- 第08行执行navigate函数，传入参数/login，表示路由跳转到/login。

如图5.3所示是Bar组件中的登出按钮，单击该按钮后调用上述代码中的handleLogout函数，退出登录状态。

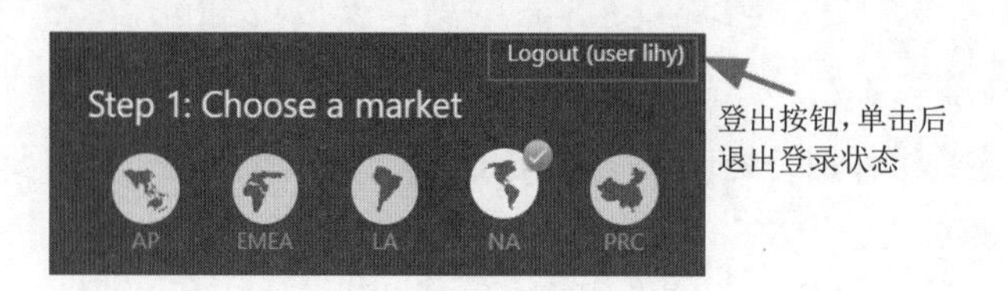

图5.3 Bar组件中的登出按钮

5.2 JSX

JSX用于在React项目中编写DOM结构。使用JSX编写的组件，不仅代码简洁，而且DOM的层次也更加清晰。虽然在React的开发中，并不是强制要求一定要使用JSX，但目前基本所有的React企业项目都使用了JSX。

5.2.1 概念和原理

JSX是JavaScript语法扩展，可以让我们在JavaScript文件中书写类似HTML的标签。例如：

```
const jsx = <h1>This is JSX</h1>
```

这是React中的简单JSX代码。

在React项目中使用JSX代码的优点是JSX执行更快，因为它在编译为JavaScript代码后进行了优化；它是类型安全的，在编译过程中就能发现错误。即使用JSX编写模板更加简单快速。

JSX虽然有很多优点，但是浏览器不理解它，因为它不是有效的JavaScript代码。为了将其转换为浏览器可以理解的JavaScript代码，需要使用像Babel这样的工具，它是一个JavaScript编译器/转译器。在用create-react-app脚手架创建的项目中，已经在内部使用Babel进行了JSX到JavaScript的转换。

我们可以在React组件中使用上面的JSX，示例代码如下：

```
class JSXDemo extends React.Component {
    render() {
        return <h1>This is JSX</h1>;
}
}
ReactDOM.render(<JSXDemo />, document.getElementById('root'));
```

上面的代码中，JSXDemo组件返回JSX，并使用ReactDOM.render方法进行渲染。

当Babel执行上述JSX时，它会将其转换为以下代码：

```
class JSXDemo extends React.Component {
    render() {
        return React.createElement("h1", null, "This is JSX");
}
}
```

React.createElement是一个函数，其语法如下：

```
React.createElement(type, [props], [...children])
```

其中，type是HTML标记的类型，例如h1、div，也可以是React组件；props是element元素的属性，例如class、alt、src等；children是子级，可以是HTML标签或组件。

为了避免每次都编写React.createElement这种繁复的代码，React引入了JSX编写代码的方式，使代码易于编写和理解。当React.createElement被调用时，它将转换为如下对象：

```
{
  type: 'h1',
  props: {
    children: 'This is JSX'
  }
}
```

5.2.2 JSX 规则

JSX在编写时有一些特定的语法规则。

（1）JSX要求只能有一个父节点，如果想要在一个组件中包含多个元素，则需要用一个父标签把它们包裹起来。

JSX虽然看起来很像 HTML，但在底层其实被转换为了JavaScript对象，我们不能在一个函数中返回多个对象，除非用一个数组把它们包装起来。这就是为什么多个 JSX标签必须要用一个父元素或者Fragment来包裹的原因。

例如，最外层可以使用一个<div>标签：

```
<div>
  <h1>代办事项</h1>
  <img
    src="https://i.imgur.com/yXOvdOSs.jpg"
    alt="Hedy Lamarr"
  />
  <ul>
  ...
  </ul>
</div>
```

如果要避免在最外层增加无意义的div，可以使用<React.Fragment></React.Fragment>或<></>，示例代码如下：

```
<>
  <h1>代办事项</h1>
  <img
    src="https://i.imgur.com/yXOvdOSs.jpg"
    alt="Hedy Lamarr"
  />
  <ul>
  ...
  </ul>
</>
```

这个空标签被称作Fragment. React。Fragment允许我们对子元素进行分组，而不会在HTML结构中添加额外节点。

（2）JSX要求标签必须正确闭合。像<img>这样的自闭合标签必须书写成<img />，而像<li>oranges这样只有开始标签的元素必须带有闭合标签，需要改为<li>oranges</li>。

例如上面示例代码中的img标签，结尾必须闭合，代码如下：

```
<img
  src="https://i.imgur.com/yXOvdOSs.jpg"
  alt="Hedy Lamarr"
/>
```

（3）在JSX中，大部分HTML和SVG属性都用驼峰式命名法表示。例如，用strokeWidth代替stroke-width。当向HTML标签添加样式类时，由于class是一个保留字，因此在JSX中需要用className来代替。HTML标签的事件属性例如onclick，要写成onClick。

这是因为JSX最终会被转换为JavaScript，JSX中的属性也会变成JavaScript对象中的键值对。在开发自定义的组件中，经常会遇到用变量的方式来读取属性的情况，但JavaScript对变量的命名有限制。例如，变量名称不能包含“-”符号或者像class这样的保留字。

在JSX中给一个img标签添加class类的代码如下：

```
<img
  src="https://i.imgur.com/yXOvdOSs.jpg"
  alt="Hedy Lamarr"
  className="photo"
/>
```

（4）在JSX中应通过大括号使用JavaScript。

JSX本质是一个返回模板的函数，它可以把渲染的逻辑和内容写在一起。大部分时候，需要在标签中添加一些JavaScript逻辑或者引用动态的属性。这种情况下，可以在JSX的大括号内来编写JavaScript。

例如在JSX中，img元素的src属性和alt属性的数据都是动态的，需要根据后端返回的数据进行渲染，此时就需要将变量写进{}中。示例代码如下：

```
export default function Avatar() {
  const avatar = 'https://i.imgur.com/7vQD0fPs.jpg';
  const description = 'Gregorio Y. Zara';
  return (
    <img
      className="avatar"
      src={avatar}
      alt={description}
    />
  );
}
```

除了变量，还可以在{}中写入JavaScript表达式进行运算。例如在JSX中，将计算的结果在div中进行渲染，示例代码如下：

```
export default function App() {
  return (
    <div>{1+1}</div>
  );
}
```

（5）在JSX中不能使用if else语句，但可以使用三元运算表达式来替代。例如下面的代码中，如果变量i等于1，则浏览器将输出true；如果修改i的值，则会输出 false。

```
export default function App() {
  return (
    <div>\
      <h1>{i == 1 ? 'True!' : 'False'}</h1>
    </div>
  );
}
```

在React组件里，有时需要根据条件来判断是否渲染某些JSX元素，或者不进行任何渲染。通常可以使用&&来实现，例如下面的示例代码，当isPacked为true时，渲染勾选符号。

```
export default function App() {
  return (
    <li className="item">
      {name}
      {isPacked && '✔'}
    </li>
  );
}
```

（6）在JSX中，未定义、null和boolean不会显示在UI上。例如在下面的组件App中，如果需要渲染的数据data为空，用return语句返回null，意味着当数据不存在时，页面不显示任何内容。示例代码如下：

```
export default function App(data) {
  If(!data){
    return null;
  }
  return (
    <div>{data}</div>
  );
}
```

（7）在JSX的DOM元素上编写类似CSS的内联样式时，需要使用{{}}。例如，在div元素上增加内联样式，示例代码如下：

```
export default function TodoList() {
  return (
    <ul style={{
      backgroundColor: 'black',
      color: 'pink'
    }}>
      <li>Improve the videophone</li>
      <li>Prepare aeronautics lectures</li>
      <li>Work on the alcohol-fuelled engine</li>
    </ul>
  );
}
```

还有一种写法，就是把style中的样式提取出来作为一个变量，示例代码如下：

```
export default function TodoList() {
const ulStyle = {
    backgroundColor: 'black',
    color: 'pink'
  }
  return (
    <ul style={ulStyle}>
      <li>Improve the videophone</li>
      <li>Prepare aeronautics lectures</li>
      <li>Work on the alcohol-fuelled engine</li>
    </ul>
  );
}
```

当内联样式内容比较多时，推荐用第2种写法。

（8）在React项目中，列表是最常见的组件之一。在JSX中，通过JavaScript的数组方法来操作要渲染的数据，从而将一个数据集渲染成多个相似的组件。一般通过map() 方法从数组中生成组件列表。

例如定义ScientistList组件，返回由一组科学家组成的列表，示例代码如下：

```
export default function ScientistList() {
  const people = [
    '凯瑟琳·约翰逊：数学家',
    '马里奥·莫利纳：化学家',
    '穆罕默德·阿卜杜勒·萨拉姆：物理学家',
    '珀西·莱温·朱利亚：化学家',
    '苏布拉马尼扬·钱德拉塞卡：天体物理学家',
  ];
  const listItems = people.map(person => <li>{person}</li>);
  return <ul>{listItems}</ul>;
}
```

页面效果如图5.4所示。

同时控制台会出现一条警告提示信息，如图5.5所示。

- 凯瑟琳·约翰逊: 数学家
- 马里奥·莫利纳: 化学家
- 穆罕默德·阿卜杜勒·萨拉姆: 物理学家
- 珀西·莱温·朱利亚: 化学家
- 苏布拉马尼扬·钱德拉塞卡: 天体物理学家

图5.4 ScientistList组件页面效果

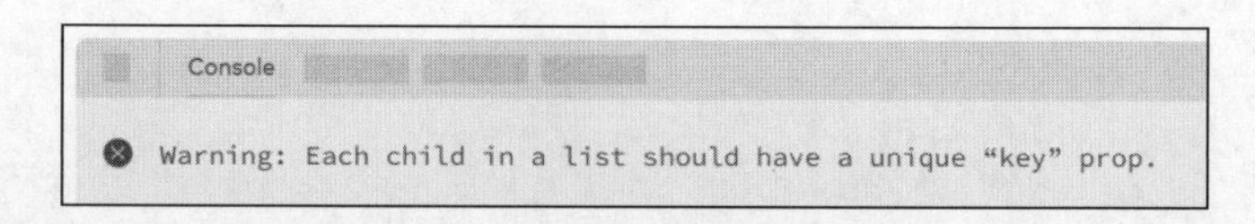

图5.5 控制台的警告信息

这是因为数组中的每一项都需要指定一个key——它可以是字符串或数字的形式，只要能唯一标识出各个数组项就行。这些key会告诉React，每个组件对应着数组里的哪一项，因此React可以把它们匹配起来。这在数组项进行移动（例如排序）、插入或删除等操作时非常重要。一个合适的key可以帮助React推断发生了什么，从而得以正确地更新DOM树。这也是React项目中性能优化的方案之一，循环列表中的每个子元素都应该有一个唯一的key值。用作 key 的值应该提前准备好，而不是在运行时才随手生成。

对上面的ScientistList组件进行改造，主要是为people对象的每个元素补充id，以区分每条数据。改造后的代码如下：

```
export default function ScientistList() {
 const people =[
   {
     id: p0,
     name: '凯瑟琳·约翰逊',
     profession: '数学家'
   },
   {
     id: p1,
     name: '马里奥·莫利纳',
     profession: '化学家'
   },
   {
     id: p2,
     name: '穆罕默德·阿卜杜勒·萨拉姆',
     profession: '物理学家'
   },
   {
     id: p3,
     name: '珀西·莱温·朱利亚',
     profession: '化学家'
   },
   {
     id: p4,
     name: '苏布拉马尼扬·钱德拉塞卡',
     profession: '天体物理学家'
   }
  ]
  const listItems = people.map(person =>
    <li key={person.id}>
      {person.name}
      {person.profession}
    </li>
  );
  return <ul>{listItems}</ul>;
}
```

key一般要求其值在兄弟节点之间必须是唯一的，但不要求全局唯一，在不同的数组中可以使用相同的key。另外，key值不能改变，否则就失去了使用key的意义。因此，千万不要在渲染时动态地生成key。

在实际项目中，不同来源的数据往往对应不同的key值获取方式。一种是来自数据库的数据，例如数据表中的主键，因为它们天然具有唯一性。另外一种是本地产生的数据，例如数据的产生和保存都在本地的文件中，那么我们可以使用一个自增计数器或者一个类似uuid的库来生成key。

在 software-labs-client 项目中，React 组件的 UI 结构都使用 JSX 进行编写。打开src/features/login/index.js文件，其中定义了Login组件，关于JSX部分的代码如下：

```
01  import React from 'react';
02  import {FormattedMessage} from 'react-intl';
03  import './index.scss';
04  import LoginForm from './components/LoginForm';
05
06  const Login = (props) => {
07    return (
08      <div className="loginContainer">
09        <div className="loginTips">
10          <h1><FormattedMessage id="Welcome to Software Labs"/></h1>
11         <p><FormattedMessage id="Software Labs can help you find a more suitable
hardware solution based on your requirement."/></p>
12        </div>
13        <LoginForm/>
14      </div>
15     );
16    }
17    export default Login;
```

代码解析：

- 第02行引入FormattedMessage，这是一个国际化函数，会把页面的文案翻译为不同国家的语言。在第16章国际化中会重点讲解该函数。
- 第03行引入index.scss样式。SCSS是一种CSS预处理语言，它与CSS相比具有有很多优势，例如可以使用变量，可以标签嵌套，可以写函数，等等。其他写法和CSS中的是一样的。类似的还有Less。CSS、SCSS和LESS可以任意选择，没多大区别。
- 第04行引入Login的子组件LoginForm，注意子组件的首字母要大写。由于这个子组件专门处理表单，内容比较多，并且在计算机选购配置系统中，登录和注册页面会公用这个表单组件，因此将它单独拆分为组件。
- 第06～16行是Login组件的主要内容，其中第07～15行是用JSX写的UI，可以看到在JSX中，class都要写成className；第10行<FormattedMessage id="Welcome to Software Labs"/>是FormattedMessage的用法，传入的id的值就是要翻译的内容。
- 第17行是导出Login组件。任何组件最后都要导出，以便在它的父组件中引入。

Login组件中JSX与界面的对应关系如图5.6所示。

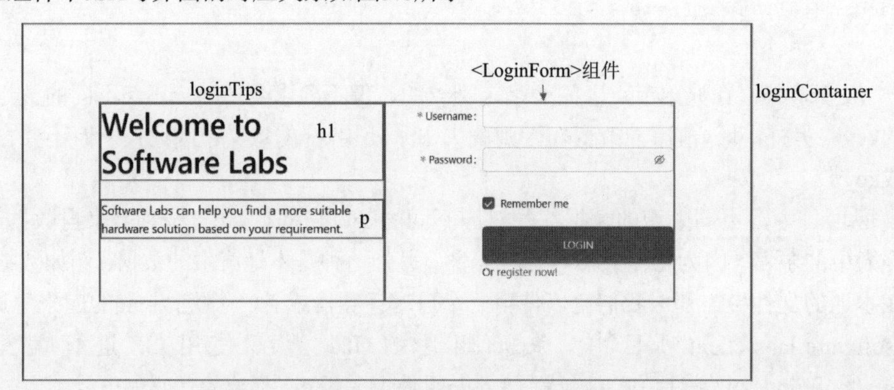

图5.6　Login组件中JSX与界面的对应关系

又如，打开src/features/concat/index.js文件，其中定义的Concat组件用于展示联系我们模块。JSX部分代码如下：

```
    01  import React from 'react';
    02  import { useSelector } from 'react-redux';
    03  import './index.scss';
    04  import {CONCAT_INFORMATION} from './constants';
    05  import information_bg from '../../assets/images/information.jpg';
    06  import _ from 'lodash';
    07  import { selectProducts } from '../product/selector';
    08
    09  const Concat = () => {
    10    const products = useSelector(selectProducts);
    11    if(_.isEmpty(products)){
    12      return null;
    13    }
    14    return (
    15      <div className="concat" id="concat">
    16        {/* information banner start */}
    17        <div className="image-container mt-5 image-information">
    18          <img src={information_bg} alt="" className="w-100 image-opacity"
style={{display: 'block'}}/>
    19          <div className="image-text">
    20            <h2 className="font-weight-bold">ISVs &amp; Software
information</h2>
    21            <h5>Brief information about Software Vendors and their products</h5>
    22          </div>
    23        </div>
    24        {/* information banner end */}
    25        <footer className="container-fluid">
    26          <div className="row contact-footer">
    27            <div className="col-9">
    28              <div className="p-5">
    29                <div>
    30                  <h2 className="mb-4">Need help? <span style={{color:
'#2699FB'}}>Contact us.</span></h2>
    31                  <div className="two-col">
    32                    {
    33                      _.map(CONCAT_INFORMATION, data => {
    34                        return (
    35                          <div className="mb-3" key={data.name}>
    36                            <div className="row">
    37                              <div className="col">
    38                                <span className="contact-name">{data.name}
</span>
    39                                <div className="contact-info">{data.position}
    40                                <div>
    41                             <a style={{color: '#555555'}}
href={'mailto:${data.email}'}>
    42                                 {data.email}
    43                             </a>
    44                                </div>
    45                              </div>
```

```
46                          </div>
47                        </div>
48                      </div>
49                      )
50                    })
51                  }
52                </div>
53              </div>
54            </div>
55          </div>
56          <div className="col-12 p-3 footer-side">
57            <div className="side-content">
58           <a href="https://thinkstation-specs.com/"
59            target="_blank"
60            className="lenovo-link">Lenovo Tech Specs</a>
61              <a href="https://support.lenovo.com/ar/en/downloads/ds105193"
62                target="_blank"
63                className="lenovo-link">Lenovo Performance Tuner</a>
64              <a href="https://www.thinkworkstations.com/
isv-certifications/"
65                target="_blank"
66                className="lenovo-link mb-3">Lenovo ISV Certifications</a>
67              <div className="lenovo-legal">© 2023 Software labs. All rights
reserved</div>
68            </div>
69          </div>
70        </div>
71      </footer>
72    </div>
73  );
74 }
75 export default Concat;
```

代码解析：

- 第11～13行对数据products进行判断，如果为空，则返回null，组件不显示任何内容。
- 第14～74行返回组件的UI结构，使用了JSX语法。其中标签上的样式类属性都使用className。
- 第18行给img标签增加内联样式使用了style={{display: 'block'}}。
- 第33行使用_.map方法，类似原生的map方法，对数组CONCAT_INFORMATION进行循环，生成组件列表。
- 第35行在循环列表标签div上使用data.name作为key。这里每条数据的name都是唯一的。

5.3 React组件状态管理

React组件的状态管理是一个很重要的内容。从字面来理解，按钮是否可单击、图片是否显示等，这些都是状态。广义来讲，React组件的状态还1包括传入React的数据，例如某个组件要展示列表，列表的数据也是该组件的状态。总之，状态就是React UI中的数据。没有数据的项目是没有实际意义的，React的状态管理就是解决组件内部、组件之间的通信。React状态管理的重要性由此可见一斑。

5.3.1　state

在React class组件时代，状态就是this.state，使用this.setState进行更新。在Hooks中使用useState来获取和更新组件state。

React不会直接从代码中修改UI。例如，不会编写诸如“禁用按钮”“启用按钮”和“显示成功消息”等命令。相反，React将描述组件的不同视觉状态的UI（“初始状态”“输入状态”和“成功状态”），通过用户输入触发状态更改。

software-labs-client工程中的src/features/bar/components/Search.js组件是一个使用React构建的搜索按钮。Search.js的部分代码如下（注意它是如何使用状态变量来确定是启用还是禁用搜索按钮的）：

```
01  import React, { useState, useEffect } from 'react';
02  import { useSelector } from 'react-redux';
03  import { FormattedMessage } from 'react-intl';
04  import _ from 'lodash';
05  import { selectPreferences } from '../../wrappers/selector';
06  import { Button } from 'antd';
07
08  const Search = () => {
09    const preferences = useSelector(selectPreferences);
10    const countryCode = preferences.countryCode;
11    const [disabled, setDisabled] = useState(false);
12
13    useEffect(() => {
14      if(!countryCode){
15        setDisabled(true);
16        return;
17      }
18      setDisabled(false);
19    }, [countryCode])
20
21    const handleSearch = async () => {
22      if(disabled){
23        return;
24      }
25      //发送ajax请求
26      ...
27    }
28
29      return (
30        <>
31          <Button
32            id="search-button"
33            type="primary"
34            onClick={handleSearch}
```

```
35              disabled={disabled}
36            >
37              <FormattedMessage id="SEARCH"/></Button>
38          </>
39        );
40    }
41
42    export default Search;
```

代码解析：

- 第01行引入React、useState、useEffect。
- 第02行引入useSelector。
- 第03行引入FormattedMessage，用于对文案进行国际化处理。
- 第04行引入lodash工具库。
- 第05行引入selectPreferences函数，用于从Redux中查找preferences对象，该对象保存了用户当前的区域、国家和语言。
- 第06行从antd中引入Button组件。
- 第08～40行是Search组件的内容。
- 第09行从Redux中获取preferences。
- 第10行preferences中获取countryCode值。
- 第11行通过useState设置state状态，disabled的值为false，设置disabled值的函数是setDisabled。
- 第13～19行是useEffect的调用。如果countryCode为空，则设置disabled的值为true，即按钮不可单击。

5.3.2 props

有了状态与组件，自然就有了状态在组件间的传递，一般称为"通信"。

父子通信通过props传递，比较简单。例如在software-labs-client项目中，打开src/features/feedback/index.js文件，其中定义了FeedBack组件，代码如下：

```
01  import React, { useState } from 'react';
02  import _ from 'lodash';
03  import './index.scss';
04  import feedback_icon from '../../assets/images/feedback-icon.png'
05  import FeedBackModal from './components/FeedBackModal';
06
07  const FeedBack = () => {
08    const [visible, setVisible] = useState(false);
09
10    const handleCancel = () => {
11      setVisible(false);
12    }
13
14    const handleOk = () => {
15      setVisible(false);
16    }
```

```
17
18    const openModal = () => {
19      setVisible(true);
20    }
21
22    return (
23      <div id="feedBackMod">
24        <button type="button" className="btn btn-feedback" onClick={openModal}>
25          <img src={feedback_icon} className="mr-2"/>
26          <span>FEEDBACK</span>
27        </button>
28      <FeedBackModal visible={visible} handleCancel={handleCancel}
handleOk={handleOk}/>
29      </div>
30    );
31  }
32  export default FeedBack;
```

代码解析：

- 第24行，单击FEEDBACK按钮，执行click事件，调用openModal函数。
- 第28行父组件向子组件FeedBackModal传递3个值，其中visible是布尔值，handleCancel和handleOk是函数。

FeedBack组件如图5.7所示，初始时只展示FEEDBACK按钮。

在FeedBackModal子组件中，通过props接收父组件FeedBack传递的值，FeedBackModal子组件的位置是src/features/feedback/components/FeedBackModal.js，代码如下：

图5.7 FeedBack组件初始时只展示FEEDBACK按钮

```
01  import React, { useState, useEffect } from 'react';
02  import _ from 'lodash';
03  import { Modal } from 'antd';
04  import './FeedBackModal.scss';
05
06  const FeedBackModal = (props) => {
07    const { visible, handleCancel, handleOk } = props;
08
09    useEffect(() => {
10      //...
11    }, [visible])
12
13    const ModalHeader = () => {
14      //...
15    }
16    const submit = async (v) => {
17      //...
18      handleOk();
19    }
20   const modalCancel = async () => {
```

```
21        //...
22        handleCancel()
23      }
24     return (
25       <Modal
26         title={ModalHeader()}
27         open={visible}
28         onCancel={modalCancel}
29         wrapClassName="feedBackModal"
30         footer={null}
31       >
32          //...
33         <button type="submit" onClick={submit}>SEND FEEDBACK</button>
34       </Modal>
35     )
36   }
37
38   export default FeedBackModal;
```

代码解析：

- 第03行引入antd的Modal组件。
- 第06～36行是子组件FeedBackModal的内容。其中第07行通过props获取父组件传递来的变量，分别是visible、handleCancel、handleOk；在第09～11行的useEffect函数中监测visible的变化并执行相关逻辑。
- 第33行，单击SEND FEEDBACK按钮后调用submit函数提交用户的反馈信息。第16～19行定义了submit函数，在这个函数中调用父组件传递的handleOk函数。
- 第28行，onCancel是antd的Modal组件自定义的属性，Modal是一个弹窗，单击弹窗中的取消按钮时调用modalCancel函数。第20～23行定义了modalCancel函数，在该函数中调用了父组件传递的handleCancel函数。

FeedBackModal组件如图5.8所示，单击FEEDBACK按钮时，visible为true，重新渲染组件后展示FeedBackModal；单击右上角的关闭按钮时，调用handleCancel函数关闭弹窗。

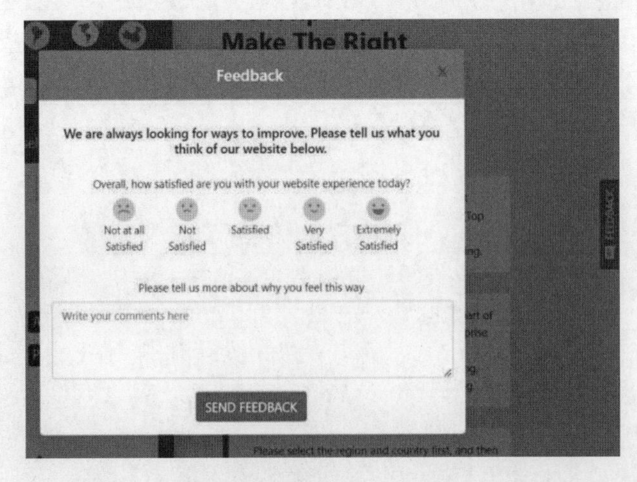

图5.8　FeedBackModal组件

对于深层级、远距离组件之间的通信，可以采用“状态提升”+ props逐层传递的方式。也就是说将state从子组件中清除，并将其移动到最接近的公共父组件中，然后通过props逐层向下传递给子组件。这种方式被称为提升状态，是编写React代码时最常见的做法之一。

5.3.3 context

当组件之间共享的数据很多时，利用props逐层传递就显得既复杂又难以维护。于是React引入了context，一个用于解决组件“跨级"通信的官方方案。

context一般在顶层组件创建，方便数据的全局注入和全局共享。例如在顶层组件App.js中创建context，代码如下：

```
01  import React,{Component,createContext} from 'react';
02  import B from './B.js';
03  export const GlobalContext = createContext({name:'scw'});
04  class App extends Component {
05    constructor(props) {
06      super(props);
07    }
08    handleClick = (e) => {
09      console.log('组件B单击了');
10    }
11    render() {
12      return (
13        <GlobalContext.Provider
value={{name:'scw1',onClick:this.handleClick.bind(this)}}>
14          <B />
15        </GlobalContext.Provider>
16      )
17    }
18  }
19  export default App;
```

代码解析：

- 第01行引入createContext。
- 第02行引入B组件。
- 第03行用createContext创建context的初始默认值。参数可以是对象、字符串等任意类型的值。
- 第13行使用GlobalContext.Provider进行context全局注入，这里的value表示对context重新赋值。使用Provider在顶层组件注入context数据后，里层的所有子组件及其后代组件均可访问到对应的context数据。当Provider的value值发生变化时，它内部的所有消费组件都会重新渲染。

在B组件中消费context，代码如下：

```
01  import { GlobalContext } from './App';
02  class B extends Component {
03    render() {
04      return <GlobalContext.Consumer>
05        {
```

```
06            (globalContext) =>
07              <span onClick={globalContext.onClick}> {globalContext.name} </span>
08          }
09        </GlobalContext.Consumer>
10      }
11    }
12    export default B;
```

代码解析：

- 在第07行消费context的数据、onClick和name。

虽然context可以在全局注入变量使所有组件共享状态，但是并不建议大量使用context。因为尽管它可以减少逐层传递，但当组件结构复杂时，我们并不知道context是从哪里传过来的。context就像一个全局变量，而全局变量正是导致应用走向混乱的原因之一，给组件带来了外部依赖的副作用。因此，真正意义上的全局信息且信息不会更改，例如界面主题、用户信息等，才应该使用context。

5.4 React组件的生命周期和执行时机

生命周期的概念在各个领域中都广泛存在，广义来说生命周期泛指自然界和人类社会中各种客观事物的阶段性变化及其规律，在React框架中则用来描述组件挂载（创建）、更新（存在）、卸载（销毁）3个阶段。生命周期的每个阶段总是伴随着一些方法的调用，这些方法就是生命周期的钩子函数，它们为开发人员在不同阶段操作组件提供了执行时机。

5.4.1 class组件的生命周期函数和执行时机

虽然现在最新的React版本都推荐使用函数组件结合Hooks的方式来组织应用，但是对类组件生命周期的理解能够帮助我们以追根溯源的方式，更全面地建立对React框架的认知，帮助我们编写正确且高效的代码。

当class组件实例被创建并插入DOM中时，其生命周期函数调用顺序如下：

- constructor()：在React组件挂载之前，会调用该构造函数。此函数只会执行一次，并返回一个组件实例。在构造函数中，我们可以对this.state进行赋值，以完成组件的初始化工作。其他生命周期函数只能通过 his.setState修改state，不能直接为this.state赋值。
- componentWillMount()：组件将要挂载时调用该函数。官方在React 16.3版本中不建议使用该函数，在v17.0版本中移除该函数。
- getDerivedStateFromProps()：它是一个静态方法，接收props和state两个参数。它会在调用render()函数之前被调用，并且不管是在初始挂载时还是在后续组件更新时都会被调用。这个钩子函数在React 16.3版本之后出现，可以作为componentWillMount、componentWillUpdate和componentWillReceiveProps的替代方案。此生命周期钩子不常用，如果可以的话，我们也尽可能不使用它。
- render()：是class组件中唯一必须实现的函数，它的返回值将作为页面渲染的视图。render函数应该为纯函数，也就是对于相同的state和props，它总是返回相同的渲染结果。

- componentDidMount()：在组件挂载（插入DOM树中）后，且在浏览器更新视图之前调用，只会执行一次。一般在这个生命周期函数中发送网络请求、添加订阅等。

每当组件的state或props发生变化时，组件就会更新。组件更新的生命周期函数调用顺序如下：

- getDerivedStateFromProps()：它是一个静态方法，接收props和state两个参数。它会在调用render()函数之前被调用，组件更新时也会被调用。
- shouldComponentUpdate()：当props或state发生变化时，shouldComponentUpdate()会在渲染执行之前被调用。
- render()：是class组件中唯一必须实现的函数，它的返回值将作为页面渲染的视图。render函数应该为纯函数，当props或state发生变化时调用，从而重新渲染页面。
- getSnapshotBeforeUpdate()：在最近一次渲染输出（提交到 DOM节点）之前调用。
- componentDidUpdate()：在组件更新后会被立即调用。

当组件从DOM中移除时会调用如下方法：

- componentWillUnmount()：在组件卸载及销毁之前直接调用。

5.4.2　Hooks API 执行时机

Hooks API的出现可以帮助函数式组件获得生命周期函数。Hooks API比较简单，本书案例计算机选购配置系统的项目工程名software-labs-client采用的就是React Hooks组件的写法。可以利用useState和useEffect()这两个函数来模拟实现生命周期。

函数组件没有构造函数constructor，可以通过调用useState来初始化state，代码如下：

```
const [num, UpdateNum] = useState(0)
```

函数式组件中的componentDidMount、componentDidUpdate和componentWillUnmount使用useEffect实现，使用方法如下：

方法1：

```
useEffect(()=>{
}, [])
```

上面的代码使用useEffect函数，当第二个参数是空数组时，第一个函数中执行的代码相当于class组件在componentDidMount中执行的内容。

方法2：

```
useEffect(() => {
}, [count]);
```

上面的代码使用useEffect函数，当count发生变化时，执行第一个函数，相当于class组件在componentDidMount中执行的内容，以及count更改时componentDidUpdate执行的内容。

方法3：

```
01  useEffect(()=>{
02    //code here
```

```
03    return function cleanup() {
04     //code here
05    }
06  }, [])
```

上面的代码中，第02行相当于class组件在componentDidMount中执行的内容，第04行相当于class组件在componentWillUnmount中执行的内容。

在software-labs-client工程中，打开src/features/bar/components/Step1.js，代码如下：

```
01  import React, { useEffect } from 'react';
02  import { useSelector, useDispatch } from 'react-redux';
03  import _ from 'lodash';
04  import { getSoftwareLists, getLocales } from '../actions';
05  import { selectPreferences} from '../../wrappers/selector';
06  import { selectLocales } from '../selector';
07  import { getBrowserLocal } from '../../../help/utils';
08
09  const Step1 = () => {
10    const preferences = useSelector(selectPreferences);
11    const countryCode = preferences.countryCode;
12    const region = preferences.region;
13    const locales = useSelector(selectLocales);
14    const dispatch = useDispatch();
15
16    useEffect(() => {
17      if(!_.isEmpty(locales)){
18        return;
19      }
20      dispatch(getLocales());
21    }, [])
22
23    useEffect(() => {
24      if (!_.isEmpty(locales) && !region) {
25        const {countryCode} = getBrowserLocal();
26        dispatch(getSoftwareLists({ countryCode }));
27      }
28    }, [locales])
29
30    const setRegion = (value) => { };
31
32    const changeCountry = (value) => { };
33
34    const changeLanguage = (value) => { };
35
36    return (
37      <div className="stepOneWrap"></div>
38    );
39  }
40
41  export default Step1;
```

代码解析：

- 第01行引入React和useEffect。
- 第02行从React Redux中引入useSelector和useDispatch，分别用于从Redux的store中获取数据和发送action。
- 第03行引入lodash工具库。
- 第04行从actions.js文件中引入getSoftwareLists和getLocales函数。通常，actions.js文件中的函数都是发起action的函数，有同步和异步action。异步action指发起ajax请求，从服务器端获取数据。
- 第 05 行 从 selector 文 件 中 通 过 selectPreferences 获 取 preferences 数 据 ， 这 个 数 据 在 software-labs-client项目中是指用户的国家、语言、地区等数据。
- 第06行是从selector文件中通过selectLocales函数获取locales数据。locales数据是一个由很多国家、语言、国家编码、语言编码组成的对象集合，用于在页面中用下拉列表展示区域、国家和语言。
- 第07行从help/utils.js工具函数文件中引入getBrowserLocal，这个函数用于获取用户当前浏览器的国家和语言信息，并初始化页面上展示的区域、国家和语言。
- 第09 ~ 39行是Step1组件的内容。这个组件就是页面上的区域、国家和语言的展示。选择区域时，国家列表更新响应区域下的国家，例如区域是北美，国家列表中就是加拿大和美国，切换区域时，国家列表更新。当选择国家时，当前国家的语言列表更新，例如选择法国时，语言列表中就是法语和英语。
- 第09行定义了组件的名字，组件名字的首字母要大写。
- 第10 ~ 13行是从Redux的store中取出组件渲染或代码逻辑需要的数据，例如preferences和locales。
- 第14行使用hook函数useDispatch得到dispatch方法。该方法用于发送action。
- 第16 ~ 21行是useEffect函数的使用。在这个useEffect函数中，第一个参数是空数组，意味着useEffect函数的第一个回调函数会在组件挂载后、浏览器渲染页面之前执行，相当于class组件的生命周期钩子函数componentDidMount的执行时机。可以看到，第17 ~ 19行进行了判断，如果locales不为空，也就是说locales已经有数据，则return，即不执行后面的代码，否则执行第20行代码，dispatch(getLocales())，即发送ajax请求，从服务器端获取locales数据。
- 第23 ~ 28行也是useEffect的使用。这里第一个参数是locales，意味着当locales值发生变化时，执行该useEffect的第一个回调函数。
- 第 24 ~ 27 行 是 指 当 locales 和 region 都 不 为 空 时 ， 发 起 ajax 请 求 ， 即 执 行 dispatch(getSoftwareLists({ countryCode }))，从服务器端获取softwares列表数据。该列表数据用于渲染页面上的软件列表。
- 第36 ~ 38行是返回JSX语法编写的组件DOM。JSX的DOM最外层必须只有一个父级，中间的内容此处省略。
- 第41行导出Step1组件。

Step1组件如图5.9所示，getLocales获取的数据用于渲染国家和语言列表，当国家和语言变更后，调用getSoftwareLists重新获取软件列表数据。preferences中保存的数据用于渲染界面，展示区域、国家和语言。

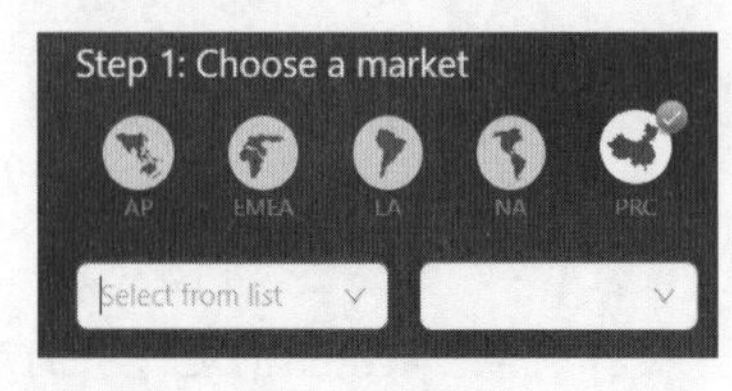

切换 region（区域），国家列表重新加载，语言列表为空

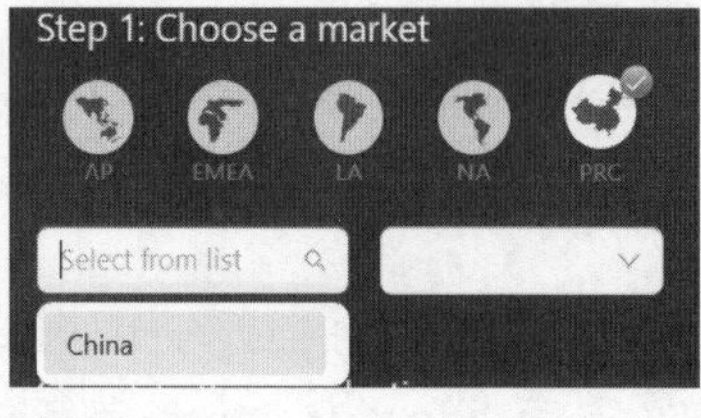

国家列表展示

选择国家后，语言列表重新加载

图5.9 Step1组件

打开src/features/wrappers/index.js，文件中定义了Wrappers组件。该组件中也使用了useEffect钩子函数，部分代码如下：

```
01  import React, { useState, useEffect } from 'react';
02  import { useSelector, useDispatch } from 'react-redux';
03  import {Outlet} from "react-router-dom";
04  import {IntlProvider} from 'react-intl';
05  import { ConfigProvider, message } from 'antd';
06  import { selectError, selectPreferences } from './selector';
07  import {getBrowserLocal, getLocaleMessages} from '../../help/utils';
08  import localeData from '../../help/localeData';
09  import {FormattedMessage} from 'react-intl';
10
11  const Wrappers = (props) => {
12    const [messageApi, contextHolder] = message.useMessage();
13    const preferences = useSelector(selectPreferences);
14    const error = useSelector(selectError);
15    const {languageCode} = getBrowserLocal();
16    const locale = preferences.languageCode || languageCode;
17    const antdLocale = localeData[locale];
18    const messages = getLocaleMessages(locale);
19    useEffect(() => {
20      if(error){
21        messageApi.open({
22          type: 'error',
23          content: <FormattedMessage id={error}/>,
24        });
25      }
26    }, [error])
27
28    return (
29      ...
30    );
31  }
32  export default Wrappers;
```

代码解析：

- 第19 ~ 26行使用useEffect方法，当error发生变化时，传入useEffect的第一个参数，该参数是一个匿名函数。在该函数中进行判断，如果error数据存在，则执行第21 ~ 24行的代码。
- 第21 ~ 24行调用antd框架的messageApi.open方法，表示打开一个错误提示弹窗，弹窗中显示的内容为error。

5.5 事件

在软件系统或者网站中，与用户的交互必不可少。事件就用来收集用户的操作信息。React元素的事件处理和DOM元素类似，稍微有一点不同的是，React事件绑定的属性的命名采用驼峰式写法，而不是小写。另外，如果采用JSX的语法，则我们需要传入一个函数作为事件处理函数，而不是一个字符串（DOM元素的写法）。

HTML中事件的写法如下：

```
<button onclick="login()">登录</button>
```

React中事件的写法如下：

```
<button onClick={login}>登录</button>
```

由于React中绑定的事件不是原生事件，而是由原生事件合成的React事件，因此在React中不能通过返回false的方式来阻止默认行为，必须明确使用preventDefault。

例如，在HTML页面中阻止链接默认打开一个新页面，可以这样写：

```
<a href="#" onclick="console.log('单击链接'); return false">click</a>
```

在React中的写法为：

```
const ActionLink = () => {
  const handleClick = (e) => {
    e.preventDefault();
    console.log('链接被单击');
  }
  return (
    <a href="#" onClick={handleClick}>click</a>
  );
}
```

上面的代码中e是一个合成事件。

在class组件中需要注意，调用时需要用this.xxx的形式。因为class中的方法都是组件实例的方法。如果事件处理函数需要使用this，例如this.setState或this.aaa()调用组件的aaa函数，则需要将这些方法中的this指向组件实例。通常有两种绑定this的方法。

第一种是用bind，代码如下：

```
class App extends React.Component{
  constructor(props) {
```

```
    super(props);
    this.clickFun = this.clickFun.bind(this);
  }
  clickFun() { }
}
export default App;
```

上面的代码中clickFun函数用bind将其内部this指向组件实例。

第二种是在定义clickFun时使用箭头函数，代码如下：

```
class App extends React.Component{
  constructor(props) {
    super(props);
  }
  clickFun = () => { }
}
export default App;
```

打开software-labs-client下的src/features/bar/index.js文件，这是计算机选购配置系统左侧的工具模块。在这个模块中，用户选择区域、国家和语言后，展示这些条件下计算机可以安装的软件列表。当用户选择软件后，单击搜索按钮，右侧会出现与这些软件相匹配的计算机或服务器。代码如下：

```
01  import React from 'react';
02  import { useSelector, useDispatch } from 'react-redux';
03  import {FormattedMessage} from 'react-intl';
04  import {useNavigate} from "react-router-dom";
05  import _ from 'lodash';
06  import './index.scss';
07  import Step1 from './components/Step1';
08  import Step2 from './components/Step2';
09  import Search from './components/Search';
10  import { logout } from '../login/actions';
11  import { selectUsername } from '../login/selector';
12
13  const Bar = () => {
14    const dispatch = useDispatch();
15    const navigate = useNavigate();
16    const userName = useSelector(selectUsername);
17    const handleLogout = () => {
18      logout(dispatch)
19      navigate('/login')
20    }
21
22    return (
23        <div className="sidebar" id="sidebar">
24          <div className="logout" onClick={handleLogout}>
25  <span><FormattedMessage id="Logout"/> (<FormattedMessage id="user"/>
{userName})</span>
26          </div>
27          <div className={`sidebar-content`}>
28            <Step1/>
29            <Step2/>
```

```
30              <Search/>
31            </div>
32          </div>
33      );
34    }
35    export default Bar;
```

代码解析：

- 第02行从React Redux中引入useSelector和useDispatch，分别用于从Redux的store中获取数据和发送action。
- 第03行引入FormattedMessage方法，用于对文案进行国际化处理。
- 第04行从react-router引入useNavigate，这是React-router v6新增的hook函数，用于路由跳转。
- 第05行引入lodash工具库。
- 第06行引入样式index.scss。
- 第07行引入子组件Step1。这个组件用于展示区域、国家和语言列表以及进行交互。
- 第08行引入子组件Step2。这个组件用于展示软件列表以及进行交互。
- 第09行引入子组件Search。这个组件用于展示搜索按钮以及进行交互。
- 第10行引入 logout函数。这个函数来自actions.js文件。actions.js文件中的函数都是用于处理和Redux的通信的。此处的logout函数向Redux发送action，清空保存到Redux中的token值。token值是判断用户是否登录的标准，在用户登录后由服务器端接口返回给前端。
- 第11行引入selectUsername函数。这个函数用于从Redux中获取用户名。用户名在用户单击登录按钮后，由服务器端返回给前端，然后前端将其保存在了Redux中。
- 第13～34行是组件Bar的内容。
- 第14行使用hook函数useDispatch得到dispatch方法。该方法用于发送action。
- 第15行使用hook函数useNavigate得到navigate方法。该方法用于路由跳转。
- 第16行通过hook函数useSelector得到用户名。
- 第17～20行定义handleLogout函数。当单击logout（登出）按钮时会调用该函数。在这个函数中，首先调用logout(dispatch)清除Redux中的token，然后调用navigate('/login')跳转到登录页面。
- 第22～33行是JSX DOM的内容。
- 第24～26行是Logout按钮，单击该按钮时，触发onClick事件，调用handleLogout函数。
- 第28～30行分别展示引入的子组件Step1、Step2和Search。
- 第36行导出Bar组件。

5.6 小结

本章主要讲解了React的组件类型、JSX的使用、组件的生命周期以及如何在React中使用事件，并结合实例代码详细进行了分析。这些知识点都是企业项目中必需的，做项目的过程中会反复使用。

第6章 React Redux

在上一章，我们讲解了React组件的用法和相关知识，代码的示例中的一些React Redux的用法没有详细介绍，本章开始具体讲解React Redux的内容。

本章主要涉及的知识点有：

- React、Redux、React Redux的关系
- Redux和Redux Toolkit
- React Redux
- 结合案例的应用场景

6.1 React、Redux、React Redux 的关系

在公司的React项目中，React、Redux和React Redux这3个框架都需要引入并使用，了解它们之间的关系可以在搭建项目和使用时做到心中有数。

通过前面的学习，我们已经知道React是用来构建用户界面的，它将很多组件组合成为一个个向用户展示的页面，其中每个组件都有自己的状态和状态管理方式，不论是class组件还是函数式组件+Hooks的方式。如果一个网站或软件系统的逻辑简单，每个组件只需要state或props做状态管理，各组件之间共享数据也不多，那么项目中只使用React就够了。

但是事实上，企业级的React项目往往逻辑比较复杂，平级组件、父子组件、祖孙组件、不同父级下子组件之间需要共享数据的情况比比皆是。这时候只靠React的state和props，甚至context来管理这些状态就显得力不从心。如果非要用state、props或context也不是不行，但是会非常复杂，后期随着功能的增加，意料之外的bug会越来越多，维护也越来越难。这时候就需要加入其他专门管理状态（数据）的框架了。Redux就是这样一个工具，它是JavaScript应用的状态容器，提供可预测的状态管理，而且体积很小，大概只有2KB。把React组件的状态提取出来放到一个全局对象store里，用Redux来管理这个全局对象里所有数据的增加、删除、修改、查询操作。

Redux不是React专属的，在Vue、Angular，甚至jQuery中都可以使用。在React组件中使用Redux

时，要在每个组件中监听store的变化，发生变化后重新渲染React组件的UI。对任何UI层使用Redux都需要相同的步骤，因此出现了React Redux，用来简化Redux的使用步骤。React Redux是Redux官方专为配合React而设计的状态管理框架。

6.2 Redux和Redux Toolkit

要在React项目中使用Redux，首先要理解Redux的数据更新流程和其中的一些核心概念。Redux可以使用npm install redux进行安装。但是，对于使用脚手架create-react-app创建的项目，脚手架中默认已经安装redux，不需要开发者手动进行安装。

6.2.1 Redux中数据更新的流程

Redux帮助React管理全局数据，将这些数据保存到对象store中。在store中用state来描述应用程序在特定时间点的状况。

注意 这里的state虽然和React组件中组件状态的state使用了相同的关键字，但只是恰好因为它们都描述了表示状态的数据，其实它们是完全不相关的两个概念，不要混淆。

要更新store的state，需要按照约定的流程：

（1）当用户触发DOM的事件后，通过dispatch方法向Redux发送action，然后通过reducers函数加工生成新的数据。store中的数据每发生一次变化，都会生成新的state，类似网页快照。

（2）在组件中注册订阅subscribe函数，监听store数据的变化，保持页面的状态与store的同步。

以上基本流程的示例代码如下：

```
01  import { createStore } from 'redux';
02  function counterReducer(state = { value: 0 }, action) {
03    switch (action.type) {
04      case 'counter/incremented':
05        return { value: state.value + 1 }
06      case 'counter/decremented':
07        return { value: state.value - 1 }
08      default:
09        return state
10    }
11  }
12  let store = createStore(counterReducer);
13  store.subscribe(() => console.log(store.getState()))
14  store.dispatch({ type: 'counter/incremented' })
15   // {value: 1}
16  store.dispatch({ type: 'counter/incremented' })
17   // {value: 2}
18  store.dispatch({ type: 'counter/decremented' })
19   // {value: 1}
```

代码解析：

- 第01行从Redux中引入createStore方法。
- 第02～11行定义了一个名为counterReducer的reducers函数。该函数默认state的value是0。从第03行开始通过switch语句对不同的action.type返回不同的state值。
- 第12行执行createStore函数，得到store对象。
- 第13行注册监听函数，一旦state发生变化，就打印state。
- 第14、16、18行发送action，可以看到第15、17、19行分别打印了state。

6.2.2 Redux 的核心概念

1. action

action用来描述Redux中发生了什么。它是一个JavaScript对象，有一个固定字段type，type字段的值是字符串，是对这个action的描述；还可以有其他字段，属性名可以自定义。如下示例代码，是一个典型的action：

```
const addTodoAction = {
type: 'todos/todoAdded',
payload: 'Buy milk'
}
```

2. reducers

reducers是一个用来根据action更新state的函数。它接收两个参数——state和action。reducers函数的示例代码如下：

```
01  const initialState = { value: 0 }
02
03  function counterReducer(state = initialState, action) {
04    if (action.type === 'counter/increment') {`
05      return {
06        ...state,
07        value: state.value + 1
08      }
09    }
10    return state;
11  }
```

代码解析：

- 第01行定义初始state，其中value为0。
- 第03～11行定义一个名为counterReducer的reducers函数。这个函数接收两个参数——state和action。函数参数state的默认值为initialState。这样做一般是为了防止state为null时后面的代码报错。上面的代码比较简单，写不写都可以，实际项目中一般会写，相当于容错处理。
- 第04～08行根据action.type的值返回state的副本。注意，此处使用了ES 6的扩展运算符，返回的state是一个全新的对象，原state不会改变。

3. store

store是用来把Redux中的action和reduces联系到一起的对象，相当于Redux中的一个全局对象的概念。store对象上有getState、dispatch、subscribe等方法：getState()可以获取state；dispatch(action)可以更新state；subscribe(listener)注册监听器，当state发生变化时更新UI。获取store的示例代码如下：

```
01  import { createStore } from 'redux';
02  import todoApp from './reducers';
03  let store = createStore(todoApp);
```

代码解析：

- 第01行从Redux中引入createStore方法。
- 第02行引入一个reducers函数。
- 第03行执行createStore函数得到store对象。接下来就可以使用store对象的其他方法对Redux中的state数据进行更新和获取了。

6.2.3 Redux Toolkit

Redux烦琐、冗长的代码编写方式一直都被开发者们诟病。为了解决这个问题，Redux官方推出了Redux Toolkit，它是一个开箱即用的工具集，旨在简化Redux的使用，并提供更好的开发体验。在使用Redux Toolkit前要先用npm install @reduxjs/toolkit进行安装。

Redux Toolkit的示例代码如下：

```
01  import { createSlice, configureStore } from '@reduxjs/toolkit'
02
03  const counterSlice = createSlice({
04    name: 'counter',
05    initialState: {
06      value: 0
07    },
08    reducers: {
09      incremented: state => {
10
11        state.value += 1
12      },
13      decremented: state => {
14        state.value -= 1
15      }
16    }
17  })
18
19  export const { incremented, decremented } = counterSlice.actions
20
21  const store = configureStore({
22    reducer: counterSlice.reducer
23  })
24
25  store.subscribe(() => console.log(store.getState()))
```

```
26
27  store.dispatch(incremented())
28  // {value: 1}
29  store.dispatch(incremented())
30  // {value: 2}
31  store.dispatch(decremented())
32  // {value: 1}
```

代码解析：

- 第01行从Redux Toolkit中引入createSlice和configureStore方法。createSlice方法用于创建一个数据分片slice，这个数据分片是整个Redux数据的一部分，可能是软件系统中某个业务的数据。一个软件系统有多个模块，相应地在Redux中，可能将数据划分成多个分片。所有这些分片数据组成整个软件体统的数据体系。configureStore则封装了Redux中的createStore，简化了配置项，提供了一些现成的默认配置项。它可以自动组合slice的reducer，可以添加任何Redux中间件。
- 第03~17行通过调用createSlice方法生成一个counterSlice的分片。createSlice有3个参数：name，用来定义该分片的名字；initialState，state的初始值；reducers，一组reducers函数。

调用createSlice后返回一个对象，这个对象类似下面这样：

```
{
    name : string,
    reducer : ReducerFunction,
    actions : Record<string, ActionCreator>,
    caseReducers: Record<string, CaseReducer>.
    getInitialState: () => State
}
```

- 第19行从counterSlice.actions中获取incremented和decremented。
- 第21~23行通过调用configureStore方法生成store对象。
- 第25行注册监听函数，一旦state发生变化，就打印state。
- 第27、29、31行发送action，可以看到第28、30、32行分别打印了state。

6.3 React Redux

为了简化Redux的使用，Redux 的官方推出了专为 React UI设计的绑定库React Redux。它是从Redux封装而来，因此基本原理和Redux是一样的，同时存在一些差异。

6.3.1 Provider

Provider是一个组件，它使Redux中的store 可以用于任何需要访问Redux store的嵌套组件。在React项目中，通常会在顶层渲染一个 Provider组件，然后将整个应用的其他组件树包裹其中。Provider组件的使用的示例代码如下：

```
01  import React from 'react'
02  import ReactDOM from 'react-dom'
03  import { Provider } from 'react-redux'
04  import { App } from './App'
05  import createStore from './createReduxStore'
06
07  const store = createStore()
08  const root = ReactDOM.createRoot(document.getElementById('root'))
09  root.render(
10    <Provider store={store}>
11      <App />
12    </Provider>
13  )
```

代码解析：

- 第03行引入Provider。
- 第10～12行在render函数中渲染时，用Provider组件将项目的实际业务组件App包裹其中，并将store作为参数传入Provider组件。这样，Provider组件下的所有子组件都可以使用store对象的方法和数据了。

6.3.2 connect

connect函数用于将React组件连接到Redux store。

connect函数中最常用的参数有2个：mapStateToProps和mapDispatchToProps。

```
function connect(mapStateToProps, mapDispatchToProps)
```

mapStateToProps和mapDispatchToProps都是函数，分别用于处理Redux store的state和dispatch，示例代码如下：

```
const mapStateToProps = (state) => ({ todos: state.todos })
const mapDispatchToProps = (dispatch) => {
  return {
    increment: () => dispatch({ type: 'INCREMENT' }),
    decrement: () => dispatch({ type: 'DECREMENT' }),
    }
}
```

connect() 的返回值是一个wrappers函数，它接收一个组件并返回一个Wrappers组件，其中包含它注入的props。

6.3.3 Hooks

React Redux包含了它自己的自定义Hooks API，这些Hooks API可以与React函数式组件一起使用，使React函数式组件订阅Redux store、dispatch action。常用的Hooks API有3个：useSelector、usedispatch和useStore。

useSelector用于从Redux中获取数据，基本用法如下：

```
import { useSelector } from 'react-redux'

export const CounterComponent = () => {
  const counter = useSelector((state) => state.counter)
  return <div>{counter}</div>
}
```

useDispatch用于向Redux发送action，基本用法如下：

```
import { useDispatch } from 'react-redux'

export const CounterComponent = ({ value }) => {
  const dispatch = useDispatch();
  return (
    <button onClick={() => dispatch({ type: 'increment-counter' })}>Increment
counter</button>
  )
}
```

useStore用于生成store对象，基本用法如下：

```
import { useStore } from 'react-redux'

export const CounterComponent = ({ value }) => {
  const store = useStore()
  return <div>...</div>
}
```

6.4 结合案例的应用场景

本书案例计算机选购配置系统在React前端对应的工程software-labs-client中，使用了最新的Hooks API。

首先，打开src/store.js文件，该文件是项目中所有容器组件对应的reducers的集合，也是Redux store的汇总文件，代码如下：

```
01  import { configureStore} from '@reduxjs/toolkit';
02  import wrappersReducer from './features/wrappers/actions';
03  import barReducer from './features/bar/actions';
04  import productReducer from './features/product/actions';
05  import loginReducer from './features/login/actions';
06  import appReducer from './features/app/actions';
07
08  export const store = configureStore({
09    reducer: {
10      wrappers: wrappersReducer,
11      bar: barReducer,
12      product: productReducer,
13      login: loginReducer,
```

```
14      app: appReducer
15    },
16    devTools: process.env.NODE_ENV !== 'production',
17  });
```

代码解析：

- 第01行从Redux Toolkit中引入configureStore。
- 第02行引入wrappersReducer，这个对象是Wrappers组件对应的reducer函数。
- 第03行引入barReducer，这个对象是Bar组件对应的reducer函数。
- 第04行引入productReducer，这个对象是Product组件对应的reducer函数。
- 第05行引入loginReducer，这个对象是Login组件对应的reducer函数。
- 第06行引入appReducer，这个对象是App组件对应的reducer函数。
- 第08~17行通过configureStore方法创建store对象。

然后，在项目的根目录下找到入口文件index.js，在这个文件中引入src/store.js文件并使用其中的store对象，代码如下：

```
01  ...
02  import { store } from './store';
03  ...
04  const initRequestModule = _store => {
05    request.setResponseInterceptors({
06      dispatch: _store.dispatch
07    });
08  };
09
10  initRequestModule(store);
11  initFeatureToggle(store).finally(() => {
12    root.render(
13      <Provider store={store}>
14        <HashRouter>
15          <Routes>
16            <Route path="/*" element={<Wrappers />}>
17              <Route path="login" element={<Login />}/>
18              <Route path="register" element={<Login />}/>
19              <Route path="main" element={<App />}/>
20            </Route>
21          </Routes>
22        </HashRouter>
23      </Provider>
24    );
25  })
26  ...
```

代码解析：

- 第02行引入store.js，取出其中的store对象。
- 第10行调用initRequestModule(store)，并传入store初始化axios拦截操作。
- 第11行调用initFeatureToggle(store)，并传入store初始化toggle。

- 第13行向Provider组件传入store对象，因此，Provider的所有子组件都可以使用store对象。

接下来，打开src/features/wrappers下的actions.js文件，该文件用于Wrappers组件的actions和reducers的处理，代码如下：

```
01  import { createAsyncThunk, createSlice } from '@reduxjs/toolkit';
02  import _ from 'lodash';
03  import {request} from '../../help/request';
04  import {generateApiUrl} from '../../help/utils';
05
06  const initialState = {
07    preferences: {
08      region: '',
09      countryName: '',
10      countryCode: undefined, //for antd select show placeholder
11      currency: '',
12      language: '',
13      languageCode: ''
14    },
15    error: ''
16  };
17
18  //reducers
19  const reducers = {
20    updatePreferences: (state, action) => {
21      state.preferences = {...state.preferences, ...action.payload};
22      console.log('state.preferences:',state.preferences)
23      window.sessionStorage.setItem('lang', state.preferences.languageCode);
24    },
25    updateError: (state, action) => {
26      state.error = action.payload;
27    },
28    appReset: (state, action) => {
29      for(let key in initialState){
30        state[key] = initialState[key];
31      }
32    }
33  }
34
35  export const wrappersSlice = createSlice({
36    name: 'wrappers',
37    initialState,
38    reducers,
39  });
40
41  //actions
42  export const { updatePreferences, updateError, appReset } = wrappersSlice.
actions;
43
44  export default wrappersSlice.reducer;
```

代码解析：

- 第01行从Redux Toolkit中引入createAsyncThunk和createSlice。createAsyncThunk也是来自Redux tookit的hook函数，它可以创建一个异步action，通常用于发出ajax异步请求。这个方法触发的时候会有3种状态：pending（进行中）、fulfilled（成功）、rejected（失败）。
- 第02行引入工具库lodash。
- 第03行引入request对象，该对象中封装了axios的get和post方法，用于发送异步请求。
- 第04行引入generateApiUrl，该方法用于统一处理接口URL。
- 第06～16行是初始化state对象。其中preferences中保存了区域、国家、货币和语言信息，error是整个网站的error提示信息。
- 第19～33行是reducer函数集合。updatePreferences用于更新preferences，updateError用于更新error信息，appReset用于重置state。
- 第35～39行通过createSlice生成名为wrappersSlice的数据分片。
- 第42行导出updatePreferences、updateError、appReset这3个方法，供组件使用。
- 第44行导出reducer函数。

每个容器组件可以依据是否需要在Redux中保存数据来决定是否需要增加相对应的action.js文件。在software-labs-client中，Wrappers、Bar、Product、Login和App组件需要将部分数据保存到Redux中。

编写完所有容器组件中的actions.js文件后，打开src/index.js，插入代码console.log('redux data:',store.getState())，如下所示。

```
initFeatureToggle(store).finally(() => {
  console.log('redux data:',store.getState());
  root.render(
    <Provider store={store}>
      <HashRouter>
        <Routes>
          <Route path="/*" element={<Wrappers />}>
            <Route path="login" element={<Login />}/>
            <Route path="register" element={<Login />}/>
            <Route path="main" element={<App />}/>
          </Route>
        </Routes>
      </HashRouter>
    </Provider>
  );
})
```

在initFeatureToggle(store).finally(() => {}中的第一行位置插入console.log('redux data:', store.getState())，以打印Redux现在的数据结构。在项目根目录下打开终端，输入npm start，启动项目。在浏览器输入http://localhost:3000/#/login，打开Chrome开发者工具中的控制台，会看到如图6.1所示数据结构中。

写好每个模块的actions.js文件后，还需要在每个模块中的selector.js中编写selector函数，用于从Redux中获取数据，以便在组件中使用。

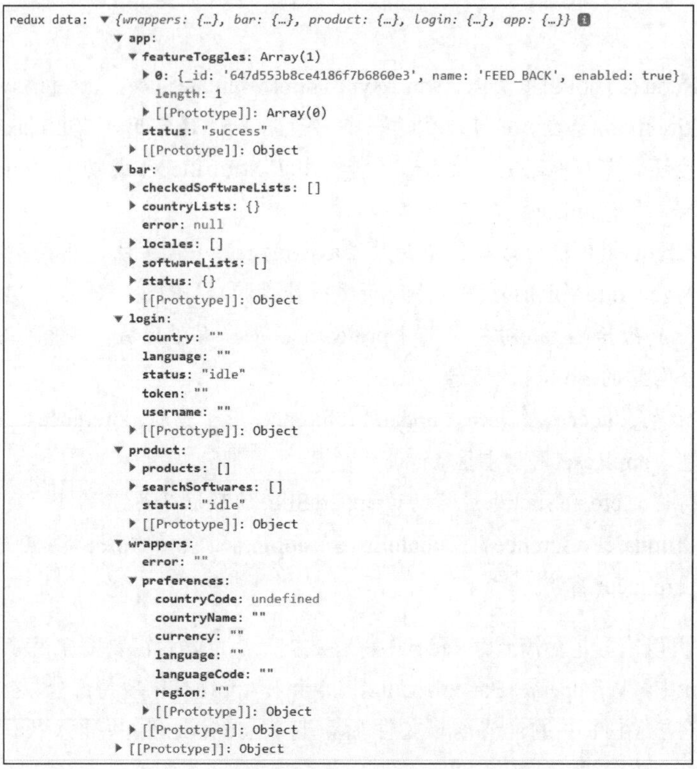

```
redux data: ▼ {wrappers: {…}, bar: {…}, product: {…}, login: {…}, app: {…}}
  ▼ app:
    ▼ featureToggles: Array(1)
      ▶ 0: {_id: '647d553b8ce4186f7b6860e3', name: 'FEED_BACK', enabled: true}
        length: 1
      ▶ [[Prototype]]: Array(0)
      status: "success"
    ▶ [[Prototype]]: Object
  ▼ bar:
    ▶ checkedSoftwareLists: []
    ▶ countryLists: {}
      error: null
    ▶ locales: []
    ▶ softwareLists: []
    ▶ status: {}
    ▶ [[Prototype]]: Object
  ▼ login:
      country: ""
      language: ""
      status: "idle"
      token: ""
      username: ""
    ▶ [[Prototype]]: Object
  ▼ product:
    ▶ products: []
    ▶ searchSoftwares: []
      status: "idle"
    ▶ [[Prototype]]: Object
  ▼ wrappers:
      error: ""
    ▼ preferences:
        countryCode: undefined
        countryName: ""
        currency: ""
        language: ""
        languageCode: ""
        region: ""
      ▶ [[Prototype]]: Object
    ▶ [[Prototype]]: Object
  ▶ [[Prototype]]: Object
```

图6.1　通过store.getState()打印的数据结构

例如，打开src/features/wrappers/selector.js文件，该文件中分别定义了selectPreferences和selectError函数，用于获取Wrappers组件的reducers中的preferences和error数据，代码如下：

```
export const selectPreferences = (state) => state.wrappers.preferences;
export const selectError = (state) => state.wrappers.error;
```

接下来就可以在组件中随意使用来自Redux的数据了。例如打开src/features/wrappers/index.js文件，该文件中定义的Wrappers组件通过useSelector获取了Redux中的数据，在组件中进行逻辑处理和渲染，代码如下：

```
01  import React, { useState, useEffect } from 'react';
02  import { useSelector, useDispatch } from 'react-redux';
03  import {Outlet} from "react-router-dom";
04  import {IntlProvider} from 'react-intl';
05  import { ConfigProvider, message } from 'antd';
06  import { selectError, selectPreferences } from './selector';
07  import {getBrowserLocal, getLocaleMessages} from '../../help/utils';
08  import localeData from '../../help/localeData';
09  import {FormattedMessage} from 'react-intl';
10
11  const Wrappers = (props) => {
12    const [messageApi, contextHolder] = message.useMessage();
13    const preferences = useSelector(selectPreferences);
14    const error = useSelector(selectError);
15    ...
```

```
16    const locale = preferences.languageCode || languageCode;
17    ...
19    useEffect(() => {
20      if(error){
21        messageApi.open({
22          type: 'error',
23          content: <FormattedMessage id={error}/>,
24        });
25      }
26    }, [error])
27
28    return (
      ...
35    );
36  }
37  export default Wrappers;
```

代码解析：

- 第02行引入useSelector函数，用于从Redux中获取数据。
- 第06行从src/features/wrappers/selector.js中引入selectError和selectPreferences函数。
- 第13行从Redux的wrappers对象中获取preferences。
- 第14行从Redux的wrappers对象中获取error。
- 在Wrappers组件中，从preferences中获取的locale用于国际化处理。error用在第21行的messageApi.open方法中，用于向用户展示错误提示。

6.5　小结

本章主要讲解了Redux、Redux Toolkit和React Redux它们三者之间的关系、基本概念和在项目中的使用方法。通过实际代码的详细讲解，读者应该对在React中如何使用Redux和React Redux有了更宏观和深入的了解。

第7章 路　由

在单页应用中，路由是一个非常重要的角色。不同页面之间的切换需要路由组件根据不同URL地址渲染不同组件。

本章主要涉及的知识点有：

- 路由介绍
- 路由原理
- 路由切换

7.1 路由原理

既然路由很重要，那么路由到底是什么呢？路由其实就是网站或软件系统向用户显示不同页面的能力。例如，用户可以通过输入URL或单击页面元素在应用程序的不同部分之间移动。

默认情况下，React没有路由。为了在项目中拥有路由的能力，我们需要添加一个名为react-router的库。react-router是一个基于React的强大路由库，它可以让我们快速地向应用添加视图和数据流，同时保持页面与URL间的同步。

在使用react-router之前，要先安装，安装方法参见第4章。

react-router是建立在 history 之上的。history是一个第三方库，它借鉴HTML 5 history对象的理念，在其基础上又扩展了一些功能，提供了统一的API（如push、replace等），可以做到对URL的动态改变。

简而言之，一个history知道如何去监听浏览器地址栏的变化，并解析这个URL，将其转换为location对象，然后router使用它去匹配路由，最后正确地渲染对应的组件。

- history可以理解为react-router的核心，它也是整个路由原理的核心。
- react-router可以理解为是react-router-dom的核心，里面封装了Router、Route、Switch等核心组件，实现了从路由的改变到组件的更新的核心功能。

- react-router-dom是在react-router的基础上开发的，额外提供了BrowserRouter、HashRouter、Link等组件用于路由跳转。因此，安装了react-router-dom后就不用再安装react-router。

通常管理页面路由有两种模式：hash模式和history模式。

- hash模式是通过用window.onhashchange监听location.hash的变化来实现的，使用的是URL的哈希值。在URL的路径中包含#，例如，http://localhost:3000/#/demo/test。当#后面的路径发生变化时，浏览器不会向服务器发起请求，而是触发hashchange事件。
- history模式是通过window.history和window.onpopstate实现的。在URL的路径中没有#，例如，http://localhost:3000/demo/test。浏览器在刷新的时候，会按照路径发送真实的资源请求，如果这个路径是前端通过history API设置的URL，那么服务器端往往不存在这个资源，于是就返回404错误。因此，在线上部署基于history API的单页面应用的时候，一定要在后端配合支持并配置Nginx，否则会出现大量的404错误。

7.2 路由切换

要实现路由的切换，既可以使用路由组件，也可以使用react-router库的Hooks API。路由组件有Link、Route、HashRouter、BrowserRouter。Hooks API有useNavigate和useHistory。

7.2.1 Link

Link组件用于取代<a>元素，生成一个链接，允许用户单击后跳转到另一个路由。它基本上就是<a>元素的React版本，可以接收router的状态。相比<a>元素，Link组件的优势在于跳转后不会全局刷新页面，也就是说浏览器不会向服务器重新请求静态资源。

Link的使用方式也很简单，示例代码如下：

```
<Link to="/register">注册</Link>
```

to属性用于指定跳转地址，会渲染成a标签的href属性。这行代码表示单击“注册”按钮后，跳转到/register。

具体应用在software-labs-client项目中，打开src/features/login/components/LoginForm.js文件，该文件中定义了登录和注册模块的公用子组件——LoginForm表单组件，代码如下：

```
01 import React from 'react';
02 ...
03 const LoginForm = (props) => {
04   ...
05   return (
06     <>
07     {contextHolder}
08     <Form>
09       <Form.Item>
10         <Input />
11       </Form.Item>
```

```
12
13        <Form.Item>
14          <Input.Password />
15        </Form.Item>
16
17        {
18          location.pathname === '/login' && <Form.Item>
19            <Checkbox><FormattedMessage id="Remember me"/></Checkbox>
20          </Form.Item>
21        }
22
23        {
24          location.pathname === '/login' && <Form.Item>
25            <Button type="primary" htmlType="submit" id="login">
26              <FormattedMessage id="LOGIN"/>
27            </Button>
28            <FormattedMessage id="Or"/> <Link to="/register"><FormattedMessage
id="register now!"/></Link>
29          </Form.Item>
30        }
31      </Form>
32      </>
33    )
34  }
35  export default LoginForm;
```

代码解析：

- 第28行使用了Link组件，to属性的值是/register，表示单击“register now!”按钮后，路由跳转到http://localhost:3000/#/register。

LoginForm组件中“register now!”按钮的界面如图7.1所示。单击“register now!”按钮后，跳转到注册页面，如图7.2所示。

图7.1 LoginForm组件中“register now!”按钮

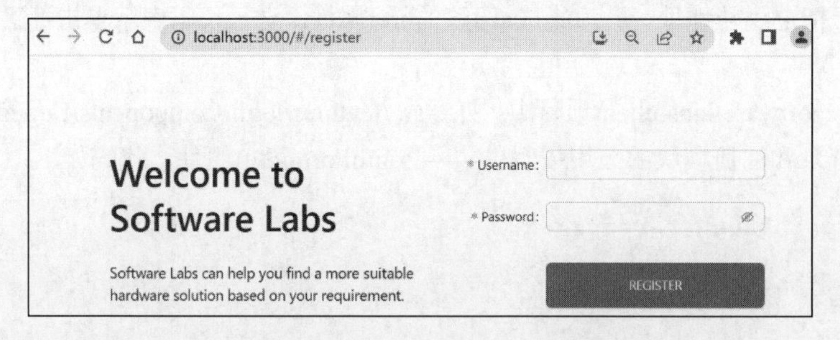

图7.2 单击“register now!”按钮后，跳转到注册页面

7.2.2 HashRouter/BrowserRoute 和 Route

HashRouter/BrowserRouter与Route以及Routes是组合使用的，通常在路由汇总页面使用。Route组件用于将应用的位置映射到不同的React组件，格式是：

```
<Route path="/xx/xx" element={组件}></Route>
```

其中，path属性表示跳转的地址，默认是浏览器的URL与path进行模糊匹配，只要path开头匹配就算匹配成功；如果要精确匹配，还要在path后面增加exact属性；element表示当URL导航到path路径时，加载element对应的组件。

在software-labs-client项目中，打开src/index.js文件，它是项目的入口文件，定义了整个项目的路由，路由组件的使用代码如下：

```
01  <HashRouter>
02        <Routes>
03          <Route path="/*" element={<Wrappers />}>
04             <Route path="login" element={<Login />}/>
05             <Route path="register" element={<Login />}/>
06             <Route path="main" element={<App />}/>
07          </Route>
08        </Routes>
09  </HashRouter>
```

代码解析：

- 第01行和第09行定义HashRouter组件。如果是history路由模式，可以用BrowserRouter组件。
- 第02行和第08行定义Routes组件。
- 第03行和第07行定义Route组件，path表示要跳转的地址，element表示在该地址要渲染的组件。Route组件可以嵌套，这里的Wrappers组件就是最外层的组件，第04 ~ 06行的Login和App组件在渲染之前都先渲染Wrappers组件。

7.2.3 useNavigate

useNavigate是react-router框架的Hooks方法，用于搭配React函数式组件。当在某些方法中需要做路由跳转时，使用Hooks API非常方便。

在software-labs-client项目下，打开src/features/login/components/LoginForm.js文件，这个文件中的LoginFrom是表单组件，在计算机选购配置系统中，用户的登录和注册表单部分都是由这个组件渲染的，代码如下：

```
01  import React from 'react';
02  import { useDispatch } from 'react-redux';
03  import {FormattedMessage, useIntl} from 'react-intl';
04  import {useNavigate, Link, useLocation} from "react-router-dom";
05  import _ from 'lodash';
06  import { Button, Checkbox, Form, Input, Message } from 'antd';
07  import {getLoginAuth, getRegisterAuth} from '../actions';
08
09  const LoginForm = (props) => {
10    const dispatch = useDispatch();
11    const navigate = useNavigate();
12    const intl = useIntl();
13    let location = useLocation();
14    const [messageApi, contextHolder] = message.useMessage();
15    const error = (msg) => {
```

```
16      messageApi.open({
17        type: 'error',
18        content: <FormattedMessage id={msg}/>,
19      });
20    };
21
22    const login = async (values) => {
23      const response = await getLoginAuth(values)(dispatch);
24      console.log('response:',response);
25      if(response.payload.code === 200){
26        navigate('/main')
27      }else{
28        error(response.payload.msg);
29      }
30    }
31
32    const register = async (values) => {
33      const response = await getRegisterAuth(values)(dispatch);
34      console.log('response:',response);
35      if(response.payload.code === 200){
36        navigate('/main')
37      }
38    }
39
40    const  onFinished = (values) => {
41      if(location.pathname === '/login'){
42        login(values);
43        return;
44      }
45      if(location.pathname === '/register'){
46        register(values);
47        return;
48      }
49    };
50
51    const onFinishFailed = (errorInfo) => {
52      console.log('Failed:', errorInfo);
53    };
54
55    return (
56      <>
57      {contextHolder}
58      <Form
59        name="loginForm"
60        labelCol={{
61          span: 8,
62        }}
63        wrapperCol={{
64          span: 16,
65        }}
66        style={{
```

```
67          maxWidth: 600,
68        }}
69        initialValues={{
70          remember: true,
71        }}
72        onFinish={onFinished}
73        onFinishFailed={onFinishFailed}
74        autoComplete="off"
75      >
76        <Form.Item
77          label={intl.formatMessage({id: 'Username'})}
78          name="username"
79          className="customFormItem"
80          rules={[
81            {
82              required: true,
83              message: intl.formatMessage({id: 'Please input your username!'}),
84            },
85          ]}
86        >
87          <Input />
88        </Form.Item>
89
90        <Form.Item
91          label={intl.formatMessage({id: 'Password'})}
92          name="password"
93          className="customFormItem"
94          rules={[
95            {
96              required: true,
97              message: intl.formatMessage({id: 'Please input your password!'}),
98            },
99          ]}
100       >
101         <Input.Password />
102       </Form.Item>
103
104       {
105         location.pathname === '/login' && <Form.Item
106           name="remember"
107           valuePropName="checked"
108           className="mb-1"
109           wrapperCol={{
110             offset: 8,
111             span: 16,
112           }}
113         >
114           <Checkbox><FormattedMessage id="Remember me"/></Checkbox>
115         </Form.Item>
116       }
117
```

```
118       {
119         location.pathname === '/login' && <Form.Item
120           className="customFormItem"
121           wrapperCol={{
122             offset: 8,
123             span: 16,
124           }}
125         >
126           <Button type="primary" htmlType="submit" id="login">
127             <FormattedMessage id="LOGIN"/>
128           </Button>
129        <FormattedMessage id="Or"/> <Link to="/register"><FormattedMessage
id="register now!"/></Link>
130         </Form.Item>
131       }
132
133       {
134         location.pathname === '/register' && <Form.Item
135           className="customFormItem"
136           wrapperCol={{
137             offset: 8,
138             span: 16,
139           }}
140         >
141           <Button type="primary" htmlType="submit" id="register">
142             <FormattedMessage id="REGISTER"/>
143           </Button>
144         </Form.Item>
145       }
146
147     </Form>
148     </>
149   )
150 }
151
152 export default LoginForm;
```

代码解析：

- 第01行引入React。
- 第02行引入useDispatch。
- 第03行引入FormattedMessage和useIntl。这两个方法都用于对文案进行国际化处理，只是使用方式不同。
- 第04行引入useNavigate、Link、useLocation。这3个都是用来处理路由的。
- 第05行引入工具库lodash。
- 第06行从antd中引入Button、Checkbox、Form、Input、Message组件。
- 第07行引入getLoginAuth、getRegisterAuth。这两个方法是用来发送ajax请求的，第一个是发送登录请求，第二个是发送注册请求。
- 从第09行开始是LoginForm组件的主体内容。组件的命名一般是驼峰式的，且首字母大写。

- 第10行执行useDispatch得到dispatch方法，用于向Redux发送action。
- 第11行执行useNavigate得到navigate方法，用于路由跳转。
- 第12行执行useIntl得到intl对象。这个对象上的formatMessage方法可以对文案进行不同语言的翻译，也就是国际化处理。例如在第77行执行了intl.formatMessage({id: 'Username'})，如果在中文环境下，就会显示“用户名"。它与<FormattedMessage id={msg}/>是两种处理方式，根据情况选择合适的处理方式。
- 第13行执行useLocation得到路由的基本信息，其中包括pathname等。
- 第14行的message.useMessage()是antd官方文档推荐的用法，使用方式如第15~20行定义的error函数所示，用于展示提示信息。
- 第22~30行定义login函数。这个函数在单击登录按钮后被调用，是async异步函数，里面有ajax异步接口调用，需要用到await等待接口数据返回后才进行后续的路由跳转，如第23行是调用getLoginAuth进行ajax请求，第26行是如果后端状态码为200，则路由跳转到/main。
- 第32~38行定义register函数。这个函数在单击注册按钮后被调用。其中第33行调用getRegisterAuth进行ajax请求，第36行当注册成功后跳转到/main。
- 第40~49行定义antd中form表单的事件回调函数onFinished。当表单提交时，也就是单击type类型为submit的登录或注册按钮后，执行该函数。由于LoginForm组件是公用组件，在登录和注册页面同时使用，因此在onFinished函数中，需要根据当前URL地址判应该执行登录还是注册。当URL地址为/login时，表示当前在登录页面，需要执行login函数；当URL地址为/register时，表示当前在注册页面，需要执行register函数。
- 第51~53行定义当表单提交失败时的回调函数onFinishedFailed。
- 第55~150行是组件的JSX UI部分。其中第105行、第119行、第134行的&&是判断某段JSX是否渲染或显示的常用方式。例如第105行表示当location.pathname==='/login'成立时才显示&&后面的“Remember me”，即只有在登录页面才显示“Remember me”。
- 第152行导出组件LoginForm。

7.2.4 useHistory

useHistory也是react-router的Hooks方法，执行useHistory方法可以得到history对象，该对象可以让我们访问浏览历史，示例代码如下：

```
01  import { useHistory } from "react-router-dom";
02  const Contact = () => {
03    const history = useHistory();
04    return (
05      <>
06        <h1>Contact</h1>
07        <button onClick={() => history.push('/') } >Go to home</button>
08      </>
09      )
10    };
```

代码解析：

- 第01行引入useHistory方法。

- 第03行执行useHistory得到history对象。
- 第07行，当单击“Go to home”按钮时，执行history.push方法，将路由跳转到地址“/”。

7.3 小结

本章主要讲解了路由的原理、react-router的路由组件，以及如何利用Hooks API实现路由跳转，并结合software-labs-client中的LoginForm.js详细介绍了路由组件和Hooks在实战项目中的使用。

第 8 章 webpack

前端技术发展迅猛，各种可以提高开发效率的新思想和框架层出不穷，但是它们都有一个共同点，即源代码无法直接运行，必须通过转换后才可以正常运行。webpack是目前主流的打包模块化JavaScript的工具之一。

本章主要涉及的知识点有：

- 什么是webpack
- webpack的作用
- webpack的配置
- webpack-dev-server
- create-react-app中配置proxy代理

8.1 什么是 webpack

以前，一个网站可能只是由几个HTML和CSS文件构成，在某些情况下可能还有一个或几个JavaScript文件。但随着前端技术的发展，这一切都被改变。

整个开发社区一直致力于改善用户和开发人员在使用和构建JavaScript/Web应用程序方面的整体体验。因此，在项目中引入了许多新的库和框架。

一些设计模式也随着时间的推移而演变，为开发人员提供了一种更好、更强大但非常简单的编写复杂JavaScript应用程序的方法。网站不再只是一个包含几个文件的程序包，随着JavaScript模块的引入，编写封装的小块代码成为一种新趋势。但随之而来的是网站代码的体积越来越大，而且JavaScript版本不断升级，新的API层出不穷，在开发人员编写的代码类型和浏览器能够理解的代码类型方面也存在巨大差异。开发人员必须使用大量被称为polyfills的辅助代码，以确保浏览器能够解析其中的代码。

为了解决这些问题，开发了一系列构建工具，它们各有优缺点。由于前端工程师很熟悉JavaScript，Node.js又可以满足所有构建需求，因此大多数构建工具都是用Node.js开发的。

1. Grunt

Grunt是一个任务执行者，它有大量现成的插件封装了常见的任务，也能管理任务之间的依赖关系，自动化地执行依赖的任务。每个任务的具体执行代码和依赖关系写在配置文件Gruntfile.js里，代码如下：

```
module.exports = function(grunt) {
  grunt.initConfig({
    uglify: {
      app_task: {
        files: {
          'build/app.min.js': ['lib/index.js', 'lib/test.js']
        }
      }
    },
    watch: {
      another: {
          files: ['lib/*.js'],
      }
    }
  });
  grunt.loadNpmTasks('grunt-contrib-uglify');
  grunt.loadNpmTasks('grunt-contrib-watch');
  grunt.registerTask('dev', ['uglify','watch']);
};
```

其中，uglify和watch都是插件，分别用于压缩和监听自动刷新，grunt.loadNpmTasks用于加载插件；grunt.registerTask用于执行任务。在项目根目录下执行命令grunt dev，就会启动JavaScript文件压缩和自动刷新功能。

Grunt的优点是灵活，它可以执行自定义的任务，并且有大量的可复用的插件封装好了常见的构建任务。

Grunt的缺点是集成度不高，要写很多配置后才可以用，无法做到开箱即用。

2. Gulp

Gulp是一个基于流的自动化构建工具，除了可以管理和执行任务之外，还支持监听文件、读写文件。Gulp被设计得非常简单，只通过5种方法就可以支持几乎所有的构建场景：gulp.task用于注册一个任务，gulp.run用于执行任务，gulp.watch用于监听文件的变化，gulp.src用于读取文件，gulp.dest用于写文件。

Gulp的最大特点是引入了流的概念，同时提供了一系列常用的插件去处理流，流可以在插件之间传递。Gulp的示例代码如下：

```
01  var gulp = require('gulp');
02  var jshint = require('gulp-jshint');
03  var sass = require('gulp-sass');
04  var concat = require('gulp-concat');
05  var uglify = require('gulp-uglify');
06  gulp.task('sass', function() {
07    gulp.src('./scss/*.scss')
```

```
08        .pipe(sass())
09        .pipe(gulp.dest('./css'));
10    });
11    gulp.task('scripts', function() {
12      gulp.src('./js/*.js')
13        .pipe(concat('all.js'))
14        .pipe(uglify())
15        .pipe(gulp.dest('./dist'));
16    });
17    gulp.task('watch', function(){
18      gulp.watch('./scss/*.scss', ['sass']);
19      gulp.watch('./js/*.js', ['scripts']);
20    });
```

代码解析：

- 第01～05行引入Gulp和相关插件。
- 第06～10行通过gulp.task('sass', function() {}编译SCSS任务。其中第07行通过gulp.src读取文件，第08行通过pipe管道加载插件，第09行输出CSS文件。
- 第11～16行通过gulp.task('scripts', function() {}合并压缩JavaScript文件。
- 第17～20行通过gulp.task('watch', function() {}监听文件的变化。

Gulp的优点是好用又不失灵活，既可以单独完成构建，也可以和其他工具搭配使用。其缺点和Grunt类似，集成度不高，要写很多配置后才可以用，无法做到开箱即用。

可以将Gulp看作Grunt的加强版。相对于Grunt，Gulp增加了监听文件、读写文件、流式处理的功能。

3. webpack

webpack是一个打包模块化JavaScript的工具，在webpack里一切文件皆模块，通过Loader转换文件，通过Plugin注入钩子，最后输出由多个模块组合成的文件。webpack专注于构建模块化项目。

webpack具有很大的灵活性，通常在项目中编写webpack.config.js配置处理文件的方式，示例代码如下：

```
module.exports = {
  entry: './app.js',
  output: {
    filename: 'bundle.js'
  }
}
```

其中，entry是所有模块的入口，webpack从入口开始递归解析出所有依赖的模块；output将入口所依赖的所有模块打包成一个bundle.js文件并输出。

webpack专注于处理模块化的项目。通过webpack，现在使用React、Vue、Angular等搭建的项目能做到开箱即用、一步到位，并且可以通过Plugin扩展很多功能。webpack社区庞大而活跃，经常引入紧跟时代发展的新特性，能为大多数场景找到已有的开源扩展。

8.2 webpack的作用

简单来说，webpack会遍历项目中的所有文件，如JavaScript、CSS、SCSS、图片、模板等，并创建它们的依赖关系图，该依赖关系图用于描述各个模块之间的依赖关系。根据依赖关系图，对项目中的各模块进行组合和打包，形成一个bundle.js文件，在这个文件中可以很容易地插入HTML文件并用于应用程序。

webpack在打包的同时还会对各文件进行编译。把浏览器不能识别的语法（例如ES 6的语法、Node.js的模块化、Sass）编译成CSS，将TypeScript编译成JavaScript等，转换成浏览器能够识别的语法。

webpack在打包时可以根据配置对代码进行压缩、优化，以减小网络传输过程中文件的体积。最典型的做法是把所有变量名都精简为一个字母，所有的换行符和缩进都去掉。如图8.1所示是webpack打包后的JS文件。

```
static > js > JS main.51f6c51b.js > ...
/*! For license information please see main.51f6c51b.js.LICENSE.txt */
!function(){var e={3112:function(e,t,n){"use strict";var r=n(4836).default;Object.defineProperty(t,"__esModule",
{value:!0}),t.default=void 0;var o=r(n(6671)).default;t.default=o},4430:function(e,t,n){"use strict";var r=n(4836).
default;Object.defineProperty(t,"__esModule",{value:!0}),t.default=void 0;var o=r(n(291)).default;t.default=o},
6032:function(e,t,n){"use strict";var r=n(4836).default;Object.defineProperty(t,"__esModule",{value:!0}),t.
default=void 0;var o=r(n(6764)).default;t.default=o},2634:function(e,t,n){"use strict";var r=n(4836).default;Object.
defineProperty(t,"__esModule",{value:!0}),t.default=void 0;var o=r(n(9996)).default;t.default=o},6671:function(e,t,
n){"use strict";var r=n(4836).default;Object.defineProperty(t,"__esModule",{value:!0}),t.default=void 0;var o=r(n
(2816)),a=r(n(975)),i={lang:Object.assign({placeholder:"Datum ausw\xe4hlen",rangePlaceholder:["Startdatum",
"Enddatum"]},o.default),timePickerLocale:Object.assign({},a.default)};t.default=i},291:function(e,t,n){"use strict";
var r=n(4836).default;Object.defineProperty(t,"__esModule",{value:!0}),t.default=void 0;var o=r(n(7657)),a=r(n
(2644)),i={lang:Object.assign({placeholder:"Select date",yearPlaceholder:"Select year",quarterPlaceholder:"Select
quarter",monthPlaceholder:"Select month",weekPlaceholder:"Select week",rangePlaceholder:["Start date","End date"],
rangeYearPlaceholder:["Start year","End year"],rangeQuarterPlaceholder:["Start quarter","End quarter"],
rangeMonthPlaceholder:["Start month","End month"],rangeWeekPlaceholder:["Start week","End week"]},o.default),
timePickerLocale:Object.assign({},a.default)};t.default=i},6764:function(e,t,n){"use strict";var r=n(4836).default;
```

图8.1 webpack打包后的JS文件

webpack的功能还有很多，例如代码分割、自动刷新等。代码分割就是提取多个页面的公共代码、提取首屏不需要执行部分的代码让其异步加载。自动刷新是指监听本地源代码的变化，自动重新构建、刷新浏览器。

webpack官方网站首页中的一张图片形象地展示了webpack的作用，如图8.2所示。

图8.2 webpack官方网站

目前，随着单页应用的流行，大多数团队在开发新项目时会采用“模块化+新语言+新框架”的方式。webpack可以为这些模块化项目提供一站式的解决方案、良好的生态链和维护团队，从而提供良好的开发体验并保证项目质量。

8.3 webpack 的配置

webpack的配置项很多，具体可以参考官方网站文档（https://webpack.js.org/concepts/）。本节介绍几个重要且常用的配置项。

在对webpack进行配置之前，首先要安装webpack。在终端输入如下代码：

```
npm install webpack webpack-cli --save-dev
```

webpack-cli是一个用来在命令行中运行webpack的工具，可以用来处理命令行参数。

通常在项目根目录下增加webpack.config.js文件，在该文件中编写代码进行webpack的配置。例如，在webpack.config.js文件中添加以下代码：

```
01  const path = require('path');
02  const HtmlWebpackPlugin = require('html-webpack-plugin');
03
04  module.exports = {
05    entry:'./src/index.js',
06    output:{
07      path: path.join(__dirname, '/dist'),
08      filename: 'bundle.js'
09    },
10    module: {
11      rules: [
12        {
13          test: /\.(js|jsx)$/,
14          exclude: /node_modules/,
15          use: {
16            loader: 'babel-loader'
17          }
18        }
19      ]
20    },
21    plugins: [
22      new HtmlWebpackPlugin({
23        template: './src/index.html'
24      })
25    ]
26  }
```

代码解析：

- 第01行引入Node.js内置模块path，用于获取文件路径并更改文件的位置。

- 第02行引入插件html-webpack-plugin，用于生成一个HTML文件，这个HTML文件用于引用打包后的JavaScript文件。因为JavaScript文件必须放到HTML文件中才可以在浏览器中执行。
- 从第04行开始定义module.exports对象，其中包含一些属性，例如entry、output、module、plugins等。
- 第05行的entry属性用于指定webpack应该从哪个文件开始，以便创建内部依赖关系图。这里是src下的index.js文件。
- 第06行的output属性指定应该在哪里生成打包后的文件以及打包后的文件的名称。output.path用于指定文件存储位置，output.filename用于指定文件名称。
- 第10～20行的module指定需要哪些loader。loader指定webpack应该怎样处理特定类型的文件。注意，webpack默认只理解JavaScript和JSON类型的文件，对于项目中使用的其他类型文件或语言，例如PNG、JPG、GIF格式的图片文件或者SCSS、LESS文件，需要在这里加载相应的loader插件进行处理。此处用正则表达式匹配所有后缀是.js或.jsx的文件，且排除/node_modules/下的文件，使用babel-loader对这些文件进行编译处理。还有很多别的loader插件，例如处理CSS和SCSS文件的style-loader、css-loader、sass-loader，处理图片的url-loader等。
- 第21～25行的plugins是插件属性，用于扩展webpack的功能。这里使用html-webpack-plugin插件将src/index.html作为模板文件，所有打包后的文件都将自动放入该HTML文件中。html-webpack-plugin插件还有更多的配置，具体可以参考官方文档。插件还有mini-css-extract-plugin，用于将CSS提取到单独的文件中，即为每个包含CSS的JavaScript文件创建一个CSS文件，terser-webpack-plugin用于压缩JavaScript文件。

最后，要处理ES 6代码。ES 6是2015年发布的JavaScript语言标准，它引入了新的语法和API，例如class、let、for...of、promise等，但是这些JavaScript新特性只被最新版本的浏览器支持。低版本浏览器并不支持。因此，低版本浏览器需要一个转换工具，把ES 6代码转换成浏览器能识别的代码。Babel就是这样的一个工具，它是JavaScript语法的编译器。

Babel工具在使用之前需要先进行配置。

首先在项目根目录下创建一个.babelrc文件，它是一个JSON格式的文件，用来保存Babel工具的配置。webpack中的babel-loader加载后会从项目根目录下的.babelrc文件中读取配置。

在.babelrc配置文件中，主要是对预设（presets）和插件（plugins）进行配置。.babelrc配置文件一般如下：

```
{
  "presets": [
    "es2015",
    "react"
  ]
}
```

其中，presets属性告诉Babel要转换的源代码使用了哪些新的语法特性，它是一组Plugins的集合。上面的代码表示先用React转换，然后用ES 2015（ES 6）转换。

以上配置中用到的loader或plugins，如果不是webpack内置的，那么在使用前需要先安装，例如编译CSS和SCSS文件的loader，使用npm install css-loader style-loader sass-loader --save-dev进行安装。

webpack配置好以后，可以在package.json文件中增加如下代码：

```
"scripts": {
  "dev": "webpack --config webpack.config.js"
},
```

在scripts属性中，npm允许通过名称引用本地安装的Node.js包。上面的代码表示在开发dev模式下运行webpack，在终端命令行中输入npm run dev时执行webpack --config webpack.config.js。

在实际项目中，需要根据特定情况使用不同的配置文件，例如，开发时执行webpack.dev.config.js；当需要打包部署到生产环境时，执行webpack.prod.config.js。这些webpack文件的配置项也要根据用途进行不同的配置，例如开发环境时需要配置webpack-dev-server，但是生产环境时需要配置CSS、JS压缩等。

8.4　webpack-dev-server

到目前为止，每次进行更改都需要重新构建代码。对于开发中频繁修改代码并且要即时查看页面情况来说，这是非常麻烦且影响开发效率的。

webpack提供了一个实时重新加载的Web服务器——webpack-dev-server，它可以自动构建和刷新页面。可以在终端输入下面的代码安装webpack-dev-server：

```
npm install webpack-dev-server --save-dev
```

安装后需要更新package.json中script的dev，代码如下：

```
"dev": "webpack serve --mode development"
```

在webpack.config.js中增加以下代码：

```
devServer: {
  hot: true,
  port: 8080,
  compress: true,
  headers: {
      'Access-Control-Allow-Origin': '*'
  },
  proxy: {
     '/api': {
        target: 'http://localhost:3000',
        pathRewrite: { '^/api': '' },
     },
  }
}
```

代码解析：

- hot: true表示启用模块热替换，该功能会在应用程序运行过程中，替换、添加或删除模块，而无需重新加载整个页面，可以加快开发速度。
- port指定监听请求的端口号。
- compress: true表示启用gzip压缩。

- headers表示为所有响应添加headers。
- 'Access-Control-Allow-Origin': '*'表示允许所有域名跨域访问。
- proxy用来设置代理。上面的代码中，假如有接口/api/users，它实际上会将请求代理到http://localhost:3000/users。
- pathRewrite表示将接口中的/api替换为空。

8.5 create-react-app 中配置 proxy 代理

create-react-app是一个创建React单页应用的脚手架，它提供了一个零配置的现代构建设置，将一些复杂工具（例如webpack、Babel等）的配置封装起来，让使用者不用关心这些工具的具体配置，从而降低了工具的使用难度。

在实际项目开发中，前后端项目是分离的，因此前端项目访问的地址和后端提供的接口地址的域名或端口一般是不同的。如果前端通过接口从后端获取数据，就会存在跨域问题。

例如本书案例计算机选购配置系统，对应前后端两个项目：software-labs-client和software-labs-server。

前端项目启动后的访问地址是http://localhost:3000/#/login，而后端项目启动后提供的接口地址是http://localhost:9000/api/xxx。当前端通过浏览器访问后端接口时，会出现跨域的问题。此时可以通过代理来解决这个问题。

代理实际上是一个传递信息的工具，它将端口为3000的请求发送给运行在3000端口的代理服务器，代理服务器再将请求转发给位于9000端口的后端服务器；在响应的时候，运行在3000端口的代理服务器先接收响应，再传递给运行在3000端口的脚手架，从而解决了跨域的问题。

在使用create-react-app搭建的React项目中，开启代理有两种方式。第一种是在package.json文件中添加属性proxy，代码如下：

```
{
  "name": "software-labs-client",
  "version": "0.1.0",
  "private": true,
  "dependencies": {
    "@reduxjs/toolkit": "^1.9.5",
    "@testing-library/jest-dom": "^5.16.5",
    "@testing-library/react": "^13.4.0",
    "@testing-library/user-event": "^13.5.0",
    "antd": "^5.4.3",
    "axios": "0.27.2",
    "axios-mock-adapter": "1.21.4",
    "css-loader": "6.5.1",
    "lodash": "4.17.21",
    "react": "^18.2.0",
    "react-dom": "^18.2.0",
    "react-intl": "6.0.5",
    "react-redux": "8.0.2",
    "react-router-dom": "6.3.0",
```

```
    "react-scripts": "5.0.1",
    "sass": "1.53.0",
    "sass-loader": "12.3.0",
    "style-loader": "3.3.1",
    "uuid": "8.3.2",
    "web-vitals": "^2.1.4"
  },
  "scripts": {
    "start": "react-scripts start",
    "build": "react-scripts build",
    "test": "react-scripts test",
    "eject": "react-scripts eject"
  },
  "eslintConfig": {
    "extends": [
      "react-app",
      "react-app/jest"
    ]
  },
  "browserslist": {
    "production": [
      ">0.2%",
      "not dead",
      "not op_mini all"
    ],
    "development": [
      "last 1 chrome version",
      "last 1 firefox version",
      "last 1 safari version"
    ]
  },
  "devDependencies": {
    "http-proxy-middleware": "2.0.6"
  },
  "proxy": "https://localhost:9000"
}
```

package.json文件的最后一行增加了"proxy": "https://localhost:9000"，用于配置在3000端口没有的资源就去9000端口找。也就是说会把发送给端口3000的请求转发给运行在端口9000的服务器，但是如果请求的资源在端口3000中已经有了，就不会再转发到端口9000。

上面的方法有一个缺点就是只能代理一个地址。假如后端提供的接口来自不同的地址或端口，就需要用到第二种方法了。software-labs-client项目使用的就是第二种方法。

在software-labs-client项目的src/下创建setupProxy.js文件，增加如下代码：

```
01  const {createProxyMiddleware} = require('http-proxy-middleware');
02  const env = {
03    dev: 'http://localhost:9000',
04    uat: 'http://yyy',
05  };
06
```

```
07  module.exports = function (app) {
08      app.use(
09        createProxyMiddleware('/api', {
10            target : env.dev,
11            changeOrigin : true,
12        })
13    );
14  };
```

代码解析：

- 第01行引入http-proxy-middleware。http-proxy-middleware是一个用于把请求代理转发到其他服务器的中间件。在引入之前要先在终端输入npm install --save-dev http-proxy-middleware进行安装。
- 第02行定义了变量env。env中是各环境的地址，例如，dev对应服务器端的开发环境地址；uat对应服务器端的uat地址，uat通常是项目的测试环境。
- 第08行通过app.use定义代理。参数是1到多个createProxyMiddleware()对象。createProxyMiddleware()的第一个参数是需要转发的请求，第二个参数是一个对象，其中包含target、changeOrigin、pathRewrite等：target是目标服务器地址；changeOrigin默认值为false，表示是否需要改变原始主机头为目标URL；pathRewrite用于重写请求地址。
- 第09行设置需要转发的请求为/api。也就是说当请求地址以/api开头时，如果在端口3000没有找到资源，就去api所配置的代理env.dev中去找。
- 第10行表示目标服务器地址是cnv.dcv，即http://localhost:9000。
- 第11行changeOrigin的值设置为true，服务器会认为接收到的请求来自端口9000。

如果后端提供的接口的域名或端口与前端的不同，则在第9～12行后面可以增加多个代理。例如增加以下代理：

```
createProxyMiddleware('/api1', {
  target: 'http://localhost:5000',
  changeOrigin: true,
})
```

8.6 小结

本章主要介绍了webpack的概念和作用、在项目中怎样配置webpack以及webpack-dev-server的作用和配置。最后讲解了什么是代理，通过脚手架create-react-app搭建的项目中，怎样配置多个代理以实现前端请求不同服务的接口。

第 9 章 前端项目中常用的工具库

在实际项目开发中，不是所有的工具函数都要自己写，社区有不少现成的工具库可以提供简单又实用的功能。本章介绍几个常用的工具库的使用。

本章主要涉及的知识点有：

- lodash
- classnames
- moment
- uuid

9.1 lodash

lodash是一个一致性、模块化、高性能的JavaScript实用工具库。它通过降低array、number、objects、string等的使用难度来让JavaScript变得更简单。lodash的模块化方法非常适用于以下3种场景：

- 遍历array、object和string。
- 对值进行操作和检测。
- 创建符合功能的函数。

在React项目中，可以在终端使用如下代码安装lodash包：

```
npm install lodash
```

lodash的官方文档地址是https://www.lodashjs.com/。读者可以打开文档学习lodash的使用，也可以将该文档作为工具手册来查询lodash某些方法的用法。

lodash针对数组、集合、函数、对象、字符串等给出了最常用的方法。

（1）_.concat会创建一个新数组，将array与任何数组或值连接在一起。语法是_.concat(array, [values])。其中array是被连接的数组，[values] 是连接的值。使用示例如下：

```
var array = [1];
```

```
var other = _.concat(array, 2, [3], [[4]]);

console.log(other);
// => [1, 2, 3, [4]]

console.log(array);
// => [1]
```

其中，other是连接后的新数组，原数组array保持不变。

（2）_.difference用于创建一个具有唯一array值的数组，每个值不包含在其他给定的数组中。语法是_.difference(array, [values])。其中，array (Array)是要检查的数组，[values] (...Array)是要排除的值。使用示例如下：

```
_.difference([3, 2, 1], [4, 2]);
```

上面代码执行结果是[3, 1]。

（3）_.uniqBy创建一个去重后的array数组副本，只有第一次出现的元素才会被保留。语法为_.uniqBy(array, [iteratee=_.identity])。其中，array表示要检查的数组；[iteratee=_.identity] 是迭代函数，调用每个元素时会执行这个函数，可以传入Array、Function、Object或string。使用示例如下：

```
_.uniqBy([2.1, 1.2, 2.3], Math.floor);
// => [2.1, 1.2]
// The `_.property` iteratee shorthand.
_.uniqBy([{ 'x': 1 }, { 'x': 2 }, { 'x': 1 }], 'x');
// => [{ 'x': 1 }, { 'x': 2 }]
```

（4）_.forEach是集合中常用的循环数据的方法。语法为_.forEach(collection, [iteratee=_.identity])。其中，collection是一个用来迭代的集合，类型可以是Array或Object；[iteratee=_.identity]是每次迭代调用的函数。如果迭代函数（iteratee）显式返回false，则迭代会提前退出。使用示例如下：

```
_([1, 2]).forEach(function(value) {
  console.log(value);
});
// => Logs `1` then `2`.
_.forEach({ 'a': 1, 'b': 2 }, function(value, key) {
  console.log(key);
});
// => Logs 'a' then 'b' (iteration order is not guaranteed).
```

（5）_.map用于创建一个数组，语法是_.map(collection, [iteratee=_.identity])。其中，collection是用来迭代的集合，类型是Array或Object；[iteratee=_.identity] 是每次迭代调用的函数，可以传入Array、Function、Object、string。使用_.map方法会返回新的映射后数组。使用示例如下：

```
function square(n) {
  return n * n;
}
_.map([4, 8], square);
// => [16, 64]
_.map({ 'a': 4, 'b': 8 }, square);
// => [16, 64]
var users = [
```

```
  { 'user': 'barney' },
  { 'user': 'fred' }
];
_.map(users, 'user');
// => ['barney', 'fred']
```

（6）_.clone(value)和_.cloneDeep(value)，前者用于创建一个 value 的浅拷贝，后者类似_.clone，但它会创建一个 value 的深拷贝。参数value是要拷贝的值。使用示例如下：

```
var objects = [{ 'a': 1 }, { 'b': 2 }];
var shallow = _.clone(objects);
console.log(shallow[0] === objects[0]);
// => true
var objects = [{ 'a': 1 }, { 'b': 2 }];
var deep = _.cloneDeep(objects);
console.log(deep[0] === objects[0]);
// => false
```

（7）_.get函数调用的语法为_.get(object, path, [defaultValue])。用于根据 object对象的path路径获取值。如果解析value是undefined，则会用defaultValue 取代。使用示例如下：

```
var object = { 'a': [{ 'b': { 'c': 3 } }] };
_.get(object, 'a[0].b.c');
// => 3
_.get(object, ['a', '0', 'b', 'c']);
// => 3
_.get(object, 'a.b.c', 'default');
// => 'default'
```

（8）_.isEmpty用于判断某个值是否为空。还有其他一些判断类型的方法，例如_.isString、_.isNull、_.isNumber等。

在本书案例计算机选购配置系统中，lodash的使用几乎涉及所有组件。

在software-labs-client项目中，打开src/features/app/index.js文件，该文件中定义的App组件用于展示整个项目的容器组件，代码如下：

```
01  import React from 'react';
02  import { useSelector } from 'react-redux';
03  import _ from 'lodash';
04  import Concat from '../concat';
05  import FeedBack from '../feedback';
06  import Bar from '../bar';
07  import ProductLists from '../product';
08  import Banner from '../banner/index.js';
09  import './index.scss';
10  import { selectToken } from '../login/selector';
11
12  const App = () => {
13    const token = useSelector(selectToken) ||
window.sessionStorage.getItem('token');
14    if(_.isEmpty(token)){
15      return null;
```

```
16    }
17    return (
18      <>
19        <Bar/>
20        <div className='main'>
21          <Banner/>
22          <ProductLists/>
23          <Concat/>
24          <FeedBack/>
25        </div>
26      </>
27    );
28  }
29  export default App;
```

代码解析：

- 第03行引入lodash。其中“_”是lodash对外暴露的全局对象。打开lodash.js看到有一句代码是root._ = _;。
- 第14行使用_.isEmpty(token)判断token是否为空。

又如，打开software-labs-client\src\features\bar\components\AppLists.js文件，其中有一段代码如下：

```
01  const getTableDataSource = () => {
02      let dataSource = [];
03      _.forEach(filterSoftwareLists, softwareList => {
04        const group = softwareList.group;
05        const lists = _.map(softwareList.lists, software => {
06  return {...software, selected: _.includes(checkedSoftwareLists, 
software.title), group, key: software.application + '-' + group}
07        })
08        dataSource = _.concat(dataSource, lists)
09      })
10      return dataSource;
11    }
```

代码解析：

- 该段代码定义getTableDataSource函数，该函数用于返回软件列表展示的数据。
- 第03行使用_.forEach对filterSoftwareLists进行遍历。
- 第05行使用_.map对softwareList.lists进行遍历并最终返回lists。
- 第08行使用 _.concat(dataSource, lists)将dataSource和lists进行合并。

9.2 classnames

classnames是一个把多个classNames连接起来的工具。利用这个工具可以在开发的过程中，通过动态条件来添加classNames。

使用classnames之前，首先要在终端输入如下命令进行安装：

```
npm install classnames
```

classnames的使用也比较简单，语法是classNames(参数1, 参数2, …)。classNames函数接收任意数量的参数，这些参数可以是字符串或对象。例如，参数 'foo' 是 { foo： true } 的缩写。如果与给定键关联的值为fasle，则该键将不会包含在输出中。

示例代码如下：

```
classNames('foo', 'bar'); // => 'foo bar'
classNames('foo', { bar: true }); // => 'foo bar'
classNames({ 'foo-bar': true }); // => 'foo-bar'
classNames({ 'foo-bar': false }); // => 输出空字符串
classNames({ foo: true }, { bar: true }); // => 'foo bar'
classNames({ foo: true, bar: true }); // => 'foo bar'
classNames('foo', { bar: true, duck: false }, 'baz', { quux: true }); // => 'foo bar baz quux'
classNames(null, false, 'bar', undefined, 0, 1, { baz: null }, ''); // => 'bar 1'
```

打开software-labs-client\src\features\bar\components\AppIcons.js文件，这个文件中定义的AppIcons组件用于展示软件列表的图表集合，代码如下：

```
01  import _ from 'lodash';
02  import classNames from 'classnames';
03  import tick_icon from '../../../assets/images/tick_small.png';
04  import {SOFTWARE_LISTS_ICON} from '../../../help/constants';
05
06  const getCurClassnames = (state, value) => {
07    const condition = _.includes(state, value);
08    const imgClassname = classNames('image', {
09      'selected-opacity': condition,
10      'selected-translate': condition
11    });
12    const tickClassname = classNames('tick', {
13      'selected-opacity': condition
14    });
15    return {imgClassname, tickClassname}
16  }
17
18  const AppIcons = (props) => {
19    const {filterSoftwareLists, selectSoftware, checkedSoftwareLists} = props;
20    return (
21      <div className="apps-icons">
22        {
23          _.map(filterSoftwareLists, (data, index) => {
24            const len = filterSoftwareLists.length;
25            const modClassName = index === len-1 ? 'search-content-mod' : 'search-content-mod borderBottom';
26            return (
27              <div className={modClassName} key={data.group}>
28                <h3>{data.group}</h3>
```

```
29              <div>
30                {
31                  _.map(data.lists, item => {
32        const { imgClassname, tickClassname }
                    = getCurClassnames(checkedSoftwareLists, item.application);
33                    return (
34                      <div className="softwareBox" key={item.application}>
35                    <div className="cursor-pointer"
                    onClick={selectSoftware.bind(this,  item.application)}>
36                          <span className="softwareIcon">
37  <img src={SOFTWARE_LISTS_ICON[_.trim((item.application).toString())]
||SOFTWARE_LISTS_ICON['default']} className={imgClassname}/>
38                        <img src={tick_icon} className={tickClassname}/>
39                          </span>
40                          <div className="title">{item.application}</div>
41                        </div>
42                      </div>
43                    )
44                  })
45                }
46              </div>
47            </div>
48          )
49        })
50      }
51      </div>
52    );
53  }
54
55  export default AppIcons;
```

代码解析：

- 第02行引入classnames。
- 第03、04行引入一系列ICON图标。
- 第06行定义函数getCurClassnames。
- 第07行定义变量condition。如果state包含value，则condition为true，否则为false。
- 第08行调用classNames函数，此函数传入两个参数。第一个image是默认样式。第二个参数是对象集合，表示如果condition为true，则将selected-opacity样式追加到image样式后面；同理，如果condition为true，则将selected-translate样式追加到image后面，即最后imgClassname为“image selected-opacity selected-translate”。如果condition为false，则imgClassname为“image”。selected-opacity和selected-translate的样式已经在src\features\bar\index.scss中写好了。
- 第12行，如果condition为true，则tickClassname为“selected-opacity”，否则tickClassname为“”。
- 第15行返回imgClassname和tickClassname。
- 第18～53行定义AppIcons组件。在组件的JSX中循环遍历软件列表，其中第32行调用getCurClassnames方法得到imgClassname和tickClassname的值。checkedSoftwareLists是用户选中的软件集合，item.application是每一个软件的名称。

- 第37行将imgClassname应用于img标签。
- 第38行将tickClassname应用于img标签。

9.3 moment

Moment.js是JavaScript中用于解析、校验、操作、显示日期和时间的一个工具库。它可以格式化日期、校验时间等。它的官方网站地址是http://momentjs.cn/。

使用Moment.js之前先要在终端使用如下代码进行安装：

```
npm install moment
```

moment的使用方法非常简单。格式化日期的示例代码如下：

```
01  import moment from 'moment';
02  moment().format();
03  moment(data).format('YYYY-MM-DD');
04  moment().format('MMMM Do YYYY, h:mm:ss a');
```

代码解析：

- 第01行引入moment。还可以使用const moment = require('moment')引入。
- 第02行调用moment.format()进行格式化。此行输出2023-06-03T15:34:12+08:00。
- 第03行在moment和format中传入参数，data是要格式化的日期字符串，format中传入的是按照哪种格式进行转换，例如转换为2023-06-03。
- 第04行会转换成另一种格式，例如六月 3日 2023, 3:37:13 下午。

获取相对时间的示例代码如下：

```
01  import moment from 'moment';
02  moment("20111031", "YYYYMMDD").fromNow();
03  moment("20120620", "YYYYMMDD").fromNow();
04  moment().startOf('day').fromNow();
05  moment().endOf('day').fromNow();
06  moment().startOf('hour').fromNow();
```

代码解析：

- 第02行输出“12 年前”。
- 第03行输出“11 年前”。
- 第04行输出“15 小时前”。
- 第05行输出“9 小时后”。
- 第06行输出“12 分钟前”。

获取日历时间的示例代码如下：

```
01  import moment from 'moment';
02  moment().subtract(10, 'days').calendar();     // 2023/06/17
03  moment().subtract(6, 'days').calendar();      // 上周三15:15
```

```
04  moment().subtract(3, 'days').calendar();        // 上周六15:15
05  moment().subtract(1, 'days').calendar();        // 昨天15:15
06  moment().calendar();                            // 今天15:15
07  moment().add(1, 'days').calendar();             // 明天15:15
08  moment().add(3, 'days').calendar();             // 本周五15:15
09  moment().add(10, 'days').calendar();
```

代码解析：

- 第02行输出“2023/06/17”。
- 第03行输出“上周三15:15”。
- 第04行输出“上周六15:15”。
- 第05行输出“昨天15:15”。
- 第06行输出“今天15:15”。
- 第07行输出“明天15:15”。
- 第08行输出“本周五15:15”。
- 第09行输出“2023/07/07”。

Moment.js对国际化也有强大的支持，开发者可以使用Moment.js加载多个语言环境并在它们之间轻松切换。示例代码如下：

```
01  moment.locale('en');
02  var localLocale = moment();
03
04  localLocale.locale('fr');
05  localLocale.format('LLLL');
06  moment().format('LLLL');
07
08  moment.locale('es');
09  localLocale.format('LLLL');
10  moment().format('LLLL');
```

代码解析：

- 第01行设置全局语言环境为英语。
- 第02行调用moment()获取localLocale对象。
- 第04行将此实例设置为法语。
- 第05行输出“mardi 27 juin 2023 16:03”。
- 第06行输出“Tuesday, June 27, 2023 4:03 PM”。
- 第08行更改全局语言环境为西班牙语。
- 第09行仍然输出“mardi 27 juin 2023 16:03”。
- 第10行输出西班牙语的“martes, 27 de junio de 2023 16:11”。

更详细的用法读者可以自行参考官方文档。

9.4 uuid

UUID是国际标准化组织（ISO）提出的一个概念。UUID是一个128比特的数值，这个数值可以通过一定的算法计算出来。UUID常用来作为某条数据的唯一标识。

uuid.js是一个随机生成32位不重复字符串的插件，在前端项目中常用于生成唯一id以区分数据。使用前先在终端输入如下代码进行安装：

```
npm install uuid
```

安装后就可以在项目中使用uuid.js了。例如，当后端返回多条产品数据时，前端给每一条数据增加唯一id，用于区分。示例代码如下：

```
export const assignIdToProductsSelector = (products)=> {
    return _.map(products, product => {
      const id = uuid();
      return {id, ...product}
    })
};
```

上面的函数assignIdToProductsSelector用于处理传入的products数据，在函数中遍历products，并给每个product赋值唯一的id。

9.5 小结

本章主要介绍了项目中常用的工具库，包括lodash、classnames、moment和uuid。常用的工具库还有很多，在npm官方网站（https://www.npmjs.com/）上根据项目需要搜索package包安装使用即可。

第10章 使用 axios 进行数据交互

软件系统中前后端交互的功能必不可少。前端通过ajax请求从服务器端获取数据，然后对页面进行渲染。axios的优势在第4章已经介绍过了，本章主要介绍axios在项目中的用法。

本章主要涉及的知识点有：

- axios的基本用法
- 封装axios公用组件

10.1 axios 的基本用法

本节主要介绍axios的两种方法——GET请求和POST请求，以及项目中最常使用的配置。其他用法可以参考axios的官方文档，地址是https://www.axios-http.cn/docs/intro。

axios发起GET请求的语法如下：

```
axios.get(url[, config]).then(callback)
```

使用时的代码如下：

```
const url = 'http://localhost:8090/product/getApplication';
axios.get(url, {countryCode: 'US'})).then((response) => {
  //关于response的操作
  console.log(response)
})
```

axios发起POST请求的语法如下：

```
axios.post(url[, data[, config]]).then(callback)
```

使用时的代码如下：

```
const url = 'http://localhost:8090/login';
axios.post(url, {username: 'lhy', password: 'asdfc'})).then((response) => {
  //关于response的操作
```

```
  console.log(response)
})
```

10.2 封装 axios 公用组件

整个项目中的ajax请求很多，有时可能达到上百个。如果开发过程中，所有接口都要增加相同的参数，那么将GET和POST请求做简单的封装就非常有必要了。另外，为了做到项目交互的统一，对于接口报错的处理也需要在封装的公用组件中进行处理。

10.2.1 封装 axios 公用方法

axios用于在项目中发起ajax请求，通常的做法是封装一个公用request.js文件对ajax请求做统一处理，包括设置超时时间、对响应进行拦截、对接口错误状态码进行统一处理等。

在software-labs-client工程中，打开src/help/request.js文件，代码如下：

```
01  import axios from 'axios';
02  import _ from 'lodash';
03  import { updateError } from '../features/wrappers/actions';
04
05  //Request interception
06  axios.defaults.timeout = 10 * 60 * 1000;
07  axios.interceptors.request.use(config => {
08      return config;
09    },
10    //error handle
11    error => {
12      return Promise.reject(error);
13    }
14  );
15
16  //Response interception
17  const setResponseInterceptors = ({dispatch}) => {
18    axios.interceptors.response.use(response => {
19      return response;
20    },
21    error => {
22      console.log('error:',error);
23      const status = error.response.status;
24      switch (status) {
25        case 504:
26          dispatch(updateError('Service request timeout'));
27          break;
28        case 500:
29          dispatch(updateError('Net error'));
30            break;
31      }
32      return Promise.reject(error);
```

```
33    });
34  }
35
36  export const request = {
37      get: async (url) => {
38          const response = await axios.get(url);
39          return response;
40      },
41      post: async (url, payload, params) => {
42          const response = axios.post(url, payload, params);
43          return response;
44      },
45      setResponseInterceptors
46  }
```

代码解析：

- 第01行引入axios。
- 第03行引入updateError方法。这个方法是一个统一处理错误的方法，会把传入的错误信息保存到Redux中，然后在其他页面就可以使用Redux中的错误信息进行展示了。
- 第06行设置ajax请求的超时时间，单位是毫秒。如果请求时间超过timeout的值，则请求会被中断。
- 第07～14行是请求拦截，如果需要在发送请求之前做些什么，可以在第8行return之前进行相应处理。
- 第17～34行是响应拦截，如果需要统一对响应数据做点什么，可以在第19行return之前进行相应处理。第23行是获取请求的状态码，第24～31行的switch语句都是对HTTP状态码的处理。
- 第36～44行代码对GET、POST请求进行了简单的封装，把GET和POST请求分别设置为request对象的属性，所有接口调用request.get发送GET请求，调用request.post发送POST请求，对于整个项目的GET和POST请求能进行统一处理，例如URL统一增加参数或错误处理等。
- 第45行把setResponseInterceptors方法也作为request对象的属性返回，此函数在src/index.js入口文件中调用。把响应拦截写入setResponseInterceptors方法是因为请求错误时需要调用dispatch将错误信息保存到Redux，而dispatch方法是从src/index.js调用时传入的。

setResponseInterceptors方法在src/index.js中调用，代码如下：

```
01  import { store } from './store';
02  import {request} from './help/request';
03  ...
04  const initRequestModule = _store => {
05    request.setResponseInterceptors({
06      dispatch: _store.dispatch
07    });
08  };
09
10  initRequestModule(store);
11  ...
```

代码解析：

- 第01行引入store对象。
- 第02行引入request对象。
- 第04～08行定义initRequestModule函数，这个函数的参数是store对象，函数中调用request.setResponseInterceptors方法对所有接口的错误进行统一处理。
- 第10行调用initRequestModule方法，将store对象传入函数。

10.2.2　在组件中调用封装好的 axios 方法

编写好封装的get、post方法后，调用接口之前，需要后端提供接口。

在实际项目中，前后端的开发进度可能不一致，有时前端需要接口时，后端可能还没有开发完成。在计算机选购配置系统中，有两种提供接口的方式供前端项目software-labs-client调用。

- 第一种方式：在计算机选购配置系统的后端项目software-labs-server中，编写前端需要的接口。software-labs-server的源代码已经准备好，启动MongoDB和software-labs-server，然后访问真正的后端接口。
- 第二种方式：前端模拟后端返回数据，该数据也叫mock数据。实际开发中，前后端需要提前约定好接口的传参及返回的字段和格式，最好有接口文档，方便查看。

前端mock数据有两种产生方式：一种是前端创建服务，通过Express或koa等Node.js框架写接口，并返回模拟的接口数据；另一种是前端通过框架axios-mock-adapter、mockjs等，模拟HTTP返回结果。

两种mock数据的产生方式各有优缺点：第一种方式，前端可以通过Chrome network选项卡看到真实的HTTP请求，并且对于请求的loading、fulfilled和failed状态可以调试代码；缺点是稍显麻烦，并且需要Node.js基础，如果需要更精准的调试接口或开发时间允许，可以使用这种方式。第二种方式的优点是更快，缺点是在Chrome network选项卡下看不到HTTP网络请求。对于临时调试某个接口或项目时间紧需要快速联调的情况下，这种方式比较合适。

在前端项目software-labs-client中，对两种mock数据的产生都提供了源代码，读者可在本书配套的下载资源中获取。下面具体介绍这两种mock数据的产生方式。

1. 第一种mock数据

通过Express框架搭建一个简易的服务器，将模拟数据通过接口返回。

首先，打开src/mock/MockServer.js文件，该文件创建了一个Express服务，并实现了get和post接口。代码如下：

```
01  let express = require('express');
02  const data = require('./data');
03  const port = 8090;
04
05  const app = express();
06
07  app.use(function(req, res, next) {
08      res.header("Access-Control-Allow-Origin", "*");
```

```
09      res.header('Access-Control-Allow-Methods', 'PUT, GET, POST, DELETE,
OPTIONS');
10      res.header("Access-Control-Allow-Headers", "X-Requested-With");
11      res.header('Access-Control-Allow-Headers', 'Content-Type');
12      res.header("Content-Type", "application/json;charset=utf-8");
13      next();
14  });
15
16  app.use('/api/featuresToggle',function(req, res){
17      res.json(data.toggles)
18  })
19
20  app.use('/api/login',function(req, res){
21      res.json(data.login)
22  })
23
24  app.use('/api/register',function(req, res){
25      res.json(data.login)
26  })
27
28  app.use('/api/product/getLocales',function(req, res){
29      res.json(data.locales)
30  })
31
32  app.use('/api/product/getApplication',function(req, res){
33      res.json(data.application)
34  })
35
36  app.use('/api/recommend',function(req, res){
37      res.json(data.recommend)
38  })
39
40  app.use('/api/saveFeedback',function(req, res){
41      res.json(data.feedback)
42  })
43
44  app.listen(port, () => {
45      console.log('监听端口 8090')
46  })
```

代码解析：

- 第01行引入Express框架，用于在本地启动一个后端服务。
- 第02行引入data.js。该文件中保存了所有mock数据的引用。
- 第03行设置后端服务器端口为8090。
- 第05行调用express()生成一个名为app的服务器对象。
- 第07～14行设置接口的HTTP请求的header，包括允许跨域访问、接口的数据格式为JSON等。
- 第16行通过app.use函数定义/api/featuresToggle接口。
- 第17行通过res.json返回mock数据，该数据来自data.toggles。

- 第20行定义/api/login接口。
- 第24行定义/api/register接口。
- 第28行定义/api/product/getLocales接口。
- 第32行定义/api/product/getApplication接口。
- 第36行定义/api/product/recommend接口。
- 第40行定义/api/product/saveFeedback接口。
- 第44行调用app.listen监听端口8090。

然后，打开src/setupProxy.js文件，增加地址uat: 'http://localhost:8090'，并修改target指向，代码如下：

```
01  const {createProxyMiddleware} = require('http-proxy-middleware');
02  const env = {
03    dev: 'http://localhost:9000',
04    uat: 'http://localhost:8090',
05  };
06
07  module.exports = function (app) {
08      app.use(
09        createProxyMiddleware('/api', {
10            target : env.uat,
11            changeOrigin : true,
12        })
13    );
14  };
```

代码解析：

- 第10行修改target为env.uat，将接口域名指向http://localhost:8090。

最后，在终端输入node MockServer.js启动Express服务，如图10.1所示。启动后就可以使用通过Express框架编写的接口了。

```
Windows PowerShell
PS D:\project\book\softwareSystem\software-labs-client\src\mock> node MockServer.js
监听端口 8090
```

图10.1　在终端输入node MockServer.js启动Express服务

2. 第二种mock数据

首先，使用命令npm install axios-mock-adapter安装axios-mock-adapter。然后，在src/mock/server.js下添加如下代码：

```
01  const axios = require('axios');
02  const data = require('./data');
03  const MockAdapter = require('axios-mock-adapter');
04
05  const mock = new MockAdapter(axios);
06
07  mock.onGet('/api/featuresToggle?lang=en').reply(200, data.toggles);
```

```
08  mock.onPost('/api/login?lang=en').reply(200, data.login);
09  mock.onPost('/api/register?lang=en').reply(200, data.login);
10  mock.onGet('/api/product/getLocales?lang=en').reply(200, data.locales);
11  mock.onGet('/api/product/getApplication?countryCode=US&lang=en').reply(200,
data.application);
12  mock.onPost('/api/product/recommend?lang=en').reply(200, data.recommend);
13  mock.onPost('/api/product/saveFeedback?lang=en').reply(200, data.feedback);
```

代码解析：

- 第01行引入axios。
- 第02行引入data.js。
- 第03行引入axios-mock-adapter。
- 第05行调用new MockAdapter(axios)生成实例对象mock。
- 第07行通过mock.onGet函数定义/api/featuresToggle接口。lang=en是接口的参数。
- 第08行通过mock.onPost函数定义/api/login接口。
- 第09行通过mock.onPost函数定义/api/register接口。
- 第10行定义/api/product/getLocales接口。
- 第11行定义/api/product/getApplication接口。
- 第12行定义/api/product/recommend接口。
- 第13行定义/api/product/saveFeedback接口。

接着，打开src/help/request.js文件，增加两行代码：

```
01  import axios from 'axios';
02  import _ from 'lodash';
03  import { updateError } from '../features/wrappers/actions';
04  require('../mock/server.js')
05  axios.defaults.baseURL = 'http://localhost:8090/' // 设置 baseUrl
06  ...
```

代码解析：

- 第04行和第05行是新增的代码。
- 第04行引入server.js。
- 第05行定义axios的baseURL。

如图10.2所示是src/mock/的文件结构，其中包含了两种方式的模拟数据，分别是application.json、feedback.json、locales.json、login.json、recommend.json和toggles.json。

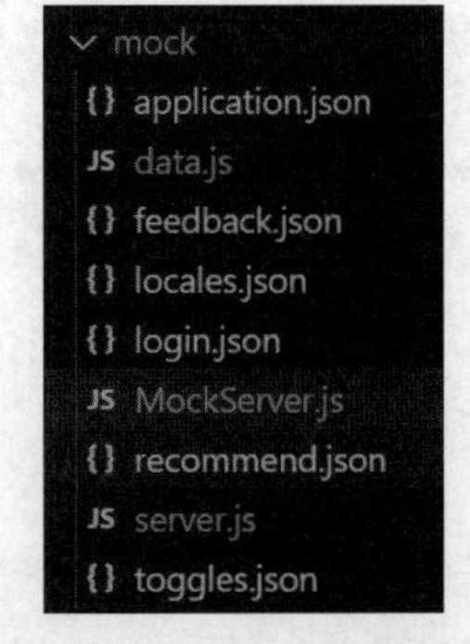

图10.2　src/mock/的文件结构

接口数据提供后，就可以在各个模块的actions文件中调用该接口了。

在登录和注册模块，单击“登录"或“注册"按钮时，需要向后端发送ajax请求。打开项目software-labe-client中的src/features/login/actions.js文件，其部分代码如下：

```
01  ...
02  import {request} from '../../help/request';
03  import {generateApiUrl} from '../../help/utils';
```

```
04  ...
05
06  export const getLoginAuth = createAsyncThunk(
07    'login/getLoginAuth',
08    async (params) => {
09      const response = await request.post(generateApiUrl('login'), params);
10      return response.data;
11    }
12  );
13
14  export const getRegisterAuth = createAsyncThunk(
15    'login/getRegisterAuth',
16    async (params) => {
17      const response = await request.post(generateApiUrl('register'), params);
18      return response.data;
19    }
20  );
21  ...
```

代码解析：

- 第02行引入request对象。
- 第03行引入generateApiUrl方法，这个方法统一对URL地址进行处理。
- 第06～12行定义getLoginAuth方法，当用户单击“登录”按钮时调用该方法。第9行使用request.post方法调用/login接口，将用户的信息传给后端接口。第10行返回接口数据，以便在调用getLoginAuth方法的组件中可以使用接口返回的结果进行后续业务处理。
- 第14～20行定义getRegisterAuth方法，当用户单击“注册”按钮时调用该方法。这个方法的写法与getLoginAuth类似，只是接口地址不同而已。

在src/help/utils.js中编写函数generateApiUrl，代码如下：

```
01  export const generateApiUrl = (key, params = {}) => {
02      const query = [];
03      const prefix = '/api';
04      params['lang'] = window.sessionStorage.getItem('lang');
05      for(let key in params){
06          if(params[key]){
07              const str = key + '=' + params[key];
08              query.push(str);
09          }
10      }
11      return _.isEmpty(query) ? prefix + api[key] : prefix + api[key] + '?' +
query.join('&');
12  }
```

代码解析：

- 第01行定义generateApiUrl函数，并传入两个参数，第一个参数key用于区分接口的URL，第二个参数是在请求不同接口时分别传入get或post方法的参数值。
- 第02行定义数组query，用于保存接口地址中的query。

- 第03行定义常量prefix，所有接口都有前缀"/api"，用于和其他请求进行区分。
- 第04行给所有接口的URL地址统一增加lang，当后端接收到此值时，会进行国际化处理，返回的数据会转换为相应的语言。
- 第05～10行循环遍历params，将参数依次保存到query数组中。
- 第11行组装最终的接口URL地址，当query为空时，接口地址前缀增加"/api"；当query不为空时，接口地址除了增加前缀外，还应该加上query字符串。

在一开始加载的登录页面中，还需要调用接口获取featureToggles数据，用于控制页面功能展示与否。在组件App模块对应的src/features/app/actions.js文件中定义了fetchFeatureToggles函数，代码如下：

```
    export const fetchFeatureToggles = createAsyncThunk(
      'app/fetchFeatureToggles',
      async (params) => {
        const response = await request.get(generateApiUrl('fetchFeatureToggles'),
params)
        return response.data;
      }
    );
```

在上面的代码中，通过request.get方法调用/featuresToggle接口发送GET请求。

当登录后跳转到主要内容页面时，该页面左侧的功能区对应的组件Bar中，需要调用ajax接口获取国家、语言列表和软件列表。打开项目software-labe-client中的src/features/bar/actions.js文件，部分代码如下：

```
    export const getSoftwareLists = createAsyncThunk(
      'bar/fetchSoftwareLists',
      async (params) => {
        const response = await request.get(generateApiUrl('softwareLists', params))
        return response.data;
      }
    );

    export const getLocales = createAsyncThunk(
      'bar/fetchLocales',
      async () => {
        const response = await request.get(generateApiUrl('locales'))
        return response.data;
      }
    );
```

上面的代码中，定义的getSoftwareLists函数通过request.get调用/product/getLocales接口，向后端发送GET请求获取国家和语言列表。而getLocales函数则通过request.get调用/product/getApplication，向后端发送GET请求获取软件列表。

当在主要内容页面左侧的功能区单击搜索按钮后，需要调用ajax接口获取匹配的产品列表。打开项目software-labe-client中的src/features/product/actions.js文件，部分代码如下：

```
    export const getProducts = createAsyncThunk(
      'product/fetchProducts',
```

```
  async (params) => {
    const response = await request.post(generateApiUrl('getProducts'), params)
    return response.data;
  }
);
```

上面的代码中，定义的getProducts函数通过request.post调用/product/recommend接口，向后端发送POST请求获取产品列表。

当单击FEEDBACK按钮后，需要调用ajax接口向后端发送用户的意见。打开项目software-labe-client中的src/features/feedback/actions.js文件，部分代码如下：

```
export const saveFeedback = createAsyncThunk(
  'product/saveFeedback',
  async (params) => {
    const response = await request.post(generateApiUrl('saveFeedback'), params)
    return response.data;
  }
);
```

上面的代码中，定义的saveFeedback函数通过request.post方法调用/product/saveFeedback接口，向后端发送POST请求以传递用户意见。

10.3 小结

本章主要介绍了axios在项目中的使用，我们在software-labs-client工程中封装了axios，对请求和响应进行了统一的拦截处理；封装了公用的get和post方法，并在src/index.js入口文件以及src/login/actions.js中进行了调用。

第11章 前端调试利器

项目在开发过程中需要和后端联调接口、查看Redux中的数据，或者在项目维护中修改bug等都需要用到调试工具，本章将介绍两个调试利器——Chrome开发者和Redux DevTools。

本章主要涉及的知识点有：

- Chrome开发者工具
- Redux DevTools

11.1 Chrome 开发者工具

Chrome开发者工具是Chrome浏览器自带的方便开发人员调试网站的工具。打开Chrome浏览器，单击右上角的“自定义及控制Google Chrome”，将弹出如图11.1所示的菜单。

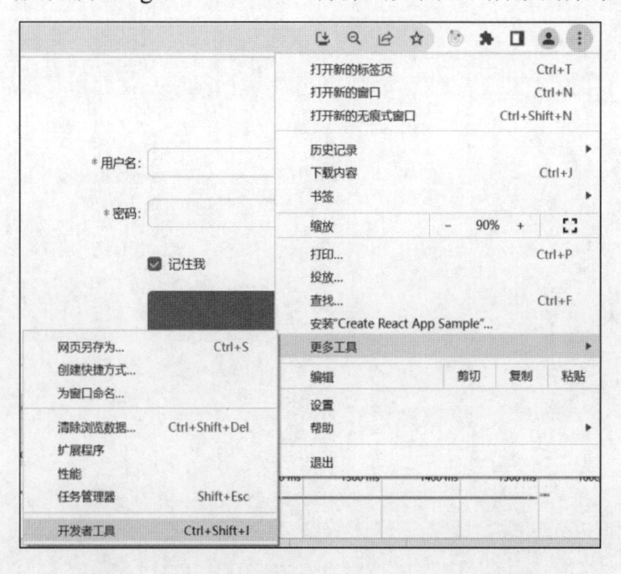

图11.1 “自定义及控制Google Chrome”菜单

单击菜单中的“更多工具”→“开发者工具”，将出现如图11.2所示的Chrome开发者工具面板。

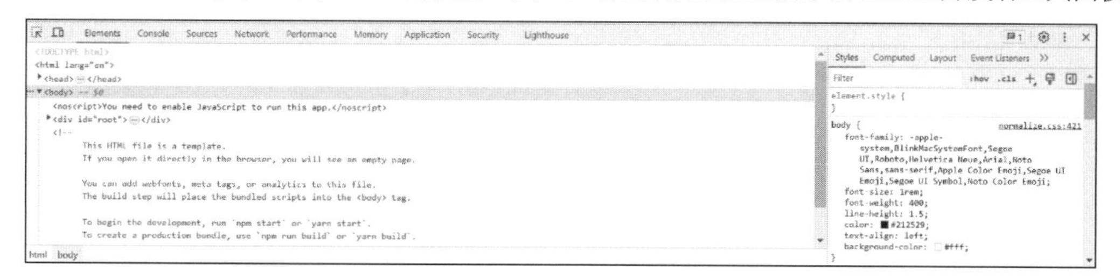

图11.2　Chrome开发者工具面板

图11.2所示是在本地项目http://localhost:3000/#/login下打开的Chrome开发者工具面板。Chrome开发者工具是很多功能的集合，大致有9个功能组，分别是Elements、Console、Sources、Network、Performance、Memory、Application、Security和Lighthouse。

1. Elements面板

在Elements面板中，可以通过DOM树的形式查看所有页面元素，同时也能对这些页面元素进行所见即所得的编辑，如图11.3所示。

图11.3　Element面板

2. Console面板

Console面板一方面用来记录页面在执行过程中通过各种console语句打印的信息，另一方面用来当作shell窗口执行脚本，以及与页面文档、DevTools等进行交互。如图11.4所示是Console面板打印的software-labs-client项目中LoginForm组件中的location。

3. Sources面板

Sources面板主要用来调试页面中的JavaScript。如图11.5所示，当访问http://localhost:3000/#/login时，可以在Sources面板左侧的localhost:3000下，按层级展开项目software-labs-client下的所有文件，包含JS、SCSS、图片等。

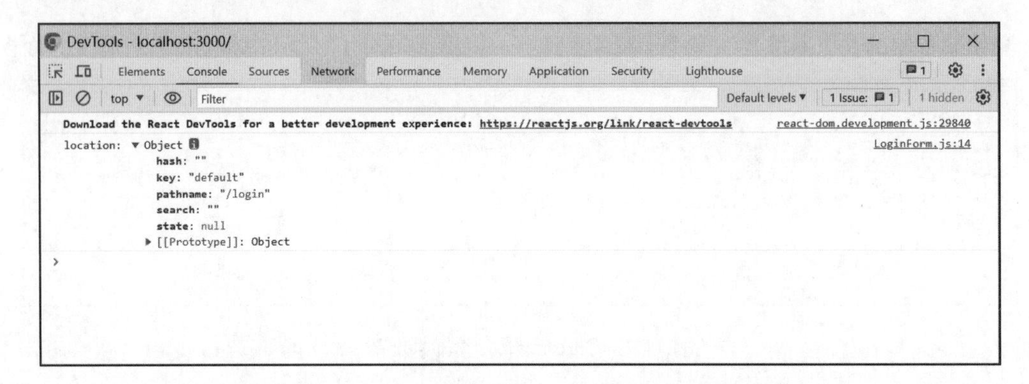

图11.4 在Console面板打印LoginForm组件中的location

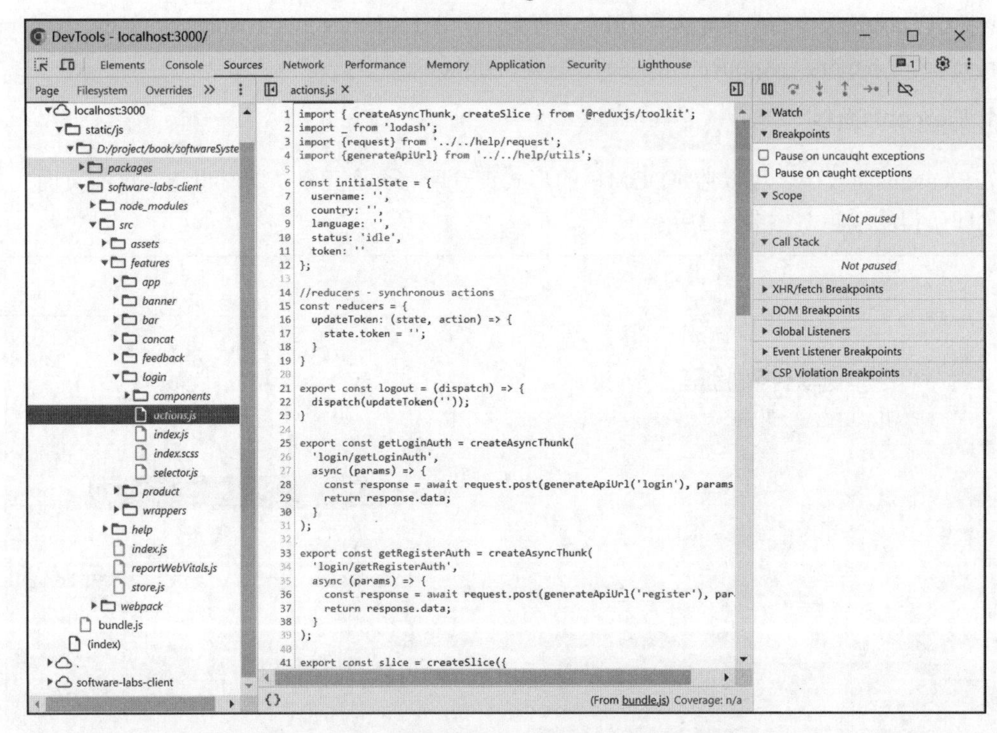

图11.5 在Sources面板查看software-labs-client项目下的所有文件

在Sources面板中有两个特别实用的功能，即右侧的Breakpoints和Call Stack。Breakpoints即断点，在JavaScript代码中打的所有断点都可以在Breakpoints中看到。Call Stack是JavaScript代码调用栈，它可以查看断点代码执行前的所有流程。如图11.6所示，在software-labs-client项目中的src/features/login/actions.js文件的第28行和第54行打断点，当暂停在第54行断点处时，Call Stack中展示了第54行代码执行前经过的所有代码片段。此方法在不清楚项目中某些代码什么时候执行时进行debug（排错）非常实用，它能使开发者了解某行代码在什么时机执行。

4. Network面板

在Network面板中，可以查看通过网络来请求的资源的详细信息，以及请求这些资源的耗时。一般在与后端联调接口或者根据返回数据进行后续逻辑处理时用到。查看接口/api/product/getLocales返回的数据如图11.7所示。

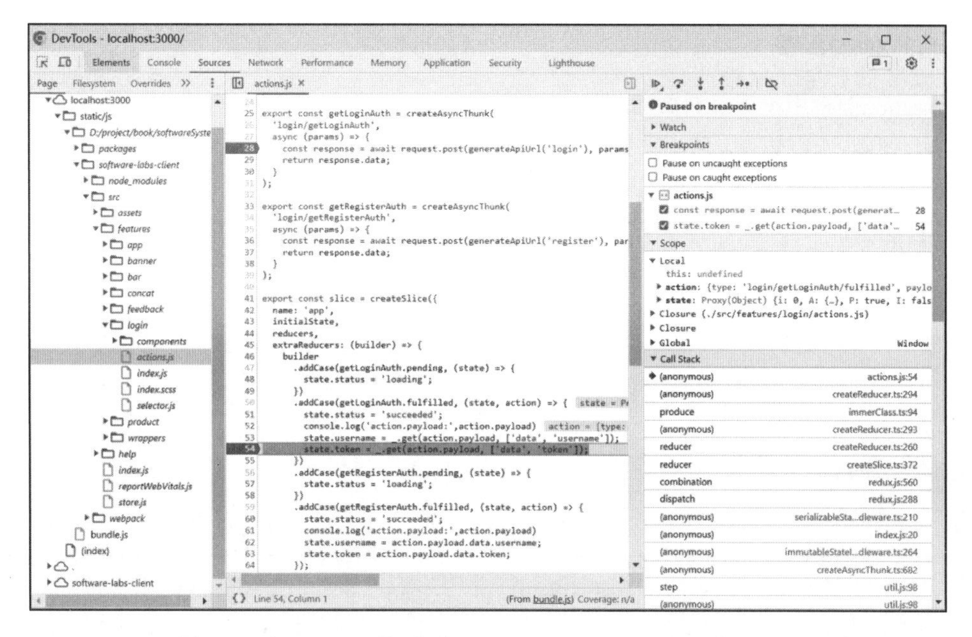

图11.6　在Sources面板查看Breakpoints和Call Stack进行debug

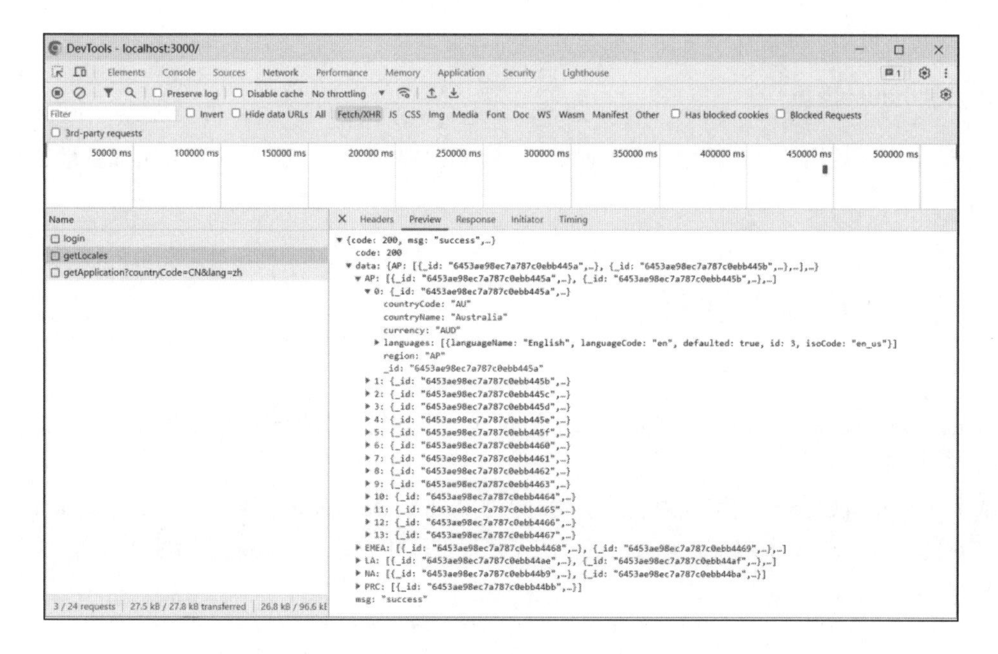

图 11.7　在 Network 面板查看接口/api/product/getLocales 返回的数据

5. Performance面板

在Performance面板中，可以查看页面加载过程中的详细信息，例如在什么时间开始做什么事情、耗时多久等；可以看到通过网络加载资源的信息；还能看到解析JavaScript、计算样式、重绘等页面加载的方方面面的信息。这些信息常用于优化时的性能分析。

6. Memory面板

Memory面板主要显示页面JavaScript对象和相关联的DOM节点的内存分布情况。

7. Application面板

Application面板用于记录网页加载的所有资源，包括存储信息、缓存信息，以及页面用到的图片、字体、脚本、样式等信息。如图11.8所示为在Application面板左侧单击Session Storage下的localhost:3000/后，右侧显示该网站下保存的Session Storage数据。

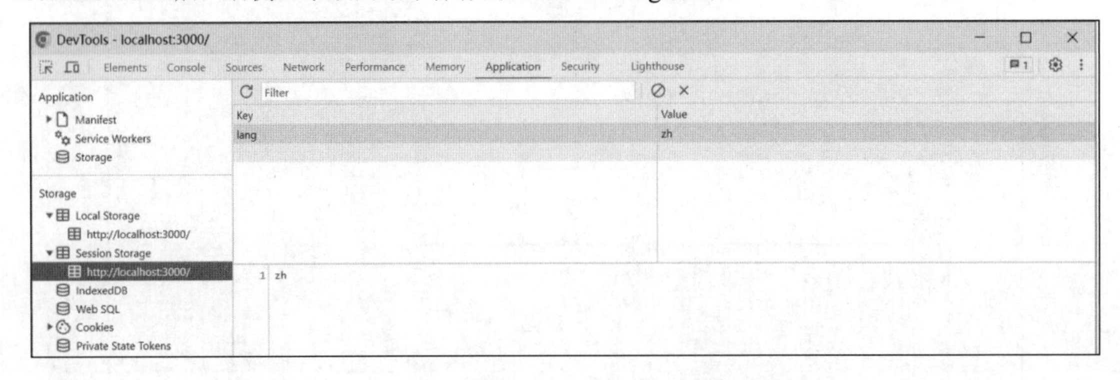

图11.8 在Application面板查看localhost:3000/下的Session Storage数据

8. Security面板

Security面板用于检测当前页面的安全性。

9. Lighthouse面板

Lighthouse面板用于分析网络应用和网页，收集现代性能指标，并为开发人员提供最佳实践的意见。

11.2 Redux DevTools

Redux DevTools用来查看保存到Redux中的数据。当项目中的数据比较复杂时，通过该工具可以方便查看数据。

使用前先根据Chrome浏览器的版本下载对应的Redux DevTools工具。本书项目计算机选购配置系统对应的客户端项目software-labs-client，在开发过程中使用的Chrome版本是114.0.5735.134，如图11.9所示。

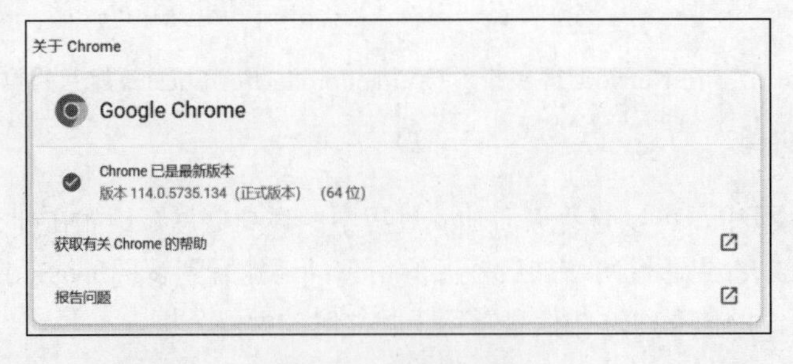

图11.9 Chrome版本

下载Redux DevTools 2.17.2插件，如图11.10所示。

Redux DevTools.crx	2023/4/19 17:46	CRX 文件	3,801 KB

图11.10　下载Redux DevTools 2.17.2插件

安装时，首先，通过依次单击Chrome浏览器右上角的“自定义及控制Google Chrome”→“更多工具”→“扩展程序”，或者在Chrome浏览器的地址栏中输入chrome://extensions/，打开Chrome扩展程序页面。

然后，在Chrome扩展程序页面，将下载的Redux DevTools 2.17.2插件拖动到空白页面中完成安装，如图11.11所示。

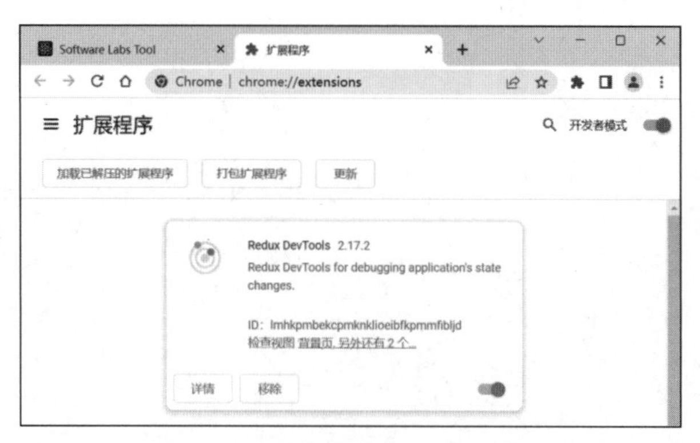

图11.11　在Chrome扩展程序页面安装Redux DevTools插件

要判断插件是否安装成功，只需单击浏览器右上角的Extensions图标，如果在弹窗中显示Redux DevTools信息，则表示已经安装成功，如图11.12所示。

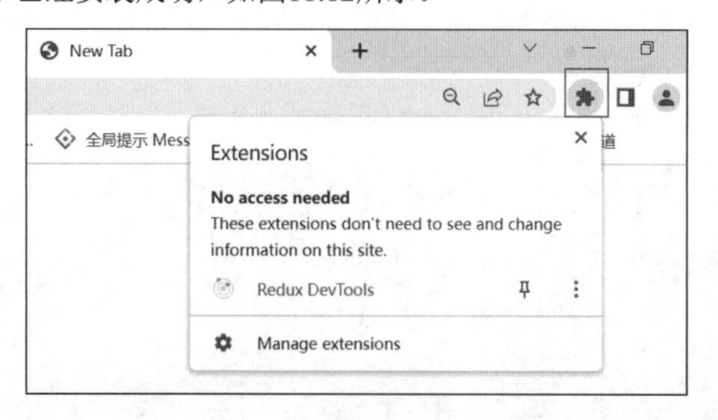

图11.12　查看Redux DevTools 插件是否安装成功

安装完成后，启动本书案例计算机选购配置系统对应的客户端项目software-labs-client，打开http://localhost:3000/#/login。

打开Chrome开发者工具，在右边多了一个Redux选项卡，如图11.13所示。

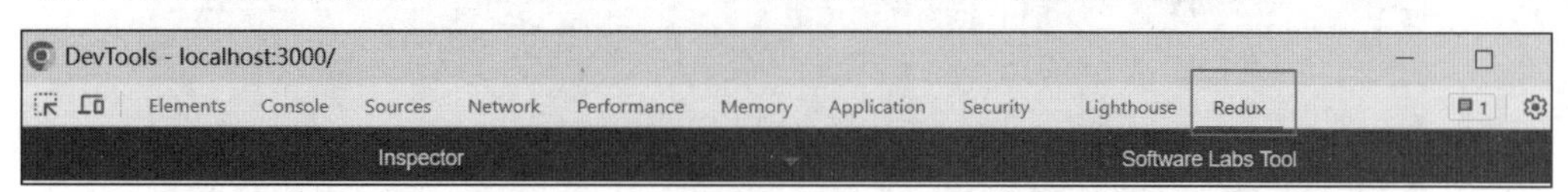

图11.13　Chrome开发者工具的Redux选项卡

单击Redux选项卡，展示Redux面板。该面板的左侧是所有actions，右侧提供了几个工具用于追踪Redux中保存的数据的变更。其中，State选项卡用于查看所有Redux数据，如图11.14所示。

图11.14　在Redux面板中查看所有Redux数据

Trace选项卡用于查看触发actions的调用堆栈。我们还可以从左侧的actions历史中选择任意一次action，查看调用该action的位置。

如图11.15所示是触发updateSearchSoftwares的源代码定位。

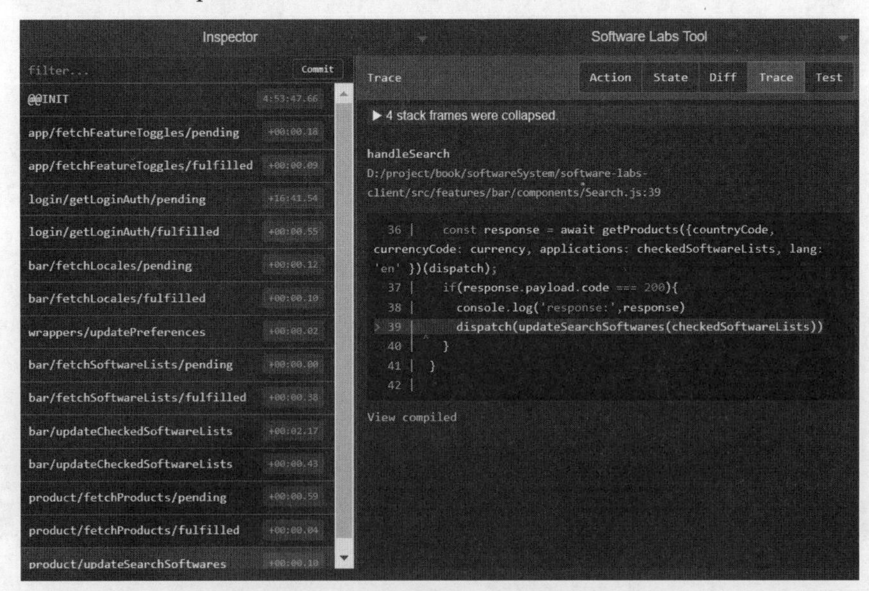

图11.15　触发updateSearchSoftwares的源代码定位

如图11.16所示是触发updatePreferences的源代码定位。

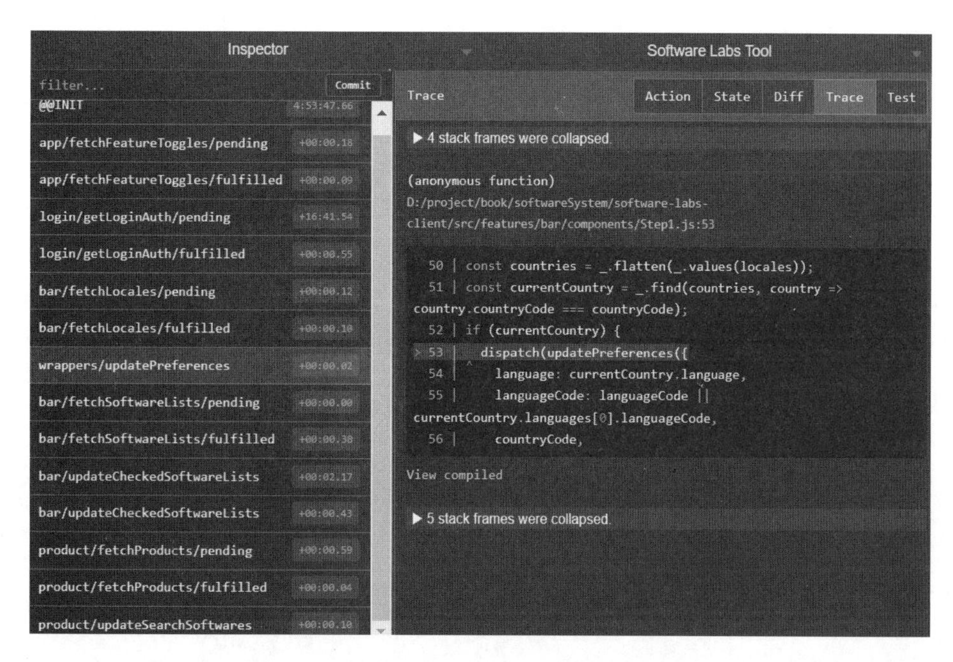

图11.16　触发updatePreferences的源代码定位

Actions选项卡是Redux DevTools最强大的功能之一，它可以让开发人员查看应用程序在不同action下的输出，并了解应用程序的State是如何达到当前状态的。在某些情况下，为了分析应用程序行为，我们还可能需要从时间线中删除特定的操作。如图11.17所示是查看触发action updatePreferences后输出的Redux数据。

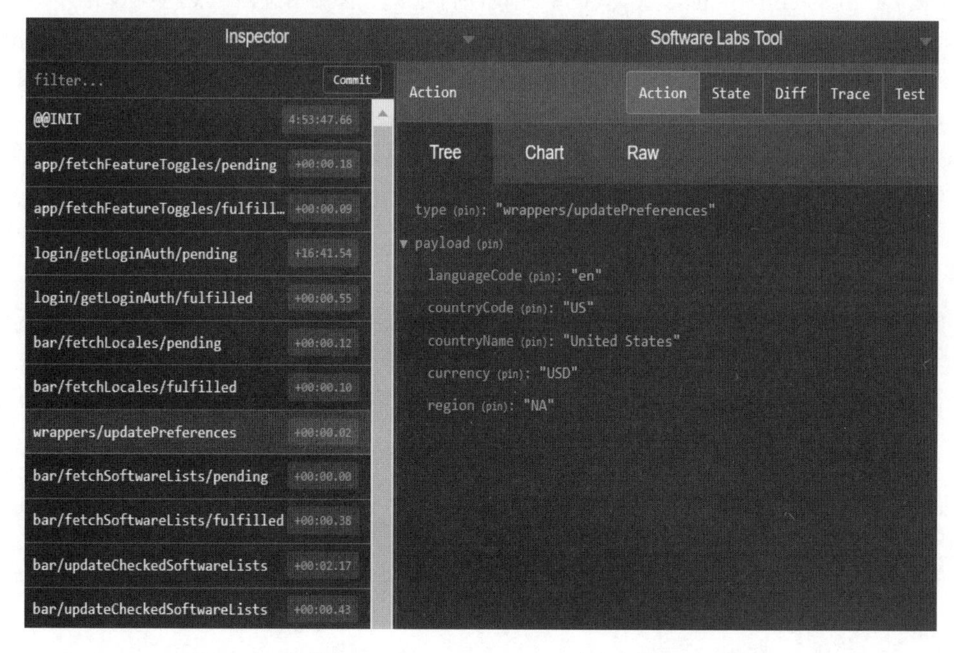

图11.17　触发action updatePreferences后输出的Redux数据

Diff选项卡用于查看某个action触发后，对Redux数据做了哪些更新。如图11.18所示是查看触发action updatePreferences后更新的Redux数据。

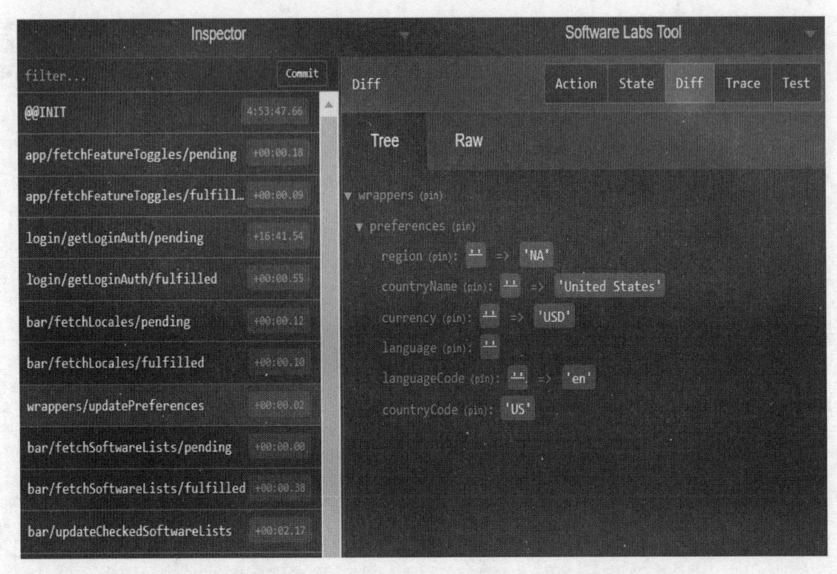

图11.18　触发action updatePreferences后更新的Redux数据

11.3　小结

本章介绍了Chrome开发者工具中各个面板的作用，以及开发项目时怎样使用Sources面板下的Breakpoints和Call Stack进行JavaScript代码的调试和排错。然后介绍了Redux DevTools的安装，以及怎样使用Redux DevTools的State选项卡查看Redux数据，怎样使用Diff选项卡查看触发某个action后数据的变更，怎样使用Trace选项卡查看触发actions的调用堆栈和其在源代码中的定位，怎样通过Actions选项卡查看应用程序在不同action下的输出。

第12章 UI框架

现代React项目中的UI和一些常用的交互已经不需要前端工程师亲自动手编写了，目前市场上流行的UI框架不论样式还是交互都已经非常完善。对于前端开发团队来说，使用UI框架不仅可以让工程师专注于项目业务，提升工作效率，还可以减少不必要的bug。

本章主要涉及的知识点有：

- antd组件的基本用法
- 集成antd
- 使用示例

12.1 antd组件的基本用法

antd是由蚂蚁集团开发的、基于Ant Design设计体系的React UI组件库，被国内各大知名企业使用，例如阿里巴巴、腾讯、百度、美团、滴滴等。Ant Design提供了完善的设计指引、最佳实践、设计资源和设计工具，拥有50个组件库。这些组件库能很好地兼容其他React第三方库，例如React Hooks Library或React JSON View。

antd的官方网站地址是https://ant.design/index-cn/，如图12.1所示。有时官方网站地址打开比较慢，可以使用官方网站镜像地址https://ant-design.gitee.io/index-cn。

antd常用的一些基本组件有Button、Icon、Breadcrumb、Dropdown、Menu、Checkbox、From、Table、Switch、Message、Modal等，可以满足各种场景的需求。

1. Button组件

Button组件是一组各种样式按钮，有5种类型：主按钮、次按钮、虚线按钮、文本按钮和链接按钮，其中主按钮在同一个操作区域最多出现一次。按钮按照尺寸分为大、中、小3种，通过设置size为large或small把按钮设为大或小尺寸，若不设置size，则为中尺寸。

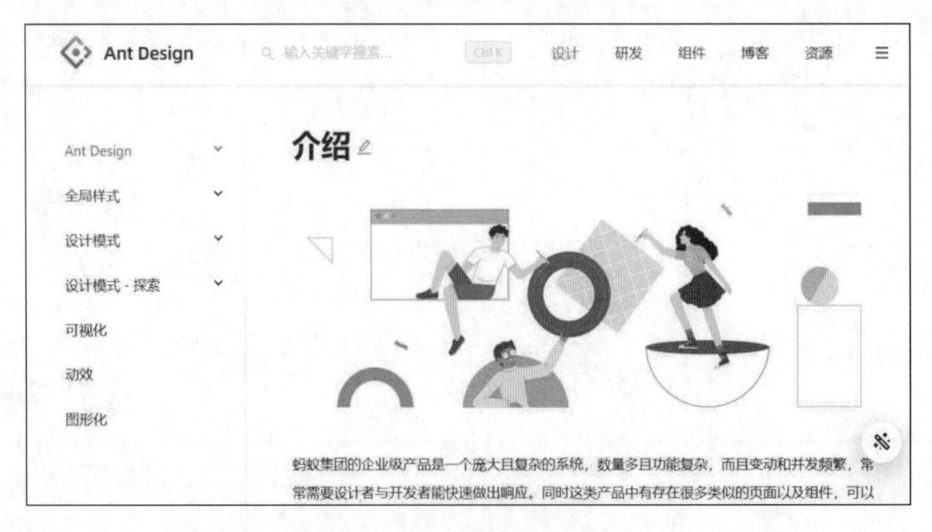

图12.1　antd官方网站首页

使用时先从antd引入Button组件，示例代码如下：

```
import { Button, Space } from 'antd';
const App = () => (
  <Space wrap>
    <Button type="primary">Primary Button</Button>
    <Button>Default Button</Button>
    <Button type="dashed">Dashed Button</Button>
    <Button type="text">Text Button</Button>
    <Button type="link">Link Button</Button> </Space>
);
export default App;
```

各种样式的Button组件如图12.2所示。

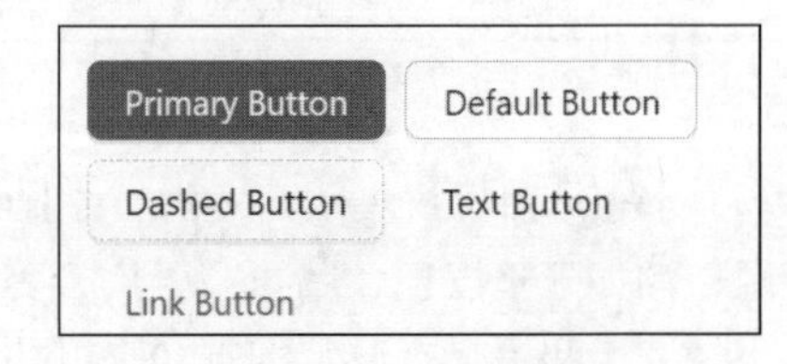

图 12.2　各种样式的 Button 组件

2. Icon组件

Icon组件是一组语义化的矢量图形。使用图标组件前，需要先用下面的命令行安装 @ant-design/icons 图标组件包：

```
npm install --save @ant-design/icons
```

使用时，通过@ant-design/icons引用Icon组件，不同主题的Icon组件名以图标名加主题为后缀。对Icon组件，可以通过设置spin属性来实现图形的动画旋转效果。示例代码如下：

```
import { HomeOutlined, LoadingOutlined, SettingFilled, SmileOutlined,
SyncOutlined, } from '@ant-design/icons';
import { Space } from 'antd';
const App = () => (
  <Space>
    <HomeOutlined />
    <SettingFilled />
    <SmileOutlined />
    <SyncOutlined spin />
    <SmileOutlined rotate={180} />
```

```
      <LoadingOutlined />
    </Space>
  );
  export default App;
```

上面的代码中，HomeOutlined、SettingFilled、SmileOutlined、SyncOutlined、LoadingOutlined都是antd提供的Icon组件。Icon组件的展示效果如图12.3所示。

图12.3 Icon组件

另外，还可以给Icon组件提供className、rotate、spin、style等属性，单独调整某些Icon的样式和动画效果。

3. Breadcrumb组件

Breadcrumb组件是面包屑组件，常用于显示当前页面在系统层级结构中的位置，并能向上返回。当系统拥有超过两级以上的层级结构、需要告知用户“你在哪里”或者需要向上导航的功能时，可以使用面包屑组件。

Breadcrumb组件的示例代码如下：

```
import { Breadcrumb } from 'antd';
const App = () => (
  <Breadcrumb
    items={[
      {
        title: 'Home'
      },
      {
        title: <a href="">Application Center</a>
      },
      {
        title: <a href="">Application List</a>
      },
      {
       title: 'An Application'
      }
     ]}
  />
);
export default App;
```

上述代码中，item属性是路由栈信息，即面包屑的导航内容。此外，还可以加入Icon组件组合成带图标的面包屑，或者嵌套menu: { items: menuItems, }组合成带下拉菜单的面包屑。

Breadcrumb组件的展示效果如图12.4所示。

Home / Application Center / Application List / An Application

图12.4 Breadcrumb组件

4. Dropdown组件

Dropdown是下拉菜单组件，会向下弹出列表。当页面上的操作命令过多时，用此组件可以收纳操作元素。单击或移入触点，会出现一个下拉菜单，可在菜单中进行选择，并执行相应的命令。

Dropdown组件的示例代码如下：

```
import React from 'react';
import './index.css';
import { DownOutlined, SmileOutlined } from '@ant-design/icons';
import { Dropdown, Space } from 'antd';
const items = [
  {
    key: '1',
    label: (
      <a target="_blank" rel="noopener noreferrer" href="https://www.antgroup.com">
        1st menu item
      </a>
    ),
  },
  {
    key: '2',
    label: (
      <a target="_blank" rel="noopener noreferrer" href="https://www.aliyun.com">
        2nd menu item (disabled)
      </a>
    ),
    icon: <SmileOutlined />,
    disabled: true,
  },
  {
    key: '3',
    label: (
      <a target="_blank" rel="noopener noreferrer" href="https://www.luohanacad
emy.com">
        3rd menu item (disabled)
      </a>
    ),
    disabled: true,
  },
  {
    key: '4',
    danger: true,
    label: 'a danger item',
  },
];
const App = () => (
  <Dropdown
    menu={{
      items,
    }}
  >
    <a onClick={(e) => e.preventDefault()}>
      <Space>
        Hover me
        <DownOutlined />
      </Space>
    </a>
```

```
        </Dropdown>
    );
    export default App;
```

Dropdown组件可以传入arrow、disabled、menu、placement等属性。

- arrow属性：用于控制是否显示下拉框箭头。
- disabled属性：用于控制是否禁用菜单。
- menu属性：是菜单配置项，是下拉菜单的具体内容。
- placement属性：用于控制菜单弹出的位置，有6个可选值，即bottom、bottomLeft、bottomRight、top、topLeft和topRight。

Dropdown组件的展示效果如图12.5所示。

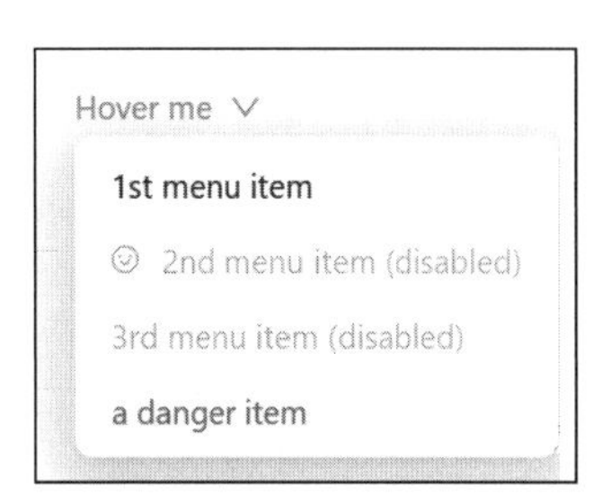

图12.5 Dropdown组件

5. Menu组件

Menu是导航菜单组件，为页面和功能提供导航的菜单列表。导航菜单是一个网站的灵魂，用户依赖导航在各个页面中进行跳转。导航一般分为顶部导航和侧边导航，顶部导航提供全局性的类目和功能，侧边导航提供多级结构来收纳和排列网站架构。

导航的展示形式有水平的顶部导航菜单、内嵌菜单、垂直菜单、主题菜单等。

Menu组件的示例代码如下：

```
    import React from 'react';
    import './index.css';
    import { AppstoreOutlined, MailOutlined, SettingOutlined } from '@ant-design/
icons';
    import { Menu } from 'antd';
    import { useState } from 'react';
    const items = [
      {
        label: 'Navigation One',
        key: 'mail',
        icon: <MailOutlined />,
      },
      {
        label: 'Navigation Two',
        key: 'app',
        icon: <AppstoreOutlined />,
        disabled: true,
      },
      {
        label: 'Navigation Three - Submenu',
        key: 'SubMenu',
        icon: <SettingOutlined />,
        children: [
          {
            type: 'group',
            label: 'Item 1',
            children: [
              {
```

```
              label: 'Option 1',
              key: 'setting:1',
            },
            {
              label: 'Option 2',
              key: 'setting:2',
            },
          ],
        },
        {
          type: 'group',
          label: 'Item 2',
          children: [
            {
              label: 'Option 3',
              key: 'setting:3',
            },
            {
              label: 'Option 4',
              key: 'setting:4',
            },
          ],
        },
      ],
    },
    {
      label: (
        <a href="https://ant.design" target="_blank" rel="noopener noreferrer">
          Navigation Four - Link
        </a>
      ),
      key: 'alipay',
    },
  ];
  const App = () => {
    const [current, setCurrent] = useState('mail');
    const onClick = (e) => {
      console.log('click ', e);
      setCurrent(e.key);
    };
    return <Menu onClick={onClick} selectedKeys={[current]} mode="horizontal" ite
ms={items} />;
  };
  export default App;
```

Menu组件可以传入的属性有items、mode、multiple、selectedKeys、style、theme和onClick等。

- items：用于传入菜单的内容。
- Mode：是菜单类型，有垂直、水平和内嵌3种模式，对应的值分别是vertical、horizontal和inline。
- Multiple：表示是否允许多选，是布尔值。
- selectedKeys：是当前选中的菜单项key数组。

- Style：可以设置根节点的样式。
- Theme：可以设置主题颜色，可选值有light和dark。
- onClick：用于设置单击 MenuItem 时的回调函数。

Menu组件的展示效果如图12.6所示。

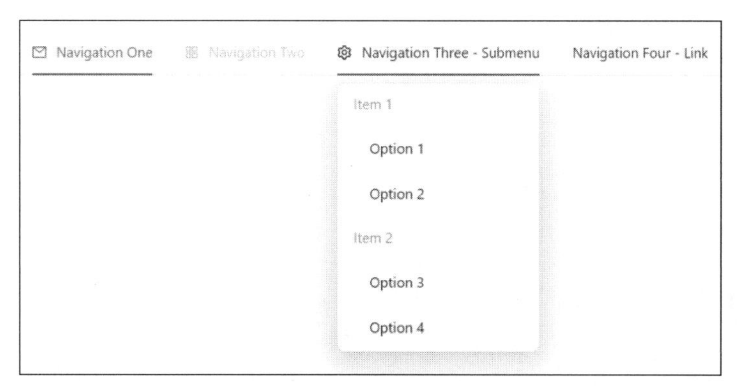

图12.6　Menu组件

6. Checkbox组件

Checkbox是多选框组件，与原生checkbox相比，用户不仅可以自定义样式，还可以通过Checkbox.Group内嵌Checkbox并与Grid组件一起使用，实现灵活的布局。

Checkbox组件的示例代码如下：

```
import React from 'react';
import './index.css';
import { Checkbox } from 'antd';
const onChange = (e) => {
  console.log(`checked = ${e.target.checked}`);
};
const App = () => <Checkbox onChange={onChange}>Checkbox</Checkbox>;
export default App;
```

Checkbox组件的展示效果如图12.7所示。

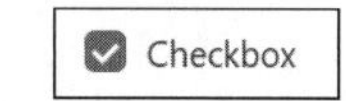

图12.7　Checkbox组件

7. From组件

From是表单组件，它是一个高性能表单控件，自带数据域管理，包含数据录入、校验以及对应样式。在项目中需要使用表单收集信息或者需要对表单中输入的数据类型进行校验时使用，可以省去开发人员手动编写表单校验的工作。

Form组件可传入的属性有onFinish、onFinishFailed、onValuesChange、size等。

- onFinish：用于设置提交表单且数据验证成功后的回调事件。
- onFinishFailed：用于设置提交表单且数据验证失败后的回调事件。
- onValuesChange：用于设置字段值更新时触发的回调事件。
- size：用于设置字段组件的尺寸，有3个可选值，small、middle和large。

Form组件的示例代码如下：

```
import React from 'react';
import './index.css';
import { Button, Checkbox, Form, Input } from 'antd';
const onFinish = (values) => {
  console.log('Success:', values);
};
const onFinishFailed = (errorInfo) => {
  console.log('Failed:', errorInfo);
};
const App = () => (
  <Form
    name="basic"
    labelCol={{
      span: 8,
    }}
    wrapperCol={{
      span: 16,
    }}
    style={{
      maxWidth: 600,
    }}
    initialValues={{
      remember: true,
    }}
    onFinish={onFinish}
    onFinishFailed={onFinishFailed}
    autoComplete="off"
  >
    <Form.Item
      label="Username"
      name="username"
      rules={[
        {
          required: true,
          message: 'Please input your username!',
        },
      ]}
    >
      <Input />
    </Form.Item>

    <Form.Item
      label="Password"
      name="password"
      rules={[
        {
          required: true,
          message: 'Please input your password!',
        },
      ]}
    >
```

```
        <Input.Password />
      </Form.Item>

      <Form.Item
        name="remember"
        valuePropName="checked"
        wrapperCol={{
          offset: 8,
          span: 16,
        }}
      >
        <Checkbox>Remember me</Checkbox>
      </Form.Item>

      <Form.Item
        wrapperCol={{
          offset: 8,
          span: 16,
        }}
      >
        <Button type="primary" htmlType="submit">
          Submit
        </Button>
      </Form.Item>
    </Form>
);
export default App;
```

From组件的展示效果如图12.8所示。

图12.8　From组件

8. Table组件

Table是表格组件，用于展示行列数据。当网站中有大量结构化的数据需要展现或需要对数据进行排序、搜索、分页、自定义操作等复杂行为时使用。

Form组件可传入的属性有dataSource、columns、Pagination、onChange等。

- dataSource：数组类型，用于展示表格内容中的数据。
- Columns：表格列的配置描述。
- Pagination：分页器，参考配置项或pagination文档，设为false时表示不展示也不进行分页。
- onChange：用于设置分页、排序、筛选变化时触发的回调函数。

Table组件的用法示例代码如下：

```
import React from 'react';
import { Table } from 'antd';
const dataSource = [
  {
    key: '1',
    name: '张三',
    age: 32,
    address: '西湖区湖底公园1号',
  },
  {
    key: '2',
    name: '李四',
    age: 42,
    address: '西湖区湖底公园1号',
  },
];

const columns = [
  {
    title: '姓名',
    dataIndex: 'name',
    key: 'name',
  },
  {
    title: '年龄',
    dataIndex: 'age',
    key: 'age',
  },
  {
    title: '住址',
    dataIndex: 'address',
    key: 'address',
  },
];

const App = () => <Table dataSource={dataSource} columns={columns} />;
export default App;
```

Table组件的展示效果如图12.9所示。

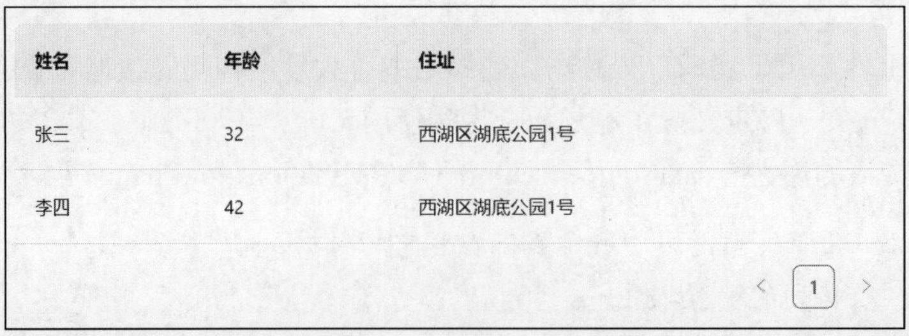

姓名	年龄	住址
张三	32	西湖区湖底公园1号
李四	42	西湖区湖底公园1号

< 1 >

图12.9　Table组件

9. Switch组件

Switch是开关组件，是一个开关选择器。切换Switch会直接触发状态改变。

- Switch组件的属性有Checked、Size、onChange等。
- Checked：指定当前Switch组件是否展示选中状态。
- Size：用于设置开关大小，可选值有default和small。
- onChange：用于设置Switch状态变化时的回调函数。

Switch组件的示例代码如下：

```
import React from 'react';
import './index.css';
import { Switch } from 'antd';
const onChange = (checked) => {
  console.log(`switch to ${checked}`);
};
const App = () => <Switch defaultChecked onChange={onChange} />;
export default App;
```

Switch组件的展示效果如图12.10所示。

图12.10 Switch组件

10. Message组件

Message是全局提示组件，用于全局展示操作反馈信息。它可以提供成功、警告和错误等反馈信息。展现时，在顶部居中显示并自动消失，是一种不打断用户操作的轻量级提示方式。

在使用Hooks的项目中，通过message.useMessage获取contextHolder和messageApi。contextHolder用于读取context，而messageApi是一个包含messageApi.info、messageApi.open、messageApi.error等方法的集合。这些方法中可以传入content、duration和onClose属性。

- content：用于设置提示内容。
- duration：用于设置自动关闭的延迟时间，单位是秒。设为0时表示不自动关闭。
- onClose：用于设置关闭时触发的回调函数。

Message组件的示例代码如下：

```
import React from 'react';
import './index.css';
import { Button, message } from 'antd';
const App = () => {
  const [messageApi, contextHolder] = message.useMessage();
  const info = () => {
    messageApi.info('Hello, Ant Design!');
  };
  return (
    <>
      {contextHolder}
      <Button type="primary" onClick={info}>
        Display normal message
      </Button>
    </>
```

```
    );
  };
  export default App;
```

Message组件的展示效果如图12.11所示，单击Display normal message按钮出现提示“Hello, Ant Design!”，3秒后消失。

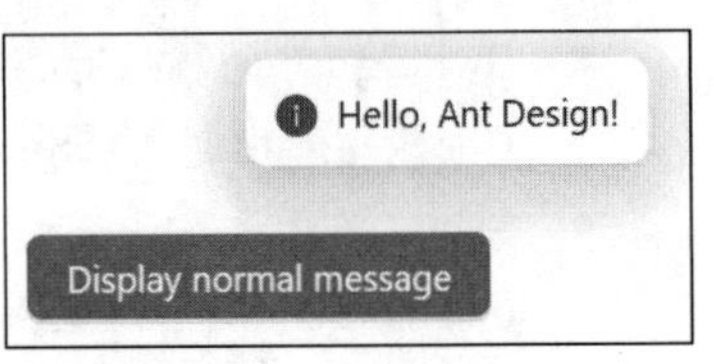

图12.11　Message组件

11. Modal组件

Modal是对话框组件，用于展示模态对话框。当项目中需要用户处理事务，又不希望跳转页面以致打断工作流程时，可以使用Modal在当前页面正中打开一个浮层，承载相应的操作。可以使用width属性来设置模态对话框的宽度，使用centered或类似style.top的样式来设置对话框的位置。

Modal组件的示例代码如下：

```
import React from 'react';
import './index.css';
import { Button, Modal } from 'antd';
import { useState } from 'react';
const App = () => {
  const [isModalOpen, setIsModalOpen] = useState(false);
  const showModal = () => {
    setIsModalOpen(true);
  };
  const handleOk = () => {
    setIsModalOpen(false);
  };
  const handleCancel = () => {
    setIsModalOpen(false);
  };
  return (
    <>
      <Button type="primary" onClick={showModal}>
        Open Modal
      </Button>
      <Modal title="Basic Modal" open={isModalOpen} onOk={handleOk} onCancel={h
andleCancel}>
        <p>Some contents...</p>
        <p>Some contents...</p>
        <p>Some contents...</p>
      </Modal>
    </>
  );
};
export default App;
```

Modal组件的展示效果如图12.12所示，单击Open Modal按钮后，出现弹窗。

antd中还提供了Progress（进度条）组件、Spin（记载中提示）组件、Tabs（标签页）组件、Upload（上传）组件、Tree（树形）组件等。这些组件通过传入不同的参数来展现不同的样式和交互，满足前端项目的需求，节约项目开发时间，使开发人员能够专注于项目的业务逻辑。

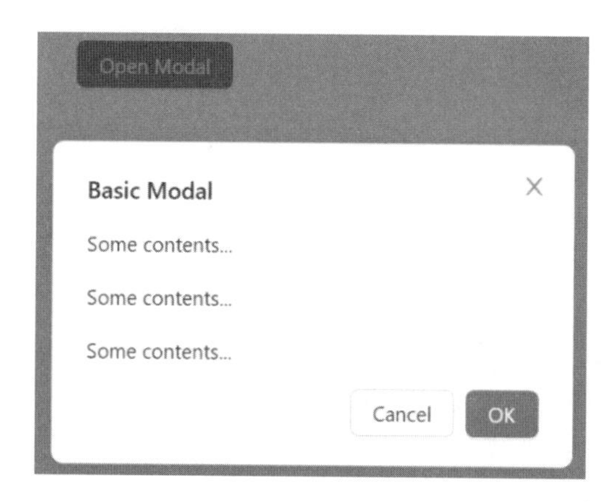

图12.12　Modal组件

12.2　集成 antd

在React项目中使用antd之前，首先要安装antd，在终端输入如下命令：

```
npm install antd
```

目前software-labs-client中antd的版本是5.4.3，安装后，package.json如图12.13所示。

```
{} package.json > {} scripts > eject
1  {
2    "name": "software-labs-client",
3    "version": "0.1.0",
4    "private": true,
5    "dependencies": {
6      "@reduxjs/toolkit": "^1.9.5",
7      "@testing-library/jest-dom": "^5.16.5",
8      "@testing-library/react": "^13.4.0",
9      "@testing-library/user-event": "^13.5.0",
10     "antd": "^5.4.3",
11     "axios": "0.27.2",
12     "axios-mock-adapter": "1.21.4",
13     "css-loader": "6.5.1",
14     "lodash": "4.17.21",
15     "react": "^18.2.0",
16     "react-dom": "^18.2.0",
17     "react-intl": "6.0.5",
18     "react-redux": "8.0.2",
19     "react-router-dom": "6.3.0",
20     "react-scripts": "5.0.1",
21     "sass": "1.53.0",
22     "sass-loader": "12.3.0",
23     "style-loader": "3.3.1",
24     "uuid": "8.3.2",
25     "web-vitals": "^2.1.4"
26   },
```

图12.13　package.json

使用时，只要从antd中引入相应的组件即可。例如，使用Button组件时的代码如下：

```
01  import { Button } from 'antd';
02  const Search = () => {
```

```
03     return <Button type="primary">SEARCH</Button>
04   }
05   export default Search;
```

代码解析：

- 第01行从antd中引入Button组件。
- 第02～04行定义Search组件。
- 第03行使用Button组件，该组件传入属性type，设置了按钮的样式。所有的antd组件都可以传入一些参数，这些参数的类型可以参照antd的文档说明。

12.3 使用示例

在本书案例计算机选购配置系统中，antd的组件贯穿整个项目，例如Button组件、Checkbox组件、Search组件等。本节将详细介绍这些组件在React项目中的用法。

1. Search组件

在software-labs-client工程中，打开src/features/bar/components/Search.js文件。该文件对应的是功能区的搜索按钮组件，代码如下：

```
01  import React, { useState, useEffect } from 'react';
02  import { useSelector, useDispatch } from 'react-redux';
03  import {FormattedMessage} from 'react-intl';
04  import _ from 'lodash';
05  import { getProducts, updateSearchSoftwares } from '../../product/actions';
06  import { selectPreferences} from '../../wrappers/selector';
07  import { selectCheckedSoftwareLists } from '../selector';
08  import { selectSearchStatus } from '../../product/selector';
09  import { Button } from 'antd';
10
11  const Search = () => {
12    const preferences = useSelector(selectPreferences);
13    const countryCode = preferences.countryCode;
14    const currency = preferences.currency;
15    const checkedSoftwareLists = useSelector(selectCheckedSoftwareLists);
16    const searchStatus = useSelector(selectSearchStatus);
17    const [disabled, setDisabled] = useState(false);
18    const dispatch = useDispatch();
19
20    useEffect(() => {
21      if(!countryCode){
22        setDisabled(true);
23        return;
24      }
25      if(_.isEmpty(checkedSoftwareLists)){
26        setDisabled(true);
27        return;
```

```
28          }
29          setDisabled(false);
30        }, [countryCode, checkedSoftwareLists])
31
32        const handleSearch = async () => {
33          if(disabled){
34            return;
35          }
36      const response = await getProducts({countryCode, currencyCode: currency,
applications: checkedSoftwareLists, lang: 'en' })(dispatch);
37          if(response.payload.code === 200){
38            dispatch(updateSearchSoftwares(checkedSoftwareLists))
39          }
40        }
41
42        return (
43            <Button
44              id="search-button"
45              type="primary"
46              onClick={handleSearch}
47              disabled={disabled}
48              loading={searchStatus === 'loading'}
49            >
50              <FormattedMessage id="SEARCH"/>
51            </Button>
52        );
53    }
54    export default Search;
```

代码解析：

- 第01行引入React、useState、useEffect。
- 第02行引入useSelector、useDispatch。
- 第03行引入FormattedMessage，用于对文案进行国际化处理。
- 第04行引入工具库lodash。
- 第05行引入getProducts和updateSearchSoftwares。getProducts用于发送ajax请求获取产品（推荐的计算机）列表，并将返回数据保存到Redux中；updateSearchSoftwares用于向Redux发送action更新搜索条件——软件列表。
- 第06行引入selectPreferences，用于从Redux中获取preferences对象。这个对象中保存了用户选中的区域、国家、语言等信息。
- 第07行引入selectCheckedSoftwareLists，用于获取用户选中的软件列表。注意，用户选中的软件列表和搜索时的软件列表不完全一致。只有单击搜索按钮后，搜索时的软件列表searchSoftwares才和用户选中的软件列表checkedSoftwareLists一致。
- 第08行引入selectSearchStatus，用于获取搜索时按钮的状态，有搜索中和已完成搜索两种状态。第09行从antd中引入Button组件。这个组件是一个按钮，根据所传入type参数的不同，展示不同的样式。
- 第11行开始定义Search组件。

- 第12行调用useSelector从Redux中获取preferences对象。
- 第13、14行分别获取国家编码countryCode和货币符号currency。
- 第15、16行调用useSelector分别获取用户选中的软件列表对象checkedSoftwareLists和按钮状态searchStatus。
- 第17行调用useState设置组件内部状态disabled的值为false，更新disabled状态值的函数为setDisabled。这个值用于描述按钮是否可以单击。
- 第18行调用useDispatch得到dispatch方法，该方法用于向Redux发送action。
- 第20～30行执行useEffect方法，第二个参数是由countryCode和checkedSoftwareLists组成的数组，表示当countryCode或checkedSoftwareLists发生变化时，执行传入useEffect的第二个回调函数。
- 第21～24行表示当countryCode为空时，调用setDisabled(true)，将disabled设置为true，即按钮不可单击。
- 第25～28行表示当checkedSoftwareLists为空时，调用setDisabled(true)，将disabled设置为true，即按钮不可单击。
- 第29行setDisabled(false)表示当countryCode和checkedSoftwareLists都不为空时，将disabled设置为false，即按钮可单击。
- 第32～40行定义handleSearch方法，该方法在用户单击搜索按钮时被调用。
- 第33～35行表示当disabled为true，即按钮不可单击时，执行到此结束。否则，继续执行第36行代码，调用getProducts方法，在这个方法中发送ajax请求，response接收接口返回的数据。
- 第37～39行表示当接口返回的code是200时，代表前后端通信成功，调用dispatch(updateSearchSoftwares(checkedSoftwareLists))更新Redux中保存的checkedSoftwareLists对象。
- 第42～53行是组件渲染的UI部分。
- 第43行使用antd的Button组件，该组件有5个参数：id是DOM元素的id属性，常用于设置样式；type是antd中Button组件自带的，表示按钮的样式；onClick按钮单击后的回调函数；disabled表示按钮是否可单击；loading表示按钮是否在加载中，值为true表示在加载中，按钮的样式为旋转的loading效果。
- 第50行是按钮的文案。此处使用FormattedMessage代表这里的文案要进行国际化处理。
- 第55行导出Search组件。

2. Checkbox组件

在software-labs-client工程中，打开src/features/bar/components/AppLists.js文件。该文件对应的是功能区的软件列表组件，代码如下：

```
01  import React from 'react';
02  import _ from 'lodash';
03  import { Checkbox } from 'antd';
04
05  const AppLists = (props) => {
06    const {filterSoftwareLists, selectSoftware, checkedSoftwareLists} = props;
07    const getTableDataSource = () => {
08      let dataSource = [];
09      _.forEach(filterSoftwareLists, softwareList => {
```

```
10        const group = softwareList.group;
11        const lists = _.map(softwareList.lists, software => {
12      return {...software, selected: _.includes(checkedSoftwareLists,
software.title), group, key: software.application + '-' + group}
13        })
14        dataSource = _.concat(dataSource, lists)
15      })
16      return dataSource;
17    }
18
19    return (
20      <ul className="apps-lists">
21        <li key={"apps-lists-title"} className="apps-lists-title">
22          <span className="column column-isv">ISV</span>
23          <span className="column column-software">SOFTWARE</span>
24          <span className="column column-select"></span>
25        </li>
26        {
27          _.map(getTableDataSource(), (item, index) => {
28            const checked = _.includes(checkedSoftwareLists, item.application);
29            const selectedClassName = checked ? 'selectedLine' : '';
30            return (
31          <li
32            key={item.key}
33            className={`${selectedClassName}`}
34            onClick={selectSoftware.bind(this, item.application)}
35          >
36                <span className="column column-isv">{item.group}</span>
37                <span className="column column-software">{item.application}
</span>
38  <span className="column column-select">
39              <Checkbox checked={checked}/>
40            </span>
41          </li>
42            )
43          })
44        }
45      </ul>
46    );
47  }
48
49  export default AppLists;
```

代码解析：

- 第01行引入React。
- 第02行引入工具库lodash。
- 第03行从antd中引入Checkbox组件。这个组件是一个多选框，与原生Checkbox相比，该组件增加了可控制的样式以及丰富的动画效果。
- 第05行开始定义AppLists组件。
- 第06行从props中获取filterSoftwareLists、selectSoftware、checkedSoftwareLists，表示这几个值都是从父组件中传过来的。

- 第07～17行定义getTableDataSource函数。这个函数用于返回组件展示的软件列表的数据。
- 第19～46行是组件的UI部分。
- 第27行使用lodash中的_.map方法遍历软件列表数据，并通过li标签展示到页面上。
- 第39行使用antd中的Checkbox组件，渲染多选框，其中属性checked表示是否为选中状态。
- 第49行导出AppLists组件。

3. LoginForm组件

在software-labs-client项目的登录模块，登录和注册公用的表单组件LoginForm中使用了Button、Checkbox、Form、Input和Message组件。打开src/login/components/LoginForm.js，部分代码如下：

```
01  import React from 'react';
02  import { useDispatch } from 'react-redux';
03  import {FormattedMessage, useIntl} from 'react-intl';
04  import {useNavigate, Link, useLocation} from "react-router-dom";
05  import _ from 'lodash';
06  import { Button, Checkbox, Form, Input, Message } from 'antd';
07  import {getLoginAuth, getRegisterAuth} from '../actions';
08
09  const LoginForm = (props) => {
10    ...
11    const [messageApi, contextHolder] = message.useMessage();
12    const error = (msg) => {
13      messageApi.open({
14        type: 'error',
15        content: <FormattedMessage id={msg}/>,
16      });
17    };
18
19    const login = async (values) => {
20      const response = await getLoginAuth(values)(dispatch);
21      if(response.payload.code === 200){
22        navigate('/main')
23      }else{
24        error(response.payload.msg);
25      }
26    }
27
28    const register = async (values) => {...}
29
30    const finishedCallback = {
31      'login': (values) => {
32        login(values);
33      },
34      'register': (values) => {
35        register(values);
36      }
37    }
38
39    const  onFinished = (values) => {
```

```
40        const key = location.pathname.replace('/', '');
41        finishedCallback[key](values);
42      };
43
44      const onFinishFailed = (errorInfo) => {...};
45
46      return (
47        <>
48        {contextHolder}
49        <Form
50          name="loginForm"
51          labelCol={{
52            span: 8,
53          }}
54          wrapperCol={{
55            span: 16,
56          }}
57          style={{
58            maxWidth: 600,
59          }}
60          initialValues={{
61            remember: true,
62          }}
63          onFinish={onFinished}
64          onFinishFailed={onFinishFailed}
65          autoComplete="off"
66        >
67          <Form.Item
68            label={intl.formatMessage({id: 'Username'})}
69            name="username"
70            className="customFormItem"
71            rules={[
72              {
73                required: true,
74                message: intl.formatMessage({id: 'Please input your username!'}),
75              },
76            ]}
77          >
78            <Input />
79          </Form.Item>
80
81          <Form.Item
82            label={intl.formatMessage({id: 'Password'})}
83            name="password"
84            className="customFormItem"
85            rules={[
86              {
87                required: true,
88                message: intl.formatMessage({id: 'Please input your password!'}),
89              },
90            ]}
```

```
 91        >
 92          <Input.Password />
 93        </Form.Item>
 94
 95        {
 96          location.pathname === '/login' && <Form.Item
 97            name="remember"
 98            valuePropName="checked"
 99            className="mb-1"
100            wrapperCol={{
101              offset: 8,
102              span: 16,
103            }}
104          >
105            <Checkbox><FormattedMessage id="Remember me"/></Checkbox>
106          </Form.Item>
107        }
108
109        {
110          location.pathname === '/login' && <Form.Item
111            className="customFormItem"
112            wrapperCol={{
113              offset: 8,
114              span: 16,
115            }}
116          >
117            <Button type="primary" htmlType="submit" id="login">
118              <FormattedMessage id="LOGIN"/>
119            </Button>
120            <FormattedMessage id="Or"/> <Link to="/register"><FormattedMessage
id="register now!"/></Link>
121          </Form.Item>
122        }
123
124        {
125          location.pathname === '/register' && <Form.Item
126            className="customFormItem"
127            wrapperCol={{
128              offset: 8,
129              span: 16,
130            }}
131          >
132            <Button type="primary" htmlType="submit" id="register">
133              <FormattedMessage id="REGISTER"/>
134            </Button>
135          </Form.Item>
136        }
137      </Form>
138      </>
139    )
140  }
```

```
141
142 export default LoginForm;
```

代码解析：

- 第06行从antd框架中引入组件Button、Checkbox、Form、Input和Message。
- 第11行通过调用message.useMessage()得到messageApi和contextHolder。
- 第12行定义error方法，用于登录或注册失败时给出错误提示。
- 第13行调用messageApi.open方法，传入参数type和content。type用于设置提示的类型，它会展现错误提示样式和图标，content用于设置提示的内容。
- 第19行定义login方法，当用户输入用户名和密码，并单击登录按钮时被调用。
- 第24行调用error方法，当登录接口失败时执行这里的方法。
- 第28行定义register方法，当用户输入用户名和密码，并单击注册按钮时被调用。
- 第30行定义finishedCallback对象，其中定义了login和register属性对应的方法。
- 第39行定义onFinished方法，是Form组件的onFinish事件的回调函数。单击Form组件中的Button组件时，执行onFinish事件。
- 第46～140行都是组件返回的JSX DOM部分。
- 第48行通过contextHolder进行占位，这是antd的固定写法。
- 第49～66行使用Form表单组件。属性name用于设置表单名称，会作为表单字段id前缀使用；labelCol用于设置span offset值。wrapperCol为输入控件设置布局样式；style设置表单的样式；initialValues设置表单默认值；onFinish是提交表单且数据验证成功后的回调事件；onFinishFailed是提交表单且数据验证失败后的回调事件；autoComplete设置是否关闭表单自动输入功能。
- 第67、81、96、110和125行使用Form.Item表单字段组件，用于数据双向绑定、校验、布局等。其中rules是校验规则，用于设置字段的校验逻辑。
- 第92行Input.Password是Input组件的一种组合型输入框形式，相当于<Input type="password"/>。
- 第105行使用Checkbox组件，展示多选框。
- 第117行和132行使用Button组件，分别展示登录和注册按钮。

12.4 小结

本章主要介绍了antd中提供的一些基本组件，如Checkbox、Form、Messgae、Modal、Button和Icon等的基本用法、传入的属性和显示效果。同时，以software-labs-client为例，介绍了怎样在React项目中集成antd，并通过讲解项目中Search组件、AppLists组件和LoginForm组件的代码，使读者对antd在实际项目中的使用有了深入的了解。

第13章 前端存储

在项目中，有时需要保存一些数据供其他组件或用户下次使用。这些数据是供前端内部使用的，不需要通过后端保存到数据库。要保存这些数据，除了使用Redux外，还有另外一种方法——前端存储。这种方法通过前端技术存储一段信息，然后在不同页面（一般同域）都可以获取已存储的信息。

本章主要涉及的知识点有：

- sessionStorage
- localStorage
- cookie
- IndexDB
- levelupDB

13.1 sessionStorage

sessionStorage是window对象上的一个属性，是前端应用临时保存数据的一种方式。这些数据保存在浏览器的内存中，是临时的。当浏览器对话框关闭时，这些数据随之销毁。打开多个相同URL的Tabs页面，会创建各自的sessionStorage。

sessionStorage中保存的数据大小的上限是5MB。sessionStorage的使用也很简单。

保存数据到sessionStorage，代码如下：

```
sessionStorage.setItem('key', 'value');
```

从sessionStorage中获取数据，代码如下：

```
let data = sessionStorage.getItem('key');
```

从sessionStorage中删除保存的数据，代码如下：

```
sessionStorage.removeItem('key');
```

从sessionStorage中删除所有保存的数据，代码如下：

```
sessionStorage.clear();
```

在sessionStorage中保存的数据是一个Storage对象，例如在Chrome浏览器控制台中输入如下代码：

```
const data = [
  {
    name: 'photoshop',
    company: 'Adobe'
  },
  {
    name: '3dMax',
    company: 'Autodesk'
  }
]
sessionStorage.setItem('myCat', 'Tom');
sessionStorage.setItem('myProduct', data);
console.log(sessionStorage);
```

在Chrome控制台打印出的sessionStorage数据如图13.1所示。

```
> const data = [
    {
     name: 'photoshop',
     company: 'Adobe'
    },
    {
     name: '3dMax',
     company: 'Autodesk'
    }
  ]
  sessionStorage.setItem('myCat', 'Tom');
  sessionStorage.setItem('myProduct', data);
  console.log(sessionStorage);

  ▼ Storage {myProduct: '[object Object],[object Object]', myCat: 'Tom', length: 2}
      myCat: "Tom"
      myProduct: "[object Object],[object Object]"
      length: 2
    ▶ [[Prototype]]: Storage
```

图13.1　在Chrome控制台查看sessionStorage数据

图13.1中data是一个数组对象，保存到sessionStorage中时要先用JSON.stringify()方法将该对象转换为字符串，然后才能进行存储。

将上面代码中的sessionStorage.setItem('myProduct', data)修改为如下代码：

```
sessionStorage.setItem('myProduct', JSON.stringify(data))
```

然后在Chrome控制台中打印sessionStorage数据，可以看到myProduct的数据可以正常显示了，如图13.2所示。

使用sessionStorage中的对象myProduct时，可以通过JSON.parse()方法将字符串转换为JSON对象使用。在Chrome控制台输入如下代码：

```
const myProduct = JSON.parse(sessionStorage.getItem('myProduct'));
console.log(myProduct);
```

```
> const data = [
  {
   name: 'photoshop',
   company: 'Adobe'
  },
  {
   name: '3dMax',
   company: 'Autodesk'
  }
 ]
 sessionStorage.setItem('myCat', 'Tom');
 sessionStorage.setItem('myProduct', JSON.stringify(data));
 console.log(sessionStorage);
                                                                    VM165:13
 ▼ Storage {myProduct: '[{"name":"photoshop","company":"Adobe"},{"name":"3dMax","company":"Autodesk"}]', myCat: 'Tom', length: 2}
    myCat: "Tom"
    myProduct: "[{\"name\":\"photoshop\",\"company\":\"Adobe\"},{\"name\":\"3dMax\",\"company\":\"Autodesk\"}]"
    length: 2
   ▶ [[Prototype]]: Storage
```

图13.2 Chrome控制台查看sessionStorage数据

在Chrome控制台中打印的myProduct数据如图13.3所示。

```
> const myProduct = JSON.parse(sessionStorage.getItem('myProduct'));
  console.log(myProduct);
  ▼ (2) [{…}, {…}]
    ▶ 0: {name: 'photoshop', company: 'Adobe'}
    ▶ 1: {name: '3dMax', company: 'Autodesk'}
      length: 2
    ▶ [[Prototype]]: Array(0)
```

图13.3 Chrome控制台打印的myProduct数据

sessionStorage的数据还可以在Chrome浏览器的开发者工具的Application面板中查看。

使用命令npm start启动项目software-labs-client，在浏览器地址栏中输入http://localhost:3000/#/login，然后打开Chrome开发者工具。

打开开发者工具的Application面板，在左侧Session Storage菜单下单击域名http://localhost:3000/，然后在右侧就可以查看sessionStorage的数据，如图13.4所示。

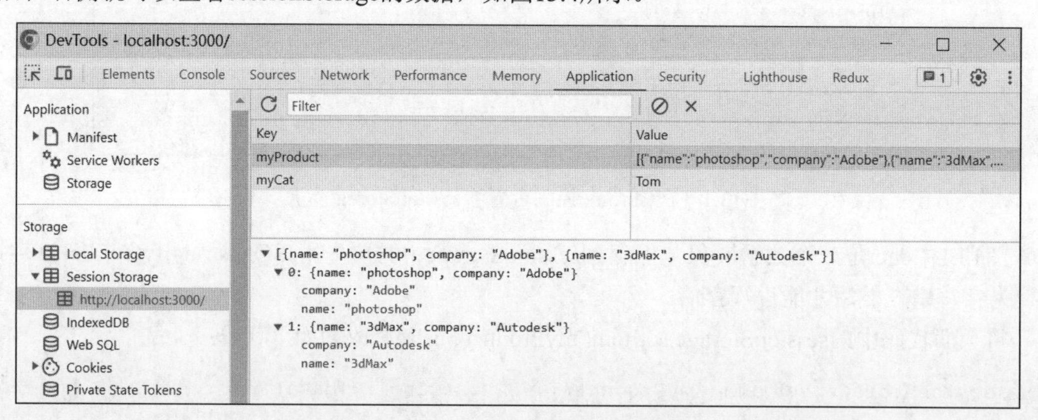

图13.4 在Application面板查看域名localhost:3000下的sessionStorage数据

在实际项目中，sessionStorage常用于临时保存一些需要在组件之间或页面之间共享，但是又不方便每次从Redux中获取的数据。例如，在本书案例计算机选购配置系统中，每个接口都需要传入语言参数lang，如果将它保存到Redux中，那么每次调用不同接口时都需从Redux中取出然后传入接口。但是如果将它保存到sessionStorage中，那么只需要在统一处理接口的函数中拼接一次即可。

在software-labs-client项目中，打开src/features/wrappers/actions.js，代码如下：

```
01  import { createSlice } from '@reduxjs/toolkit';
02  import _ from 'lodash';
03
04  const initialState = {
05    preferences: {
06      region: '',
07      countryName: '',
08      countryCode: undefined, //for antd select show placeholder
09      currency: '',
10      language: '',
11      languageCode: ''
12    }
13  };
14
15  //reducers
16  const reducers = {
17    updatePreferences: (state, action) => {
18      state.preferences = {...state.preferences, ...action.payload};
19      window.sessionStorage.setItem('lang', state.preferences.languageCode);
20    }
21  }
22
23  export const wrappersSlice = createSlice({
24    name: 'wrappers',
25    initialState,
26    reducers,
27  });
28
29  //actions
30  export const { updatePreferences } = wrappersSlice.actions;
31
32  export default wrappersSlice.reducer;
```

代码解析：

- 第01行引入createSlice。
- 第02行引入工具库lodash。
- 第04～13行初始化state。
- 第16～21行定义reducers。
- 第17行定义updatePreferences，用于更新preferences。
- 第19行将lang（即语言编码）存入sessionStorage。
- 第23～27行定义wrappersSlice。
- 第30行导出updatePreferences。
- 第32行导出reducer。

在software-labs-client的src/help/utils.js中，创建了函数generateApiUrl，用于统一拼接接口URL，代码如下：

```
01  export const generateApiUrl = (key, params = {}) => {
```

```
02      const query = [];
03      const prefix = '/api';
04      params['lang'] = window.sessionStorage.getItem('lang');
05      for(let key in params){
06          if(params[key]){
07              const str = key + '=' + params[key];
08              query.push(str);
09          }
10      }
11      return _.isEmpty(query) ? prefix + api[key] : prefix + api[key] + '?' +
query.join('&');
12  }
```

代码解析：

- 第04行从sessionStorage中获取lang，并将其赋值给params对象的lang属性。
- 第05~10行遍历params，将参数拼接成URL的query。
- 第11行进行判断，如果query为空，那么最终接口地址是prefix前缀+api地址；否则，最终接口地址是prefix前缀+api地址+?+query。

13.2 localStorage

localStorage是window对象上的一个属性，它也是前端保存数据的一种方式。与sessionStorage相比，这种方式将数据保存到硬盘中，是永久的，即使关闭浏览器选项卡/窗口，存储的数据也将保持可用，除非用户手动清除。

localStorage中保存数据的大小上限也是5MB。localStorage的使用与sessionStorage类似。

保存数据到localStorage，代码如下：

```
localStorage.setItem('key', 'value');
```

从localStorage中获取数据，代码如下：

```
let data = localStorage.getItem('key');
```

从localStorage中删除保存的数据，代码如下：

```
localStorage.removeItem('key');
```

从localStorage中删除所有保存的数据，代码如下：

```
localStorage.clear();
```

localStorage在保存对象类型的数据时与sessionStorage类似，也使用JSON.stringify()将对象转换为字符串后保存。从localStorage中取某对象的属性值时，先使用JSON.parse()将字符串转换为对象，然后获取该对象的属性值。

localStorage数据的查看方式与sessionStorage类似，除了控制台打印之外，还可以在Chrome浏览器的开发者工具的Application面板中查看，不同的是要单击左侧的Local Storage菜单。

在实际项目中，localStorage可用于记录用户的某次行为，当用户下次登录网站时，默认展示用户上次行为对应的UI。

13.3　cookie

cookie也是客户端存储的一种方式，不过它参与服务器通信，存储大小为4KB，可以设置生命周期，在设置的生命周期内有效。每次请求的时候，请求头会自动包含本网站此目录下的cookie数据。简单地说，cookie就是服务器端留给计算机用户浏览器端的小文件。

在实际项目中，cookie常用于网上商城记录购物车数据。为cookie设置一个过期时间，只要客户不清除购物车信息，则每次登录后都显示上次的购物车信息。

在浏览器端获取cookie的值使用如下代码：

```
allCookies = document.cookie;
```

在上面的代码中，allCookies被赋值为一个字符串，该字符串包含所有的cookie，每个cookie以“分号和空格”分隔（即key=value键值对）。

写入一个新cookie使用如下代码：

```
document.cookie = newCookie;
```

newCookie是一个键值对形式的字符串。需要注意的是，用这个方法一次只能对一个cookie进行设置或更新。

对于cookie的设置和更新，可以使用键值对，每个键值对使用分号和空格分隔。cookie的属性主要有path、domain、max-age、expires和secure，每个属性都是可选的，不是必须包含的。

- ;path=path：例如'/'、'/mydir'。如果没有定义，则默认为当前文档位置的路径。
- ;domain=domain：例如'example.com'、'subdomain.example.com'。如果没有定义，则默认为当前文档位置的路径的域名部分。与早期规范相反的是，在域名前面加“.”符号，则该域名将会被忽视，因为浏览器也许会拒绝设置这样的cookie。如果指定了一个域，那么子域也包含在内。
- ;max-age=<seconds>：此项可以规定资源的缓存有效时间长度，单位为秒。seconds就是秒数。例如，如果设置时间为一年，就是60 × 60 × 24 × 365秒）。
- ;expires=date-in-GMTString-format：此项如果没有定义，则cookie会在对话结束时过期。这个值的格式参见Date.toUTCString()。
- ;secure：有此项时表示cookie只通过HTTPS协议传输。

另外，cookie的字符串值可以用encodeURIComponent() (en-US)来保证它不包含任何逗号、分号或空格（cookie禁止使用这些值）。

下面是cookie的一个简单的用法示例：

```
document.cookie = "name=oeschger";
document.cookie = "favorite_food=tripe";
console.log(document.cookie);
```

打开Chrome控制台输入上面的代码，打印结果为：name=oeschger;favorite_food=tripe，如图13.5所示。

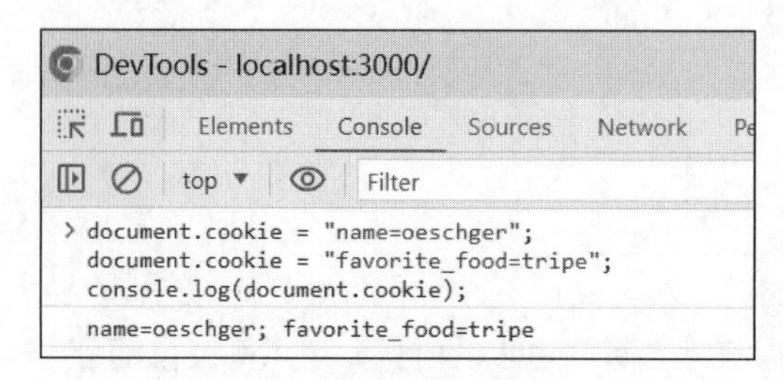

图13.5　在Chrome控制台打印cookie数据

在下面的例子中通过replace方法结合正则表达式获取cookie中test2的值，代码如下：

```
    document.cookie = "test1=Hello";
    document.cookie = "test2=World";
    var myCookie =
document.cookie.replace(/(?:(?:^|.*;\s*)test2\s*\=\s*([^;]*).*$)|^.*$/, "$1");
    console.log(myCookie);
```

打开Chrome控制台输入上面的代码，打印结果为：World，如图13.6所示。

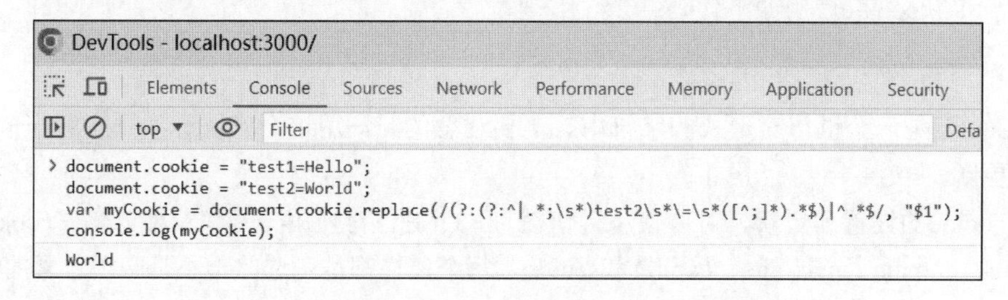

图13.6　在Chrome控制台打印cookie中test2的值

cookie的数据还可以在Chrome浏览器的开发者工具的Application面板中查看。

使用命令npm start启动项目software-labs-client，在浏览器地址栏中输入http://localhost:3000/#/login，然后打开Chrome开发者工具。

打开开发者工具的Application面板，在左侧Cookies菜单下单击域名http://localhost:3000/，然后在右侧就可以查看cookie的数据，如图13.7所示。

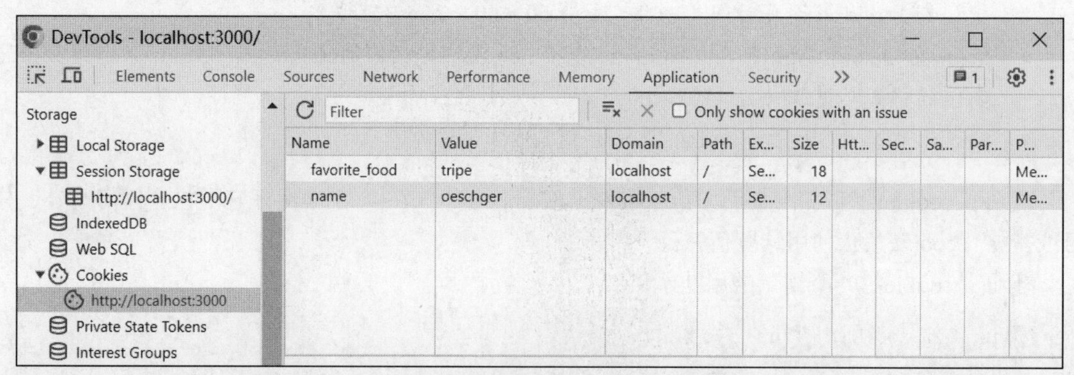

图13.7　在Application面板查看域名localhost:3000下的cookie数据

使用原生JavaScript操作cookie比较麻烦，尤其是从cookie中获取值时，由此产生了一些专门的库，它们简化了document.cookie 的获取方法。例如js-cookie，它的文档地址是https://www.npmjs.com/package/js-cookie。

在使用js-cookie之前，先在命令行输入如下代码进行安装：

```
npm install js-cookie
```

js-cookie的使用和其他模块一样，通过import引入，示例代码如下：

```
01  import Cookies from "js-cookie";
02  Cookies.set('name', 'value')
03  Cookies.get('name')
04  Cookies.get('nothing')
05  Cookies.get()
06  Cookies.remove('name')
07  Cookies.set('key', 'value', { expires: 27 });//创建有效期为27天的cookie
08  Cookies.set('key', 'value', { expires: 17, path: '' });
```

代码解析：

- 第01行引入js-cookie。
- 第02行写入cookie。
- 第03行读取cookie中name的值，为value。
- 第04行读取cookie中nothing的值，为undefined。
- 第05行读取所有可见的cookie。
- 第06行使用Cookies.remove删除cookie中的某项值，此处删除cookie中name的值。
- 第07行创建有效期为27天的cookie。
- 第08行可以通过配置path，为当前页创建有效期17天的cookie。

注意，如果保存的是对象，例如：

```
userInfo = {age:111,score:90};
Cookie.set('userInfo',userInfo);
```

则获取的userInfo需要进行JSON解析，解析为对象：

```
let res = JSON.parse(Cookie.get('userInfo'));
```

还可以使用以下方法进行JSON解析：

```
Cookie.getJSON('userInfo');
```

随着现代浏览器开始支持各种各样的存储方式，cookie逐渐被淘汰。因为服务器指定cookie后，浏览器的每次请求都会携带cookie数据，会带来额外的性能开销（尤其是在移动环境下）。

13.4 IndexDB

IndexDB是前端领域的数据库，数据保存在用户硬盘上，主要用于客户端存储大量数据。与

cookie、localStorage等存储方式相比，IndexDB保存的数据量很大，至少为250MB，而且没有失效时间，要清除数据则需手动清除。IndexDB虽然可保存的数据量大，但是每次请求消耗的性能也大。

IndexedDB没有表的概念，它只有仓库（store）的概念，我们可以把仓库理解为表，即一个store是一张表。IndexedDB支持事务，即对数据库进行操作时，只要失败了，都会回滚到最初始的状态，确保数据的一致性。

IndexDB的基本操作包括打开数据库、关闭数据库、删除数据库等。

打开数据库使用indexedDB.open()方法，代码如下：

```
var request = window.indexedDB.open(databaseName, version)
```

这个方法接受两个参数。第一个参数是字符串，表示数据库的名字，如果指定的数据库不存在，就会新建数据库。第二个参数是整数，表示数据库的版本，如果省略，则在打开已有数据库时，默认为当前版本；新建数据库时，该参数值默认为1。

indexedDB.open()方法返回一个IDBRequest对象，这个对象通过error、success和upgradeneeded事件来处理打开数据库的操作结果。

关闭数据库使用indexdb.close()方法。

删除数据库使用window.indexedDB.deleteDatabase(indexdb)方法。

IndexedBD的具体操作以参见官方文档，文档地址为https://developer.mozilla.org/zh-CN/docs/Web/API/IndexedDB_API。

IndexedDB是一种底层API，虽然很强大，但是直接使用较为复杂，一个简单的问题可能需要很多代码。推荐使用封装好的工具库，例如localForage。它在用法上靠近Promise，方便执行回调函数，并且有降级策略。如果浏览器不支持IndexedDB或WebSQL，则使用localFtorage，它在用法上类似Web Storage API。例如：

```
01  localforage.getItem(key, successCallback)
02  localforage.setItem(key, value, successCallback)
03  localforage.removeItem(key, successCallback)
04  localforage.clear(successCallback)
```

代码解析：

- 第01行表示读取key，读取成功后执行successCallback。
- 第02行表示设置key，设置成功后执行successCallback。
- 第03行表示删除key，删除成功后执行successCallback。
- 第04行表示清除所有项，清除成功后执行successCallback。

localFtorage支持强制设置特定的驱动：IndexedDB、WebSQL、localStorage。如下代码设置驱动：

```
localforage.setDriver([driverName, nextDriverName])
localforage.config({ driver })
```

localForage还提供了几个API，以获取当前数据仓库的数据：

```
01  localforage.length(successCallback)
02  localforage.keys(successCallback)
03  localforage.iterate(iteratorCallback, successCallback)
```

代码解析：

- 第01行获取数据仓库中key的数量。
- 第02行获取数据仓库中所有的key。
- 第03行迭代数据仓库中的所有键值对。

例如，在项目中创建一个localForage数据库，代码如下：

```
01  import {createInstance, INDEXEDDB} from 'localforage';
02  var store = localforage.createInstance({
03    name: "configuration",
04    driver: INDEXEDDB
05  });
06  store.setItem('somekey', 'some value').then(function (value) {
07     console.log(value);
08  })
09  .catch(function(err) {
10     console.log(err);
11  });
```

代码解析：

- 第01行从localForage中引入createInstance和INDEXEDDB。
- 第02行创建本地数据库，名字是configuration，驱动是INDEXEDDB。
- 第06行向数据库中增加属性名和值。当值被存储后，执行第7行代码；当出错时，执行第10行代码。

13.5　LevelDB

LevelDB是Google传奇工程师Jeff Dean和Sanjay Ghemawat开源的一款超高性能Key-Value存储引擎，以其惊人的读性能和更加惊人的写性能在轻量级NoSQL数据库中独占鳌头。此开源项目目前支持处理十亿级别规模Key-Value型数据持久性存储的C++程序库。在优秀的表现下其占用的内存也非常小，大量数据都直接存储在磁盘上，可以理解为以空间换取时间。

LevelDB提供基本的put(key,value)、get(key)、delete(key)操作，可以创建数据全景的snapshot（快照），并允许在快照中查找数据。基于以上特性，很多区块链项目都是采用LevelDB来存储数据。

在Node.js环境下使用LevelDB数据库，需要第三方npm包levelup、memdown和encoding-down的支持。使用前先安装依赖环境：

```
npm install levelup memdown encoding-down
```

创建文件levelupDB.js，其中封装了LevelupDB数据库的存取、删除、清空操作，代码如下：

```
01  const levelup = require('levelup')
02  const memdown = require('memdown')
03  const encode = require('encoding-down')
04
```

```
05  class LevelupCreator {
06    constructor(name, type) {
07      this.name = name;
08      this.db = levelup(encode(memdown(), {valueEncoding: type}));
09    }
10
11    async setItem(id, value) {
12      try {
13        if (value === null) {
14          await this.db.put(id, 'LEVELUP_NOT_SUPPORT_NULL');
15        } else if (value === undefined) {
16          await this.db.put(id, 'LEVELUP_NOT_SUPPORT_UNDEFINED')
17        } else {
18          await this.db.put(id, value);
19        }
20      } catch (e) {
21        this.warn(e);
22      }
23    }
24
25    async getItem(id) {
26      if (!id) {
27        return null;
28      }
29      if (id.indexOf('undefined') !== -1) {
30        return null;
31      }
32      let value;
33      try {
34        value = await this.db.get(id);
35      } catch (e) {
36        console.log('[LevelDB] Get item from database fail!')
37      }
38      if (value === 'LEVELUP_NOT_SUPPORT_NULL') {
39        return null;
40      }
41      if (value === 'LEVELUP_NOT_SUPPORT_UNDEFINED') {
42        return undefined;
43      }
44      return value;
45    }
46
47    async removeItem(id) {
48      try {
49        await this.db.del(id)
50      } catch (e) {
51        this.warn('[LevelDB] Remove item[id=', id, '] from database fail!')
52      }
53    }
54
55    async clear() {
```

```
56        try {
57          await this.db.clear()
58        } catch (e) {
59          this.warn('[LevelDB] Clear database fail!')
60        }
61      }
62
63      warn(message) {
64        console.warn(message);
65      }
66    }
67
68    export const createLevelUpInstance = ({name = '', type = 'json'}) => {
69      return new LevelupCreator(name, type);
70    }
71
72    const inMemoryDB = createLevelUpInstance({name: 'configuration', type:
'json'});
73
74    inMemoryDB.setItem('example', 123);
```

代码解析：

- 第01行引入levelup，用于在Node.js环境下使用LevelDB数据库，遵循LevelDB特性。
- 第02行引入memdown，用于Node.js和浏览器的内存存储。
- 第03行引入encoding-down，用于对写入进行编码并对读取进行解码。因为像memdown这样的存储只能存储字符串和缓冲区，其他类型虽然也被接受，但在存储之前会被序列化，这是一种不可逆的类型转换。为了丰富数据类型集，可以使用encoding-down来包装memdown，它不仅扩大了输入类型的范围，而且限制了输出类型的范围。
- 第05行创建类LevelupCreator。
- 第06 ~ 09行创建类的构造函数constructor，其中包含属性name和db。
- 第8行执行levelup(encode(memdown(), {valueEncoding: type}))创建LevelDB数据库，指向变量db。
- 第11 ~ 23行定义setItem函数，用于将数据插入数据库。函数内使用this.db.put将数据插入数据库；根据value值进行判断，如果value是null或undefined，则将字符串LEVELUP_NOT_SUPPORT_NULL和LEVELUP_NOT_SUPPORT_UNDEFINED保存到数据库中。
- 第25 ~ 45行定义getItem函数，用于从数据库获取数据。使用了this.db.get(id)方法。
- 第47 ~ 53行定义removeItem函数，用于删除数据库中的某条数据。使用了this.db.del(id)方法。
- 第55 ~ 61行定义clear函数，用于清空数据库。使用了this.db.clear()方法。
- 第63 ~ 66行定义warn函数，用于在控制台输入warning。
- 第68 ~ 70行定义createLevelUpInstance函数。该函数返回LevelupCreator的实例。
- 第72行执行createLevelUpInstance函数，生成一个名为configuration、类型是JSON的数据库，该数据库执行变量inMemoryDB。
- 第74行执行inMemoryDB.setItem('example', 123)，向数据库添加属性example，属性值是123。

13.6 小结

本章主要介绍了前端存储的几种方式，包括sessionStroage、localStorage、cookie、IndexDB和LevelDB，并详细讲解了它们的用法和使用场景。这些浏览器端保存数据的方式在实际项目中经常会用到，掌握它们的用法可以使前端人员在开发中更加得心应手。

第14章 中间件

在React项目中，经常会用到各种功能的中间件，这些中间件对于项目的顺利开发起着重要作用。本章将介绍项目中常用的中间件。

本章主要涉及的知识点有：

- 什么是中间件
- 中间件的作用
- 项目中常用的中间件

14.1 什么是中间件

中间件是一个定义松散的术语，指的是使系统各部分能够通信和管理数据的软件或服务。它是处理组件和输入/输出之间通信的软件。

中间件有时被称为管道，因为它将两个应用程序连接在一起，这样数据就可以很容易地在“管道”之间传递。

常见的中间件包括数据库中间件、应用服务器中间件、面向消息的中间件、Web中间件和事务处理监视器。

1. 中间件的作用

在Web开发领域，中间件被广泛用于服务器端技术，如Laravel、ExpressJS、nestJS等。

中间件是一组函数，在路由处理程序之前按给定顺序执行。每个中间件都可以访问请求信息和引用下一个中间件。并可以在其中对请求的信息进行处理。

中间件的概念后来被前端人员采纳，主要用于状态管理库的应用。例如，在Redux、Mobx和Vuex中，提供了一种在dispatch和action之间运行代码的方式。

有了中间件的帮助，开发人员可以专注于编写应用程序的业务逻辑。

2. 中间件示例

下面定义一个函数来创建一个中间件链，并按照给定的顺序执行所有的中间件函数，每个中间件函数处理的数据都是上一个中间件处理完成的数据。代码如下：

```
01  import { initial, final } from './log';
02  import localStorage from './localStorage';
03  export default ({ state, action, handler }) => {
04    const chain = [initial, handler, localStorage, final];
05    return chain.reduce((st, fn) => fn(st, action), state);
06  };
```

代码解析：

- 第01行从log.js中引入两个函数，initial和final，这两个函数也就是分别在控制台上记录初始状态和结束状态的中间件。
- 第02行引入localStorage函数。
- 第03～06行定义并导出了default函数。
- 第04行定义数组chain，该数组是4个函数的集合。
- 第05行通过reduce方法，按顺序调用chain中的函数并执行，将上一次的state作为参数传入每个函数。

下面是initial函数的代码，它是一个在控制台上记录初始状态的中间件。代码如下：

```
const initial = (state, action) => {
  console.log(action);
  console.log(state);
  return state;
};
```

14.2 项目中常用的中间件

React项目中有很多中间件的应用，例如对于Redux中的状态管理中间件，它们提供了一个分类处理action的机会，在middleware中可以检查每一个流过的action，并挑选出特定类型的action进行相应操作。

14.2.1 applyMiddleware

Redux提供了applyMiddleware来加载middleware，示例代码如下：

```
01  import {applyMiddleware, compose} from 'redux';
02  Import {M1, M2, M3} from './customMiddlewares';
03  const middleware = [M1, M2, M3];
04  const enhancer = compose(
05        applyMiddleware(...middleware),
06        window.devToolsExtension ? window.devToolsExtension() : f => f,
```

```
07        persistState(
08          window.location.href.match(
09            /[?&]debug_session=([^&#]+)\b/
10          )
11        )
12      );
13  return createStore(reducers, initState, enhancer);
```

代码解析：

- 第01行从Redux中引入applyMiddleware和compose。
- 第02行从自定义文件customMiddlewares中引入函数M1、M2和M3。
- 第03行将M1、M2和M3组成一个数组middleware。
- 第05行调用applyMiddleware(...middleware)使M1、M2和M3函数按照顺序执行。

14.2.2 redux-thunk

使用了redux-thunk后，dispatch可以支持将函数作为参数。也就是说redux-thunk中间件改写了Redux的dispatch()方法。redux-thunk中间件的源代码如下：

```
function createThunkMiddleware(extraArgument) {
  return ({dispatch, getState}) => next => action => {
    if(typeof action === 'function'){
      return action(dispatch, getState, extraArgument)
    }
    return next(action);
  }
}
const thunk = createThunkMiddleware();
Thunk.withExtraArgument = createThunkMiddleware;
Export default thunk;
```

在上面的代码中，判断action是否为函数，如果是函数，则执行action(dispatch, getState, extraArgument)。

在React项目中进行异步请求时，用到了redux-thunk中间件。示例代码如下：

```
01  import { createStore, applyMiddleware } from 'redux';
02  import thunk from 'redux-thunk';
03  import rootReducer from './reducers';
04  const store = createStore(rootReducer, applyMiddleware(thunk));
05  function fetchSecretSauce() {
06    return fetch('https://www.baidu.com/s?wd=Secret%20Sauce');
07  }
08
09  function makeASandwich(forPerson, secretSauce) {
10    return { type: 'MAKE_SANDWICH', forPerson, secretSauce };
11  }
12
13  function apologize(fromPerson, toPerson, error) {
14    return { type: 'APOLOGIZE', fromPerson, toPerson, error };
```

```
15   }
16
17   function makeASandwichWithSecretSauce(forPerson) {
18     return function (dispatch) {
19       return fetchSecretSauce()
20             .then( (sauce) => dispatch(makeASandwich(forPerson, sauce)),
21             (error) => dispatch(apologize('The Sandwich Shop', forPerson,
error)), );
22     };
23   }
24   store.dispatch(makeASandwichWithSecretSauce('Me'));
```

代码解析：

- 第04行调用createStore，在applyMiddleware中传入thunk中间件。
- 第05行定义函数fetchSecretSauce，用于发起网络请求。
- 第09～15行定义两个普通的action函数。
- 第17行定义makeASandwichWithSecretSauce函数。这是一个异步action，先请求网络，如果成功就执行dispatch(makeASandwich(forPerson, sauce))，如果失败就执行dispatch(apologize('The Sandwich Shop', forPerson, error))。

14.3 小结

本章主要介绍了中间件的概念和作用，并通过示例代码讲解了常用的中间件applyMiddleware和redux-thunk的使用方法。

第15章 高阶组件

在React项目中，常用到各种内置的高阶组件，有时还需要根据项目需求自定义高阶组件。高阶组件对于项目的开发和优化有着重要的作用。

本章主要涉及的知识点有：

- 高阶函数和高阶组件
- 高阶组件的作用
- 自定义高阶组件

15.1 高阶函数和高阶组件

高阶函数在JavaScript代码中随处可见，而高阶组件（High-Order Components，简称HOC）是React项目开发中常常听到的术语。两者都是函数。

1. 高阶函数

如果一个函数的参数是函数或者一个函数的返回值是函数，那么这个函数就是高阶函数。

1）ForEach()函数

假如有这样一个需求，给定一个数组，在数组的每个数字上加1，并将其显示在控制台中，代码如下：

```
const numbers = [1, 2, 3, 4, 5];

function addOne(array) {
  for (let i = 0; i < array.length; i++) {
    console.log(array[i] + 1);
  }
}
```

```
addOne(numbers);
```

上面的代码中，函数addOne()接收一个数组，通过for语句遍历数组，在数组中的每个数字上加1，并将其显示在控制台中。数组中的原始值保持不变，调用函数可以为数组中的每个值执行某些操作。

上面的代码虽然可以得到正确结果，但是使用高阶函数forEach()，可以简化上述过程，代码如下：

```
const numbers = [1, 2, 3, 4, 5];
numbers.forEach((number) => console.log(number + 1));
```

上面的代码中，forEach是一个高阶函数，它接收一个匿名函数，这个匿名函数接收数组中的每个元素作为参数，并通过console.log打印出每个元素加1的值。

JavaScript 内 置 的 高 阶 函 数 还 有 Array.prototype.map 、 Array.prototype.reduce 、Array.prototype.filter和Array.prototype.sort。它们都接收一个函数作为参数，并将这个函数应用到列表中的每一个元素。

2）map()函数

map()函数用于生成一个新数组，并且不改变原始数组的值，其结果是该数组中的每个元素都调用一个提供的函数后返回的结果。使用语法如下：

```
array.map(callback,[ thisObject]);
```

在Chrome控制台输入下面的代码：

```
const arr1 = [1, 2, 3, 4];
const arr2 = arr1.map(item => item * 2);
console.log( arr2 );
console.log( arr1 );
```

打印结果为：arr2=[2, 4, 6, 8]，arr1=[1, 2, 3, 4]。

注意，map高阶函数的callback需要有return值，否则所有项映射为undefind。

3）reduce()函数

reduce()函数对数组中的每个元素执行一次提供的reducer函数，并将其结果汇总为单个返回值。传递给reduce的回调函数Callback接收四个参数，分别是accumulator（累加器）、currentValue（正在操作的元素）、currentIndex（元素索引，可选）和array（原始数组本身，可选）。除了callback之外，reduce还可以接受初始值initialValue，此值可选。

在Chrome控制台输入下面的代码：

```
const arr = [0, 1, 2, 3, 4];
let sum = arr.reduce((accumulator, currentValue, currentIndex, array) => {
  return accumulator + currentValue;
}, 10);
console.log( sum );
console.log( arr );
```

打印结果为：sum=20，arr=[0, 1, 2, 3, 4]。

4）filter()函数

filter(过滤、筛选)函数用于创建一个新数组，并且原始数组不发生改变。使用语法如下：

```
array.filter(callback,[ thisObject]);
```

其中包含通过提供的函数实现测试的所有元素。接收的参数和map函数是一样的。filter的callback函数需要返回布尔值true或false，如果为true则表示通过；如果为false则表示失败。其返回值是一个新数组，由测试为true的所有元素组成；如果没有任何数组元素通过测试，则返回空数组。

例如，现在有一个数组[1, 2, 1, 2, 3, 5, 4, 5, 3, 4, 4, 4, 4]，我们想要生成一个新数组，这个新数组要求没有重复的内容，即去重。在Chrome控制台输入下面的代码：

```
const arr1 = [1, 2, 1, 2, 3, 5, 4, 5, 3, 4, 4, 4, 4];
const arr2 = arr1.filter( (element, index, self) => {
  return self.indexOf( element ) === index;
});
console.log( arr2 );
console.log( arr1 );
```

打印结果为：arr2=[1, 2, 3, 5, 4]，arr1=[1, 2, 1, 2, 3, 5, 4, 5, 3, 4, 4, 4, 4]。

5）sort()函数

sort()函数使用排序算法对数组的元素进行排序，并返回该数组。该排序方法会在原数组上直接进行排序，而不会生成一个排好序的新数组。此外，现在的排序算法是稳定的，默认根据字符串Unicode码点进行排序。使用语法如下：

```
arr.sort([compareFunction])
```

compareFunction参数是可选的，用来指定按某种顺序进行排列的函数。

在Chrome控制台输入下面的代码：

```
var arr = [10, 20, 1, 2];
arr.sort( (x, y) => {
  if (x < y) {
    return -1;
  }
  if (x > y) {
    return 1;
  }
  return 0;
});
console.log(arr);
```

打印结果为：arr=[1, 2, 10, 20]。

在项目中，除了经常使用的内置高阶函数之外，还可以自定义高阶函数。

2. 高阶组件

如果一个函数的参数是组件并且返回一个新的组件，那么这个函数就是高阶组件。

高阶组件的概念用代码可以表示为：

```
const newComponent = higherFunction(WrappedComponent);
```

其中，newComponent是得到的新组件，也叫增强组件。higherFunction是一个函数，该函数将增强组件WrappedComponent。WrappedComponent是即将扩展其功能的组件。

1）connect 组件

React Redux中的connect函数是一个内置的高阶组件，它将Redux store连接到React组件，使组件可以访问和更新store中的状态。

connect的语法如下：

```
connect([mapStateToProps], [mapDispatchToProps], [mergeProps], [options])
```

connect有4个参数，常用的是前两个参数，后面两个很少用到。其中，第一个参数是mapStateToProps，这个函数允许将store中的数据作为props绑定到组件上。在组件中使用mapStateToProps的示例代码如下：

```
const PeopleUI = () => {...}
const mapStateToProps = (state) => {
  return {
    themeColor: state.themeColor
  }
}
export const People = connect(mapStateToProps)(PeopleUI)
```

上面的代码中，connect返回的是一个函数，因此还要再一次调用并传入组件PeopleUI。

connect高阶组件的部分源代码如下：

```
const connect = (mapStateToProps) => (PeopleUI) => {
  class Connect extends Component {
    static contextTypes = {
      store: PropTypes.object
    }

    constructor () {
      super();
      this.state = { allProps: {} }
    }

    componentWillMount () {
      const { store } = this.context;
      this.setProps();
    }

    setProps () {
      const { store } = this.context;
      let stateProps = mapStateToProps(store.getState(), this.props)
      this.setState({
        allProps: {
          ...stateProps,
          ...this.props
        }
      })
    }
```

```
    render () {
      return <PeopleUI {...this.state.allProps} />;
    }
  }
  return Connect
}
```

上面代码中，主要思路就是将mapStateToProps函数作为参数传递给connect。在connect中调用mapStateToProps时，传递给该函数一个真实的store的数据，从而得到mapStateToProps中return返回的对象中的属性值，再将这些属性传递给connect的第二个参数，即需要包装的组件PeopleUI。

connect 的第二个参数是mapDispatchToProps。

由于更改数据必须触发action，因此mapDispatchToProps的主要功能是将action作为props绑定到组件上。在组件中使用mapDispatchToProps的示例代码如下：

```
class PeopleUI extends Component {
  render(){
    const {count, increase, decrease} = this.props;
    return (
     <div>
       <div>计数：{count}次</div>
       <button onClick={increase}>增加</button>
       <button onClick={decrease}>减少</button>
     </div>
    )
  }
}

const mapStateToProps = (state) => {
  return {
    count: state.count
  }
}

const mapDispatchToProps = (dispatch, ownProps) => {
  return {
    increase: (...args) => dispatch(actions.increase(...args)),
    decrease: (...args) => dispatch(actions.decrease(...args))
  }
}

const People = connect(mapStateToProps, mapDispatchToProps)(PeopleUI);
```

在connect高阶组件中，首先通过将store.dispatch传入mapDispatchToProps来获取actions函数，然后将这些actions和props一起传递到需要包装的组件PeopleUI里，代码如下：

```
const connect = (mapStateToProps, mapDispatchToProps) => (PeopleUI) => {
  class Connect extends Component {
    static contextTypes = {
      store: PropTypes.object
    }
```

```
    constructor () {
      super()
      this.state = {
        allProps: {}
      }
    }

    componentWillMount () {
      const { store } = this.context;
      this.setProps();
      store.subscribe(() => this.setProps())
    }

    setProps () {
      const { store } = this.context;
      let stateProps = mapStateToProps
        ? mapStateToProps(store.getState(), this.props)
        : {}
      let dispatchProps = mapDispatchToProps
        ? mapDispatchToProps(store.dispatch, this.props)
        : {}
      this.setState({
        allProps: {
          ...stateProps,
          ...dispatchProps,
          ...this.props
        }
      })
    }

    render () {
      return <PeopleUI {...this.state.allProps} />
    }
  }
  return Connect
}
```

2）Provider 组件

需要和connect配合使用的还有一个React Redux的内置组件Provider。Provider是一个容器组件，它会把嵌套的内容原封不动地作为自己的子组件connect渲染出来。同时还会把外界传给它的props.store保存到context，这样在使用子组件connect的时候就可以获取store对象。Provider组件的实现代码如下：

```
class Provider extends Component {
  static propTypes = {
    store: PropTypes.object,
    children: PropTypes.any
  }
```

```
  static childContextTypes = {
    store: PropTypes.object
  }

  getChildContext () {
    return {
      store: this.props.store
    }
  }

  render () {
    return (
      <div>{this.props.children}</div>
    )
  }
}
```

15.2 高阶组件的作用

如15.1节所讲，高阶组件和高阶函数在React项目中随处可见。

高阶组件是一种组件的转换器，通常用于在组件之间复用逻辑，例如状态管理、数据获取、访问控制等。

假如两个组件之间有重复的交互或业务逻辑，可以将这些可复用部分封装为高阶组件，从而在组件之间复用逻辑，避免代码重复。

使用高阶组件可以将加载状态的逻辑复用在多个组件中，而无须在每个组件中单独实现。

使用高阶组件可以修改传递给组件的props，从而改变组件的行为。

使用高阶组件可以根据特定条件决定是否渲染组件，例如根据权限级别显示或隐藏组件的某些部分。

15.3 自定义高阶组件

在项目中常常根据需求自定义高阶组件，从而达到逻辑复用、访问控制及项目优化的目的。

例如，定义一个组件ClickCounter，在该组件中单击按钮Increment使count数量加1。代码如下：

```
01  function ClickCounter() {
02    const [count, setCount] = useState(0);
03    return (
04      <div>
05        <button onClick={() => setCount((count) => count + 1)}>Increment</button>
06        <p>click count: {count}</p>
07      </div>
08    );
```

```
09  }
10  export default ClickCounter;
```

代码解析：

上面的代码很简单，当单击按钮Increment时，调用setCount函数，将组件内部状态count的值加1。然后触发重新渲染，将count值重新显示到页面上。

现在考虑这种情况：如果业务提出需求，想要在另一个组件上包含相同的功能，但是在onMouseOver事件上触发，该怎么办？我们也可以定义一个HoverCounter组件，代码如下：

```
01  function HoverCounter(props) {
02    const [count, setCount] = useState(0);
03    return (
04      <div>
05        <button onMouseOver={() => setCount((count) => count + 1)}>Increment
</button>
06        <p>hover count: {count}</p>
07      </div>
08    );
09  }
10  export default HoverCounter;
```

上面代码中定义的HoverCounter组件和ClickCounter组件的代码基本一样，除了第5行的事件，一个是onMouseOver，另一个是onClick。

这两个组件具有相似的代码逻辑，我们可以通过定义高阶组件在项目中重用代码逻辑，这也意味着项目具有更少的重复和更优化的可读代码。

首先，创建withCounter.js，在该文件中定义高阶组件UpdatedComponent，代码如下：

```
01  import { useState } from "react";
02  const UpdatedComponent = (OriginalComponent) => {
03    function NewComponent(props) {
04      const [counter, setCounter] = useState(0);
05      return (
06        <OriginalComponent
07          counter={counter}
08          incrementCounter={() => setCounter((counter) => counter + 1)}
09        />
10      );
11    }
12    return NewComponent;
13  };
14  export default UpdatedComponent;
```

代码解析：

- 第01行引入useState函数。
- 第02行定义UpdatedComponent组件，参数是OriginalComponent，它也是一个组件。
- 第03行定义NewComponen组件，参数是props。
- 第04行定义组件内部状态counter的初始值和更新counter的方法setCounter。

- 第05～10行返回OriginalComponent组件，并向其传递参数counter和counter加1的方法incrementCounter。
- 第12行返回NewComponent组件。
- 第14行导出高阶组件UpdatedComponent。

然后，创建HoverIncrease.js，该文件中定义HoverIncrease组件，其中调用了高阶组件UpdatedComponent，代码如下：

```
01  import withCounter from "./withCounter.js"
02  function HoverIncrease(props) {
03   const { counter, incrementCounter } = props;
04   return (
05    <button onMouseOver={() => incrementCounter()}>Increment counter</button>
06    <p>hover count: {counter}</p>
07   )
08  }
09  export default withCounter(HoverIncrease);
```

代码解析：

- 第01行从withCounter.js中引入高阶组件，并重命名为withCounter。
- 第02行定义组件HoverIncrease。
- 第03行从props中获取counter值和incrementCounter方法。
- 第05行当在Increment counter按钮上执行onMouseOver事件时，调用incrementCounter函数使counter值加1。
- 第09行导出组件前先调用withCounter将HoverIncrease组件进行转换。

最后，创建ClickIncrease.js，该文件中定义ClickIncrease组件，其中调用了高阶组件UpdatedComponent，代码如下：

```
01  import withCounter from "./withCounter";
02  function ClickIncrease(props) {
03   const { counter, incrementCounter } = props;
04   return (
05    <button onClick={() => incrementCounter()}>Increment counter</button>
06    <p>click count: {counter}</p>
07   )
08  }
09  export default withCounter(ClickIncrease);
```

代码解析：

- 第05行在按钮上执行了onClick事件。
- 第09行导出组件之前也是先调用withCounter将ClickIncrease组件进行转换。

withCounter.js中的高阶组件可以复用在任意需要计数加1的组件上，从而提高效率并方便维护。

在项目中每个组件由于大小和逻辑不一样，因此加载速度也不同，未加载时常需要展示loading效果。下面创建一个名为withLoading的高阶组件，它将在加载状态下显示一个加载指示器，代码如下：

```
import React from "react";
function withLoading(WrappedComponent) {
 return function WithLoadingComponent({ isLoading, ...props }) {
 if (isLoading) {
return <div>Loading...</div>;
 } else {
 return <WrappedComponent {...props} />; } };
 }
export default withLoading;
```

在上述代码中，我们定义了一个withLoading函数，它接收组件WrappedComponent作为参数，并返回一个新的组件WithLoadingComponent。新组件接收一个名为isLoading的属性，如果isLoading为true，则显示一个加载指示器；否则，渲染WrappedComponent。

假设有一个名为DataList的组件，它接收一个名为data的属性，并将其渲染为一个列表，我们希望在获取数据时显示一个加载指示器。为此，我们可以使用withLoading高阶组件，代码如下：

```
import React from "react";
import withLoading from "./withLoading";
function DataList({ data }) {
 return (
 <ul> {data.map((item, index) => (
 <li key={index}>{item}</li> ))}
 </ul> );
}
const DataListWithLoading = withLoading(DataList);
 export default DataListWithLoading;
```

在这个示例中，首先导入了withLoading高阶组件，然后使用它来包装DataList组件。这将创建一个名为DataListWithLoading的新组件，它在加载状态下显示一个加载指示器，否则显示数据列表。

除了统一处理组件加载之外，高阶组件还可以统一处理权限控制，即在应用程序中，根据用户权限来显示或隐藏某些组件；或者使用高阶组件来实现一个通用的错误处理组件等。凡是需要进行相同处理的组件逻辑，都可以提取到高阶组件中来实现。

15.4 小结

本章主要介绍了高阶函数和高阶组件的概念，高阶组件的本质是一个返回新组件的函数；讲解了高阶组件的作用，以及怎样创建自定义的高阶组件。高阶组件在复杂项目中是非常有用的，它不仅能提高业务逻辑及交互的复用性，还能提高代码的可维护性，减少bug出现的概率。

第16章 国际化

随着经济的全球化，网站或软件系统也需要与时俱进。要拓展海外市场，有一个符合当地市场的语言和文化的网站至关重要。展示的内容或产品需要根据不同国家语言进行翻译，国际化就是一个不可避免的话题。

本章主要涉及的知识点有：

- 什么是国际化
- react-intl
- antd组件国际化

16.1 什么是国际化

有一项调查显示，87%的消费者从来不在外文网站上购物，65%的消费者更喜欢浏览使用其母语的网站，64%的买家认为经本地化的内容更可信。由此可见网站或软件系统本地化的重要性。

对网站或系统进行本地化，意味着要对网站进行国际化处理。国际化指的是对网站代码进行开发或修改，以支持目标地的语言及书写习惯（如货币、日期等）的过程，简称i18n。i18n的来源是英文单词internationalization的首字母i和末字母n，18为中间的字符数。

在前端，不同技术栈对应不同的国际化解决方案。

JQuery使用插件jQuery.i18n.properties，需要配置.properties格式文件。每个国家语言包目录下都会有该文件，它是各个国家的语言包（即配置）。

Vue使用vue-i18n，它是Vue.js的国际化插件。使用vue-i18n可以轻松地将一些本地化功能集成到Vue.js应用程序中。

React可以使用react-i18next或者react-intl。react-i18next是基于i18next的一款强大的国际化框架，可以用于React和react-native应用。react-intl则通过context API的方式为React项目提供多语言支持，可以对文本、数字、日期等进行翻译。

16.2 react-intl

目前有很多优秀的国际化解决方案，它们通常和相应技术栈绑定，但其原理基本都是一致的，都是将页面的文字提取出来进行统一管理，在页面中用id占位置，在不同语言环境下利用映射给这个占位填上不同的文字。

react-intl是为React项目提供的国际化方案。react-int1库提供了将文件文本正确翻译成其他语言的机制。

在React项目中使用react-intl之前，首先要进行安装，安装命令如下：

```
npm install react-intl
```

目前，software-labs-client中react-intl的版本是6.0.5，安装后，package.json如图16.1所示。

```
5   "dependencies": {
6     "@reduxjs/toolkit": "^1.9.5",
7     "@testing-library/jest-dom": "^5.16.5",
8     "@testing-library/react": "^13.4.0",
9     "@testing-library/user-event": "^13.5.0",
10    "antd": "^5.4.3",
11    "axios": "0.27.2",
12    "axios-mock-adapter": "1.21.4",
13    "css-loader": "6.5.1",
14    "lodash": "4.17.21",
15    "react": "^18.2.0",
16    "react-dom": "^18.2.0",
17    "react-intl": "6.0.5",
18    "react-redux": "8.0.2",
19    "react-router-dom": "6.3.0",
20    "react-scripts": "5.0.1",
21    "sass": "1.53.0",
22    "sass-loader": "12.3.0",
23    "style-loader": "3.3.1",
24    "uuid": "8.3.2",
25    "web-vitals": "^2.1.4"
26  },
```

图16.1 package.json

接下来配置多语言的映射关系。打开software-labs-client项目中的src/help/translations/，在translations中将有一系列JSON文件，这些文件用于保存翻译后的文案。例如，zh.json用于保存所有中文下的文案，en.json用于保存英文文案，de.json用于保存德语文案，fr.json用于保存法语文案。其他语言文案创建方法与之类似。

打开zh.json文件，代码如下：

```
{
    "China": "中国",
    "Australia": "澳大利亚",
    "Indonesia": "印度尼西亚",
    "Japan": "日本",
    "Malaysia": "马来西亚",
    "New Zealand": "新西兰",
    "Philippines": "菲律宾",
```

```
    "Singapore": "新加坡",
    "South Korea": "韩国",
    "Sri Lanka": "斯里兰卡",
    "Thailand": "泰国",
    "Vietnam": "越南",
    "Albania": "阿尔巴尼亚",
    "Algeria": "阿尔及利亚",
    "Angola": "安哥拉",
    "Armenia": "亚美尼亚",
    "Austria": "奥地利",
    "Azerbaijan": "阿塞拜疆",
    "Bahrain": "巴林",
    "Belarus": "白俄罗斯",
    "Belgium": "比利时",
    "Bosnia & Herzegovina": "波斯尼亚和黑塞哥维那",
    "Botswana": "博茨瓦纳",
    "Bulgaria": "保加利亚",
    "Cameroon": "喀麦隆",
    "Côte d'Ivoire": "科特迪瓦",
    "Croatia": "克罗地亚",
    "Cyprus": "塞浦路斯",
    "Czechia": "捷克",
    "Denmark": "丹麦",
    "Egypt": "埃及",
    "Estonia": "爱沙尼亚",
    "Finland": "芬兰",
    "France": "法国",
    "Georgia": "格鲁吉亚",
    "Germany": "德国",
    "Ghana": "加纳",
    "Greece": "希腊",
    "Hungary": "匈牙利",
    "Ireland": "爱尔兰",
    "Israel": "以色列",
    "Italy": "意大利",
    "Jordan": "乔丹",
    "Kazakhstan": "哈萨克斯坦",
    "Kenya": "肯尼亚",
    "Kosovo": "科索沃",
    "Kuwait": "科威特",
    "Latvia": "拉脱维亚",
    "Lebanon": "黎巴嫩",
    "Lithuania": "立陶宛",
    "North Macedonia": "北马其顿",
    "Mauritius": "毛里求斯",
    "Moldova": "摩尔多瓦",
    "Morocco": "摩洛哥",
    "Netherlands": "荷兰",
    "Nigeria": "尼日利亚",
    "Norway": "挪威",
    "Oman": "阿曼",
```

```
        "Pakistan": "巴基斯坦",
        "Poland": "波兰",
        "Portugal": "葡萄牙",
        "Qatar": "卡塔尔",
        "Romania": "罗马尼亚",
        "Russia": "俄罗斯",
        "Saudi Arabia": "沙特阿拉伯",
        "Senegal": "塞内加尔",
        "Serbia": "塞尔维亚",
        "Slovakia": "斯洛伐克",
        "Slovenia": "斯洛文尼亚",
        "South Africa": "南非",
        "Spain": "西班牙",
        "Sweden": "瑞典",
        "Switzerland": "瑞士",
        "Tajikistan": "塔吉克斯坦",
        "Tunisia": "突尼斯",
        "Turkiye": "土耳其",
        "Turkmenistan": "土库曼斯坦",
        "Uganda": "乌干达",
        "Ukraine": "乌克兰",
        "United Arab Emirates": "阿拉伯联合酋长国",
        "United Kingdom": "英国",
        "Uzbekistan": "乌兹别克斯坦",
        "Argentina": "阿根廷",
        "Bolivia": "玻利维亚",
        "Brazil": "巴西",
        "Chile": "智利",
        "Colombia": "哥伦比亚",
        "Ecuador": "厄瓜多尔",
        "Mexico": "墨西哥",
        "Paraguay": "巴拉圭",
        "Peru": "秘鲁",
        "Uruguay": "乌拉圭",
        "Venezuela": "委内瑞拉",
        "Canada": "加拿大",
        "United States": "美国",
        "Chinese": "中文",
        "English": "英语",
        "Step 1: Choose a market": "第一步：选择市场",
        "Step 2: Software selection": "步二步：选择软件",
        "Price shown is C-Price. Lenovo confidential. Price includes TopSeller PN if
applicable": "显示的价格为C价格。联想机密。价格包括TopSeller PN（如适用）",
        "Success": "成功",
        "Incorrect username or password": "用户名或密码错误",
        "User already exists": "用户名已存在",
        "Register success": "注册成功",
        "Welcome to Software Labs": "欢迎来到软件实验室",
        "Software Labs can help you find a more suitable hardware solution based on your
requirement.": "软件实验室可以根据你的需求帮助你找到更合适的硬件解决方案。",
        "Username": "用户名",
```

```
    "Password": "密码",
    "Please input your username!": "请输入用户名!",
    "Please input your password!": "请输入密码!",
    "Remember me": "记住我",
    "register now!": "现在注册!",
    "Or": "或者",
    "LOGIN": "登录",
    "REGISTER": "注册",
    "Logout": "登出",
    "user": "用户",
    "SEARCH": "搜索",
    "We Help You Make The Right Software Decisions.": "我们帮助你做出正确的软件决策。",
    "Online Tool to suggest the Good/Better/Best Desktop & Mobile Workstation configurations(Top Sellers whenever possible),considering the software/applications (ISVs) the customer is using.": "考虑到客户正在使用的软件/应用程序（ISV），建议良好/更好/最佳桌面和移动工作站配置的在线工具（尽可能成为畅销产品）。",
    "A good system should impact every single part of your business. These highly sought-after enterprise applications help manage activities, including planning, research and development, purchasing, supply chain management, sales, and marketing.": "一个好的系统应该影响你业务的每一个部分。这些备受追捧的企业应用程序有助于管理活动，包括规划、研发、采购、供应链管理、销售和营销。",
    "Please select the region and country first, and then select the softwares that will be installed on your computer in the future.": "请先选择地区和国家，然后选择将来将安装在你的计算机上的软件。",
    "Service request timeout": "请求超时"
}
```

上面的文件是一个key-value映射的JSON文件，当访问网站的用户当前浏览器是中文或用户手动切换网站语言为中文时，就在zh.json中找到key对应的值，显示到页面中。

其他语言，如英语、法语、德语等结构类似，不同之处在于key对应的value值变成相应的语言。例如在fr.json中，代码如下：

```
{
    "China": "Chine",
    "Australia": "Australie",
    "Hong Kong SAR China": "Région administrative spéciale de Hong Kong, Chine",
     "India": "Inde",
   ...
}
```

China后面的Chine是中国的法语翻译。

如果有新的需要翻译的文案，可以在JSON对象中追加。

如图16.2所示，在software-labs-client项目下，文件夹translations统一管理翻译的JSON文件。

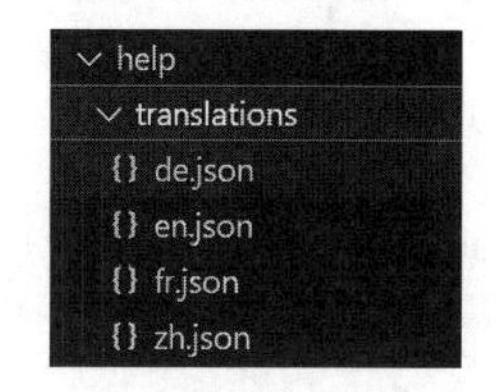

图16.2 文件夹translations统一管理翻译的JSON文件

注意，如果在相应的JSON文件中没有找到翻译后的文案，则显示默认的语言。一般在公司，项目里的翻译文件需要专业的翻译团队提供。本书案例计算机选购配置系统的翻译文件只作为示例讲解，实际项目中需要由翻译团队提供，然后补充完整，或者由翻译团队将翻译后的文案录入后台管理系统中。

翻译后的JSON文件创建好后，还需要创建公用函数引入这些JSON文件。打开software-labs-client项目下的src/help/utils.js文件，该文件中定义了loadMessages函数，代码如下：

```
01  export const loadMessages = () => {
02      const en = require('./translations/en.json');
03      const fr = require('./translations/fr.json');
04      const zh = require('./translations/zh.json');
05      const de = require('./translations/de.json');
06      return {en, fr, zh, de}
07  }
```

代码解析：

- 第02～05行分别引入en.json、fr.json、zh.json、de.json文件。
- 第06行将en、fr、zh和de作为属性的值组成一个新的对象，并将该对象作为结果返回。

接下来定义getLocaleMessages函数，代码如下：

```
01  export const getLocaleMessages = (languageCode) => {
02      const messages = loadMessages();
03      return messages[languageCode];
04  }
```

代码解析：

- 第01行定义的getLocaleMessages函数有一个参数languageCode参数，这个参数是语言编码。每个语言都有一个简化的编码，这个函数根据语言编码返回不同语言的文案。
- 第02行调用loadMessgages函数，得到由各语言组成的集合messages。
- 第03行通过messages[languageCode]得到当前语言编码下的文案。

公共函数创建好后，在处理国际化的组件Wrappers中引入国际化容器IntlProvider，并包裹组件。打开software-labs-client项目下的src/features/wrappers/index.js文件，代码如下：

```
01  import React, { useState, useEffect } from 'react';
02  import { useSelector, useDispatch } from 'react-redux';
03  import {Outlet} from "react-router-dom";
04  import {IntlProvider} from 'react-intl';
05  import { ConfigProvider, message } from 'antd';
06  import { selectError, selectPreferences } from './selector';
07  import {getBrowserLocal, getLocaleMessages} from '../../help/utils';
08  import localeData from '../../help/localeData';
09  import {FormattedMessage} from 'react-intl';
10
11  const Wrappers = (props) => {
12    const [messageApi, contextHolder] = message.useMessage();
13    const preferences = useSelector(selectPreferences);
14    const error = useSelector(selectError);
15    const {languageCode} = getBrowserLocal();
16    const locale = preferences.languageCode || languageCode;
17    const antdLocale = localeData[locale];
18    const messages = getLocaleMessages(locale);
19    useEffect(() => {
```

```
20      if(error){
21        messageApi.open({
22          type: 'error',
23          content: <FormattedMessage id={error}/>,
24        });
25      }
26    }, [error])
27
28    return (
29      <ConfigProvider locale={antdLocale}>
30        <IntlProvider locale={locale} messages={messages}>
31          {contextHolder}
32          <Outlet />
33        </IntlProvider>
34      </ConfigProvider>
35    );
36  }
37  export default Wrappers;
```

代码解析：

- 第04行从react-intl中引入IntlProvider组件。在react-intl 中有两个组件，分别为IntlProvider和FormattedMessage：IntlProvider组件放在顶层DOM的位置，为其中的所有子组件提供国际化数据；FormattedMessage组件提供格式化信息。
- 第07行引入getBrowserLocal和getLocaleMessages函数。getBrowserLocal函数用于获取用户浏览器语言，代码稍后展示。
- 第11～26行定义组件Wrappers，这个组件是一个最外层容器组件，用于进行国际化处理。注意与其他处理业务的组件进行区分。
- 第15行调用getBrowserLocal获取用户当前浏览器语言编码。
- 第16行进行判断，如果preferences中保存了语言编码信息，则优先使用。注意preferences中保存了用户切换国家语言的所有数据。
- 第18行调用getLocaleMessages获取当前语言编码下的文案数据messages。
- 第28～35行是UI部分，返回了JSX DOM。
- 第30行和第33行使用<IntlProvider></IntlProvider>组件，向该组件传入两个参数：local和messages。local是当前的语言编码，messages是翻译成当前语言的JSON文案数据。

打开software-labs-client项目下的src/help/utils.js，getBrowserLocal函数源代码如下：

```
export const getBrowserLocal = () => {
    let lCode = '', cCode = '';
    const cAndL = (window.navigator.language ||
window.navigator.userLanguage).split('-');
    if (cAndL.length === 1) {
        cCode = 'US';
    } else {
        lCode = cAndL[0] ? cAndL[0] : 'en';
        cCode = cAndL[1] ? cAndL[1] : 'US';
    }
```

```
    return {countryCode: cCode, languageCode: lCode}
}
```

上面getBrowserLocal函数的代码比较简单，其中主要是使用window.navigator.language和window.navigator.userLanguage获取浏览器当前使用的语言。

接下来看一下在组件中如何使用FormattedMessage。打开software-labs-client项目下的src/features/banner/index.js文件，Banner组件是登录后在内容页面中展示的关于网站的介绍部分，代码如下：

```
01  import {FormattedMessage} from 'react-intl';
02
03  const Banner = () => {
04    ...
05    return (
06      <div className='banner'>
07  <h2><FormattedMessage id="We Help You Make The Right Software Decisions."/>
</h2>
08        <div className="banner-content">
09  <div className='card'><FormattedMessage id="Online Tool to suggest the
Good/Better/Best Desktop & Mobile Workstation configurations(Top Sellers whenever
possible),considering the software/applications (ISVs) the customer is using."/></div>
10          <div className='card'>
11  <FormattedMessage id="A good system should impact every single part of your
business. These highly sought-after enterprise applications help manage activities,
including planning, research and development, purchasing, supply chain management, sales,
and marketing."/>
12          </div>
13          <div className='card'>
14  <FormattedMessage id="Please select the region and country first, and then
select the softwares that will be installed on your computer in the future."/>
15          </div>
16        </div>
17      </div>
18    );
19  }
20
21  export default Banner;
```

代码解析：

- 第01行引入FormattedMessage。
- 第03行定义Banner组件。该组件主要是一些文字介绍，用于展示系统的使用说明等。
- 第05～19行是Banner的UI部分，是一些JSX代码。其中关于文案的展示使用了FormattedMessage，id是文案内容。id的英文是全球通用语言，是一个不变量，因此将英文作为id的值，也就是翻译的JSON文件的key。

笔者本地的Chrome浏览器设置的默认语言就是英文，如图16.3所示。

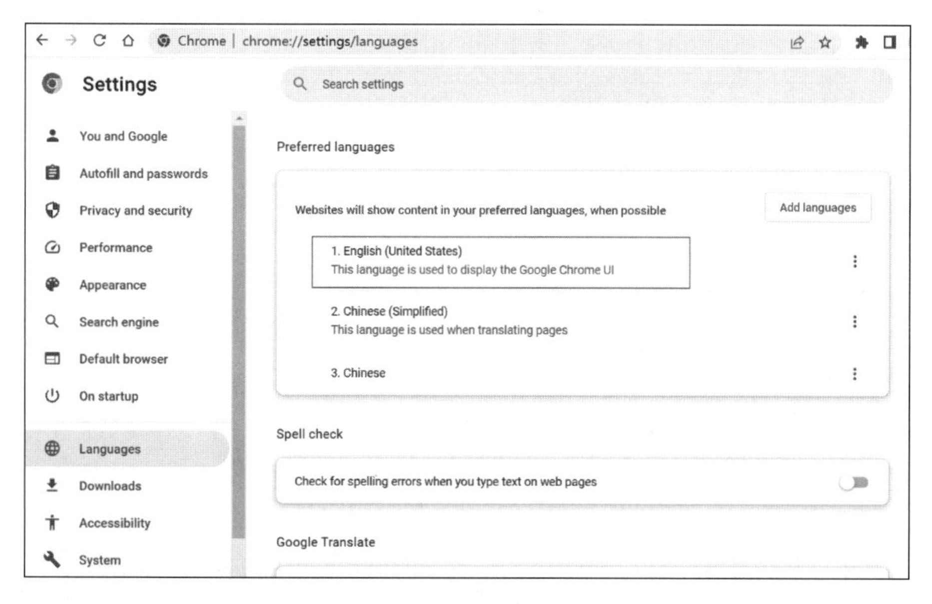

图16.3　本地Chrome浏览器的默认语言是英文

Banner组件根据网站的语言设置，初始时默认展示为英文，效果如图16.4所示。

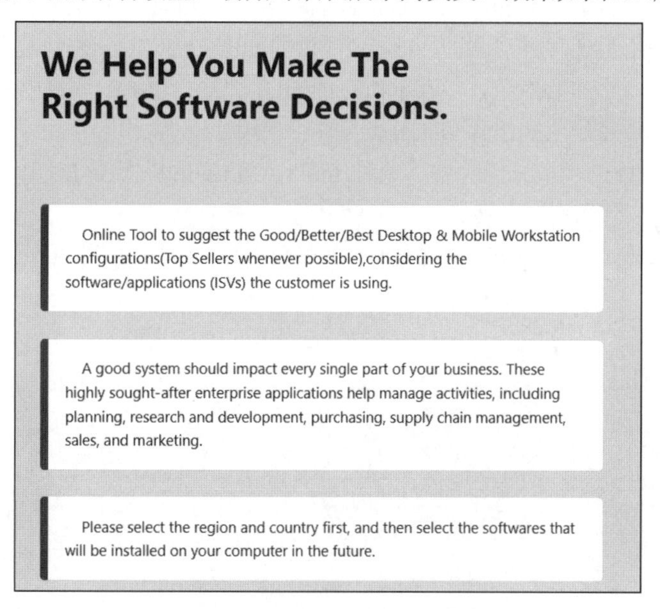

图16.4　Banner组件初始时默认展示为英文

在系统的Bar组件上切换国家为中国，语言为中文，如图16.5所示。

图16.5　Bar组件上切换国家为中国，语言为中文

切换后，Banner组件展示中文文案，效果如图16.6所示。

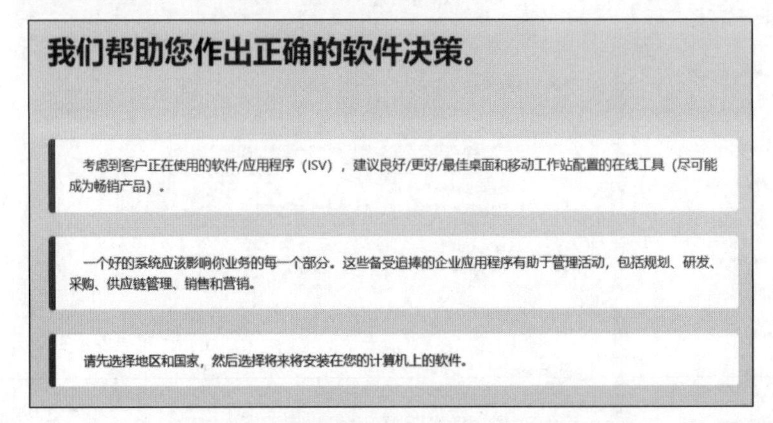

图16.6 切换后Banner组件展示中文文案

整个项目中，凡是需要国际化处理的组件，在编写时都使用FormattedMessage组件进行处理，同时在src/help/translations下相应的JSON文件中补充翻译后的文案。

对文案的处理，虽然使用FormattedMessage组件可以和React进行无缝集成，但是有些情况下是不能使用组件的，例如表单元素input的placeholder提示、其他dom元素上的title属性、img元素的alt属性等。这时需要使用另一种方法，即react-intl提供的intl.formatMessage函数。

intl是react-intl的一个核心对象，保存了所有的intl.*方法。在React项目中，获取intl对象有两种方式，这两种方式分别在函数式组件和class类组件中使用。

第一种方式，在React函数式组件中，通过Hooks API useIntl获取intl对象，示例代码如下：

```
01  import React from 'react';
02  import {useIntl} from 'react-intl';
03
04  const FunctionComponent = () => {
05    const intl = useIntl();
06    return (
07     <>
08       <input placeholder={intl.formatMessage({id: 'New Password'})}/>
09       <input placeholder={intl.formatMessage({id: 'Confirm Password'})}/>
10     </>
11    )
12  }
13
14  export default FunctionComponent;
```

代码解析：

- 第02行引入Hooks API useIntl。
- 第04行定义函数式组件FunctionComponent。
- 第05行调用useIntl方法获得intl对象。
- 第06～11行返回组件的UI结构。其中第08行和第09行分别调用intl.formatMessage方法对表单元素input的placeholder提示进行国际化语言处理。在intl.formatMessage函数中传入的参数是一个对象，对象中的id属性对应的字符串就是需要翻译的文案。

第二种方式，在基于class类的React组件中，通过injectIntl高阶组件包装原始组件，并在被包裹的原始组件中通过props.intl获取intl对象，示例代码如下：

```
01  import React from 'react';
02  import {injectIntl} from 'react-intl';
03
04  class PasswordChangeWithIntl extends React.Component {
05    render() {
06      const {intl} = this.props
07      return (
08       <>
09       <input placeholder={intl.formatMessage({id: 'New Password'})}/>
10       <input placeholder={intl.formatMessage({id: 'Confirm Password'})}/>
11       </>
12      )
13    }
14  }
15
16  const PasswordChange = injectIntl(PasswordChangeWithIntl)
17  export default PasswordChange;
```

代码解析：

- 第02行引入injectIntl，这是一个高阶组件，它会把从IntlProvider的context接收到的intl对象传递给被其包裹的原始组件。
- 第04行定义class类组件PasswordChangeWithIntl。
- 第05行调用useIntl方法得到intl对象。
- 第06行从this.props中获取intl对象。
- 第07～12行返回组件的UI结构。其中第09行和第10行分别调用intl.formatMessage方法对表单元素input的placeholder提示进行国际化语言处理。

react-intl中除了有FormattedMessage方法之外，还有很多别的方法，具体可以参考react-intl的文档。其中常用的还有FormattedNumber和FormattedDate方法，分别对货币和日期进行国际化处理。

FormattedNumber和intl.formatNumber的示例代码如下：

```
01  import React from 'react';
02  import {useIntl, FormattedNumber} from 'react-intl'
03
04  const FunctionComponent = ({date}) => {
05    const intl = useIntl();
06    return (
07     <>
08      <FormattedNumber
09       value={1000}
10       style="currency"
11       currency="USD"
12      />
13      <FormattedNumber
14       value={1000}
15       style="unit"
```

```
16        unit="kilobyte"
17        unitDisplay="narrow"
18      />
19      <input
20       type="number"
21       minlength={intl.formatNumber(1000, {style: 'currency', currency: 'USD'})}
22       maxlength={intl.formatNumber(2000, {style: 'currency', currency: 'USD'})}
23      />
24     </>
25   )
26 }
27 export default FunctionComponent;
```

代码解析：

- 第02行引入useIntl和FormattedNumber。
- 第05行调用useIntl得到intl对象。
- 第08~12行使用FormattedNumber组件，给该组件传入属性value、style和currency。value是数值，style表示货币的展示形式，currency是货币符号。渲染后显示$1,000.00。
- 第13~18行使用FormattedNumber组件，给该组件传入属性value、style、unit和unitDisplay。value是数值；style表示展示单位的形式；unit是单位符号；unitDisplay表示单位显示简写还是全称，有narrow和long两个可选项，narrow表示简写，long表示全称。渲染后显示1,000kB。
- 第19~23行渲染一个input表单元素，其中maxlength和minlength属性的表示是价格的最小值和最大值，分别通过intl.formatNumber进行转换，最小值为$1,000.00，最大值为$2,000.00。

FormattedDate和intl.formatDate的示例代码如下：

```
01 import React from 'react'
02 import {useIntl, FormattedDate} from 'react-intl'
03
04 const FunctionComponent = ({date}) => {
05   const intl = useIntl()
06   return (
07     <span title={intl.formatDate(date, {
08        year: 'numeric',
09        month: 'numeric',
10        day: 'numeric',
11       })}>
12       <FormattedDate value={date, {
13        year: 'numeric',
14        month: 'numeric',
15        day: 'numeric',
16       }} />
17     </span>
18   )
19 }
20 export default FunctionComponent;
```

代码解析：

- 第02行引入useIntl和FormattedDate。
- 第04行定义函数式组件FunctionComponent。
- 第05行调用useIntl获取intl对象。
- 第07行的span标签上的title属性通过调用intl.formatDate展示格式化后的日期。
- 第12～16行通过FormattedDate组件展示格式化后的日期。
- 最后组件输出的HTML为<span title="6/20/2023">6/20/2023</span>。

在software-labs-cilent项目中，产品的价格需要根据不同国家使用不同货币符号展示。打开src/features/product/components/TotalPrice.js文件，此文件中定义了组件TotalPrice，用于渲染产品列表中每个产品的价格模块。TotalPrice.js文件中的代码如下：

```
01  import React from 'react';
02  import { useSelector } from 'react-redux';
03  import {FormattedNumber} from 'react-intl';
04  import { Card} from 'antd';
05  import _ from 'lodash';
06  import { selectPreferences } from '../../wrappers/selector';
07  import './totalPrice.scss';
08
09  const TotalPrice = (props) => {
10    const {product} = props;
11    const preferences = useSelector(selectPreferences);
12    const currency = preferences.currency;
13
14    return (
15      <div style={{paddingTop: 6}}>
16        <span className="price ml-2">Total</span>
17        <span className="price ml-2">
18       <FormattedNumber
19        value={product.totalPrice}
20        style="currency"
21        currency={currency}/>*
22      </span>
23      </div>
24    )
25  }
26  export default TotalPrice;
```

代码解析：

- 第03行引入FormattedNumber函数。
- 第9～25行定义TotalPrice组件。
- 第12行从preferences中获取货币编码currency。例如，中文的currency值为CNY。
- 第14～24行是组件的UI结构。
- 第18行的组件FormattedNumber用于渲染货币，给该组件传入属性value、style和currency。value是数值，style表示货币的展示形式，currency是货币符号。

在美国－英语环境下，产品价格模块的货币符号展示为$（美金），如图16.7所示。

当切换为中国－中文环境，产品价格模块的货币符号展示为¥（人民币），如图16.8所示。

Total $3,614.72*

*Price shown is C-Price. Lenovo confidential. Price includes TopSeller PN if applicable

图 16.7 产品价格模块的货币符号展示为$（美金）

Total ¥3,614.72*

*显示的价格为C价格。联想机密。价格包括TopSeller PN（如适用）

图 16.8 产品价格模块的货币符号展示为¥（人民币）

16.3 antd组件国际化

目前，antd组件中默认的文案是英文。如果是全球化的网站，则对于项目中使用的antd组件需要根据不同语言进行国际化处理。

antd官方网站提供了一套国际化解决方案——使用ConfigProvider组件可以全局配置国际化文案。

本书案例计算机选购配置系统也使用了antd组件的国际化解决方案。打开software-labs-client项目下的src/help/localeData.js文件，代码如下：

```
01  import enUS from 'antd/locale/en_US';
02  import frFR from 'antd/locale/fr_FR';
03  import esES from 'antd/locale/es_ES';
04  import deDE from 'antd/locale/de_DE';
05  import zhCN from 'antd/locale/zh_CN';
06
07  const localeData = {
08      en: enUS,
09      fr: frFR,
10      es: esES,
11     de: deDE,
12     zh: zhCN
13  }
14  export default localeData;
```

代码解析：

- 第01～05行分别引入enUS、frFR、esES、deDE和zhCN。这几个文件都是antd自带的，分别是英语、法语、西班牙语、德语和汉语的翻译文件。可以在software-labs-client\node_modules\antd\locale\找到这几个文件，查看里面的内容。
- 第07～12行定义localeData对象，属性名是语言编码，值是对应的翻译文件。
- 第14行导出localeData对象。

接来下就是使用ConfigProvider组件为系统中的所有antd组件提供国际化处理方案，代码如下：

```
01  import { ConfigProvider } from 'antd';
02  import { getBrowserLocal } from '../../help/utils';
03  import localeData from '../../help/localeData';
```

```
04
05 const Wrappers = (props) => {
06   const {languageCode} = getBrowserLocal();
07   const locale = preferences.languageCode || languageCode;
08   const antdLocale = localeData[locale];
09
10   return (
11     <ConfigProvider locale={antdLocale}>
12       ...
13     </ConfigProvider>
14   );
15 }
16 export default Wrappers;
```

代码解析：

- 第01行从antd中引入ConfigProvider组件。
- 第02行引入getBrowserLocal函数，用于获取用户浏览器语言。
- 的03行引入locale对象。
- 第05行定义Wrappers组件。
- 第06行获取用户浏览器语言编码。
- 第07行获取最终的语言编码，如果preferences中的languageCode有值，则优先使用。
- 第08行获取当前antd组件的语言集合。
- 第11行使用ConfigProvider包裹所有子组件，并将local传递给组件作为属性。

antd国际化方案针对的antd组件有Button、Calendar、ConfigProvider、DatePicker、Divider、Form、Image、Input、InputNumber、Modal、Pagination、Popconfirm、QRCode、Radio、Select、Space、Table、TimePicker、Tour、Transfer、Upload、Theme。

国际化文案只针对某些属性，对于继承自HTML元素的属性，则还需要开发者根据需要通过react-intl中提供的方法进行处理。例如Input.Search组件上的placeholder属性，由于这个属性是继承自HTML input元素的，因此如果placeholder的文案需要进行国际化处理，就需要调用intl.formatMessage方法，代码如下：

```
<Input.Search placeholder={intl.formatMessage({id: 'New Password'})}/>。
```

16.4 小结

本章主要介绍了国际化的概念、第三方库react-intl的安装和使用，以及如何对antd组件进行国际化处理。详细介绍了react-intl中的组件IntlProvider、injectIntl、FormattedMessage、FormattedDate、FormattedNumber；Hooks方法useIntl，以及intl对象的intl.formatMessage、intl.formatDate、intl.formatNumber方法的使用。对于面向全球市场的企业来说，对项目进行国际化处理是必要的。通过本章的实例讲解，读者可以对国际化处理有更深刻的理解。

第 17 章 toggle 控制

前端开发人员在实际项目中往往会不断接到新的开发任务，因此需要不断在原来代码的基础上增加新代码并且维护旧代码。当项目上线后，增加新代码或改动旧代码是有风险的。为了保证旧版本的正常运行，需要增加toggle控制。

本章主要涉及的知识点有：

- toggle介绍
- toggle函数
- toggle的使用

17.1 toggle 介绍

假如项目已经上线，并且原来的代码量非常庞大，功能也很多，新增代码或者改动旧代码常常会有比较大的风险。为了控制风险并保持线上版本的稳定，需要增加开关，控制改动的代码。toggle就是一系列开关的集合。

toggle功能需要前后端配合实现。

首先，后端编写名为featuresToggle的接口，接口数据是由多个对象组成的数组。其中，每个对象表示一个功能，name表示某个功能的字符串描述；enabled的值是true或false，true表示这个功能开放，false表示这个功能关闭。因此，实际toggle功能的开关控制权在后端，返回数据示例如下：

```
[
   {
      "name": "RMB_REPLACES_CNY",
      "enabled": true
   },
   {
      "name": "ADDED_PARTS_REMOVE_FILTER_NO_DERIVED_BY_HW",
      "enabled": true
   },
```

```
    {
      "name": "APPLICATION_OUTAGE_NOTIFICATION",
      "enabled": false
    },
    {
      "name": "IMPORT_XML_NOT_CORRECT_FOR_DETAIL",
      "enabled": true
    }
]
```

接下来，前端需要编写toggle函数用于接收featuresToggle的数据，然后在项目中调用toggle函数控制相应的功能。

17.2 toggle 函数

如果只单纯编写toggle函数，则需要传入两个参数，一个是接口featureToggles返回的数据，另一个是当前控制某个功能的toggle名。

接口featureToggles返回的数据在用户操作整个项目期间不会发生变化，因此不需要在每次控制toggle功能时都传入。当然，也可以将数据保存到sessionStorage或localStorage中，但是接口featureToggles返回的数据随着项目的规模会变得越来越大。

因此，我们想了一个办法，即创建一个FeatureToggle类，该类中有两个方法：setStore和toggle。

- setStore用于将featureToggles接口的数据赋值给类的featureToggles属性。当FeatureToggle类实例化后，setStore(store)方法只需调用一次进行初始化，这样实例的featureToggles属性值会一直保留在内存中。
- toggle方法用于返回isEnabled方法，在组件中调用isEnabled方法来控制前端功能的开关。

打开software-labs-client项目的src/help/toggle.js文件，代码如下：

```
01  import _ from 'lodash';
02  class FeatureToggle {
03    setStore(store) {
04      if (!_.isEmpty(this.featureToggles)) console.warn('Feature toggles have
set!');
05      let featureToggles = {}
06      _.forEach(store.getState().app.featureToggles, toggle => {
07        _.set(featureToggles, toggle.name, toggle.enabled);
08      });
09      this.featureToggles = featureToggles;
10    }
11
12    toggle(toggleName) {
13      if (!this.featureToggles) throw new Error('Fetch feature toggles fail.');
14      let featureEnabled = !!this.featureToggles[toggleName];
15
16      return {
```

```
17          isEnabled: () => featureEnabled
18        }
19      }
20    }
21
22    export const featureToggle = new FeatureToggle();
23    export default featureToggle.toggle.bind(featureToggle);
```

代码解析：

- 第01行引入工具库lodash。
- 第02行定义类FeatureToggle。
- 第03行定义setStore函数。该函数的作用不再赘述。
- 第06～08行遍历Redux中的featureToggles对象，以name:enabled的形式赋值给featureToggles对象。
- 第09行将处理好的featureToggles对象赋值给this.featureToggles。
- 第12～19行定义toggle函数，该函数只需传入一个参数toggleName。
- 第14行得到变量featureEnabled的值。
- 第17行返回isEnabled方法。
- 第22行调用new FeatureToggle()实例化FeatureToggle类，得到实例对象featureToggle。
- 第23行将featureToggle实例的toggle方法导出。

下面在src/help/utils中定义函数initFeatureToggle，该函数用于调用featureToggle实例的setStore方法，以此保存Redux中的featureToggles数据，initFeatureToggle函数的代码如下：

```
01  export const initFeatureToggle = (store) => {
02    return fetchFeatureToggles()(store.dispatch, store.getState)
03      .then(() => {
04        featureToggle.setStore(store);
05      });
06  };
```

代码解析：

- 第01行定义initFeatureToggle函数。
- 第02行调用fetchFeatureToggles获取接口/featuresToggle返回的数据，并保存到Redux中。
- 第03～05行在接口数据返回后的then中调用featureToggle.setStore(store)，将Redux中的featureToggles数据保存到实例featureToggle的this.featureToggles属性上。

接下来在入口文件index.js中调用initFeatureToggle函数，代码如下：

```
01  import { createRoot } from 'react-dom/client';
02  import { Provider } from 'react-redux';
03  import { store } from './store';
04  import {initFeatureToggle} from './help/utils';
05
06  const container = document.getElementById('root');
07  const root = createRoot(container);
08  initFeatureToggle(store).finally(() => {
```

```
09    root.render(
10      <Provider store={store}>
11        ...
12      </Provider>
13    );
14  })
```

代码解析：

- 第04行引入initFeatureToggle。
- 第08行调用initFeatureToggle(store)，当调用成功后通过root.render渲染页面。

最后，还要定义一个常量FEATURE_TOGGLES，该常量实现前端toggle名到后端toggle名的映射，一旦后端接口返回的toggle名变了，则前端只需修改一次FEATURE_TOGGLES对象即可。防止前端多处使用toggle时重复修改多处，这也是为了维护方便。

打开software-labs-client项目，在src/help/constants.js下定义常量FEATURE_TOGGLES，代码如下：

```
01  export const FEATURE_TOGGLES = {
02    FEED_BACK: 'FEED_BACK'
03  }
```

代码解析：

- 第02行的key是FEED_BACK，是供前端使用的；value值是FEED_BACK，是后端接口返回的name值。FEATURE_TOGGLES对象可以根据实际toggle控制来添加或删除功能。一般toggle名最好和功能相关联。例如第02行是控制FeedBack反馈功能的。

17.3 toggle的使用

上一节已经将toggle的准备工作做好了，现在就可以在组件中使用了。例如要控制FeedBack组件的显示与否，打开src/features/feedback/index.js文件，代码如下：

```
01  import React, { useState } from 'react';
02  import _ from 'lodash';
03  import './index.scss';
04  import feedback_icon from '../../assets/images/feedback-icon.png'
05  import FeedBackModal from './components/FeedBackModal';
06  import featureToggle from '../../help/toggle';
07  import { FEATURE_TOGGLES } from '../../help/constants';
08
09  const FeedBack = () => {
10    ...
11    return (
12      featureToggle(FEATURE_TOGGLES.FEED_BACK).isEnabled() &&
13      <div id="feedBackMod">
14        <button type="button" className="btn btn-feedback" onClick={openModal}>
15          <img src={feedback_icon} className="mr-2"/>
16          <span>FEEDBACK</span>
```

```
17          </button>
18         <FeedBackModal
19           visible={visible}
20           handleCancel={handleCancel}
21           handleOk={handleOk}
22         />
23       </div>
24     );
25   }
26   export default FeedBack;
```

代码解析：

- 第06行引入featureToggle实例。
- 第07行引入FEATURE_TOGGLES常量。
- 第09～25行是FeedBack组件。
- 第12行调用featureToggle(FEATURE_TOGGLES.FEED_BACK).isEnabled()方法，如果/featuresToggle接口返回的FEED_BACK是true，则正常显示FeedBack组件；如果返回false，则不显示FeedBack组件。

接下来测试一下toggle是否生效。接口/api/featuresToggle返回的toggle名FEED_BACK对应的enabled为true，如图17.1所示。

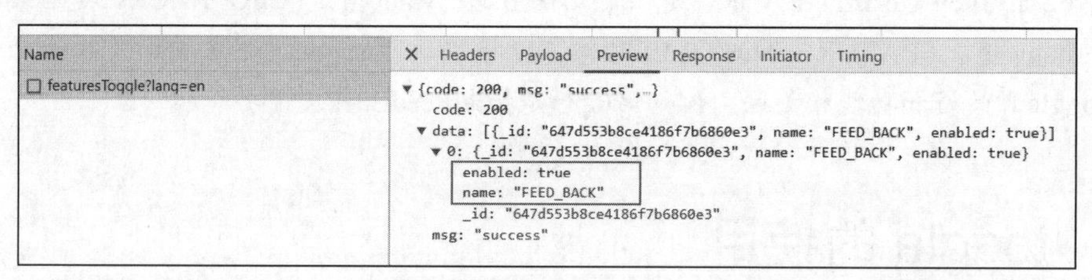

图17.1　接口/api/featuresToggle返回的toggle名FEED_BACK对应的enabled为true

网站中FeedBack组件对应的FEEDBACK按钮显示，如图17.2所示。

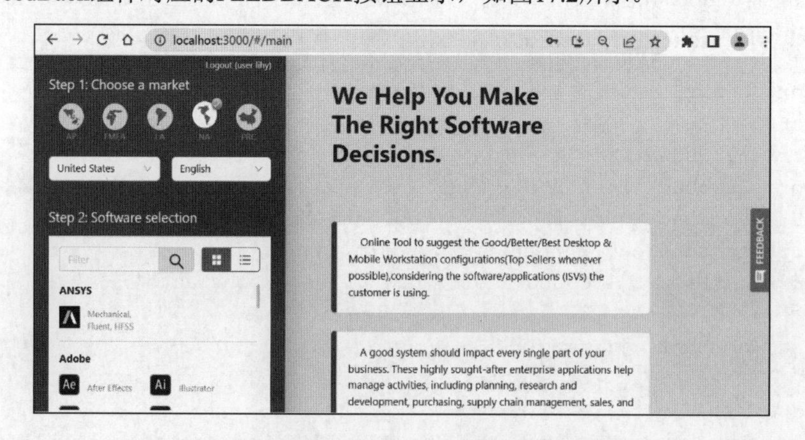

图17.2　FeedBack组件对应的FEEDBACK按钮显示

修改MongoDB中接口/api/featuresToggle的数据（MongoDB的操作在第24章中会详细介绍），如图17.3所示。

图17.3　修改MongoDB中接口/api/featuresToggle的数据

登出系统，刷新页面，接口/api/featuresToggle返回的FEED_BACK对应的enabled此时变为false，如图17.4所示。

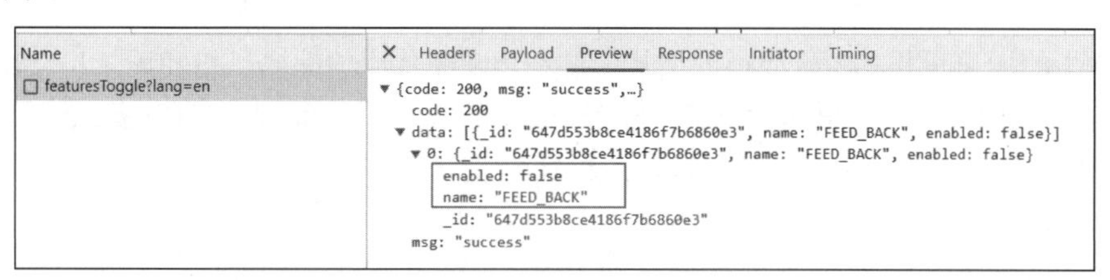

图17.4　接口/api/featuresToggle返回的FEED_BACK对应的enabled变更为false

重新登录后，网站中FeedBack组件对应的FEEDBACK按钮不显示了，如图17.5所示。说明toggle控制已生效。

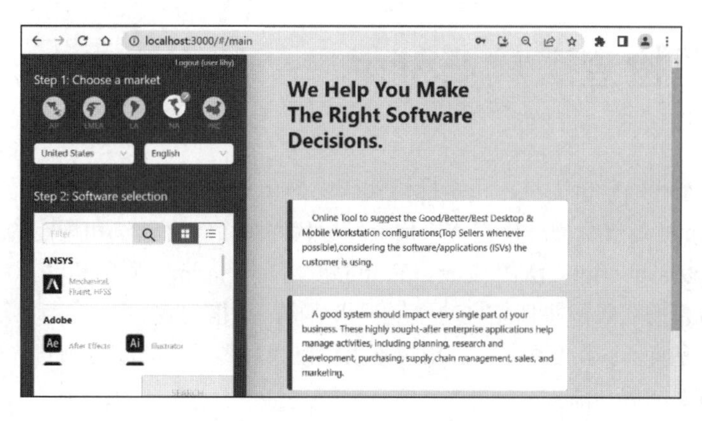

图17.5　FeedBack组件对应的FEEDBACK按钮不显示

17.4　小结

本章介绍了toggle的编写，以及如何在项目中使用toggle控制某个功能或UI的显示。toggle是大型企业项目中常用的一种控制代码风险的方式，在发布新功能的同时能保证线上版本的稳定运行。

第18章 前端质量管理

随着业务的增长和开发团队成员的增加，前端项目中代码的编码风格和质量也会出现各种差异。为了维护方便和减少bug出现的概率，除了平时在团队成员之间进行代码codeReview之外，还需要在前端代码质量的管理上做一些控制，即进行前端质量管理。

本章主要涉及的知识点有：

- 代码检查工具Eslint
- 单元测试
- 常用的测试框架

18.1 代码检查工具ESlint

Lint是一种静态代码分析工具，用于标记代码中的某些编码错误、风格问题和容易导致bug的代码。简单理解Lint就是一个代码检查器，检查目标代码是否符合语法和规定的风格习惯。ESLint是基于ECMAScript/JavaScript语法的 Lint，它能够查出JavaScript代码的语法问题，可以根据配置规则标记不符合规范的代码，并且能自动修复一些结构、风格问题。

ESLint的特点是灵活、高度自定义，用户不仅可以通过多种方式配置项目代码遵循的规则，还可以通过插件的方式拓展功能。

ESlint的官方网站地址是http://eslint.cn/，里面介绍了很多规则和配置。

在使用ESlint之前要先安装。在项目目录下，打开终端输入如下代码进行安装：

```
npm install --save-dev eslint
```

由于ESlint只在开发时使用，因此在安装时增加了-dev。

如果项目是使用create-react-app搭建的，则默认已经安装了ESlint，不需要再手动重复安装。

ESlint安装完成后，在项目的根目录下创建文件.eslintrc.js。它是ESlint的配置文件，里面包含了内置规则、代码如何执行、自定义规则的插件、可共享配置以及这些规则应用到哪些文件等。例如在.eslintrc.js文件中添加如下代码：

```
module.exports = {
  "env": {
    "browser": true,
    "es6": true
  },
  "extends": "eslint:recommended",
  "parserOptions": {
    "ecmaVersion": "latest",
    "sourceType": "module"
  },
  "rules":{
    "no-console": "warn",
    "for-direction": 1,
    "no-else-return": ["error"],
    "eqeqeq":["error","always"],
    "quotes": ["error", "double"]
  }
}
```

属性说明：

（1）env属性是环境变量列表。其中，browser表示浏览器全局变量；es6表示支持ES 6语法（不含 ES module），并开启ES 6语法解析选项。ESLint默认情况下不开启任何环境，将env对象中的字段设置为true表示开启，环境之间不会互斥，可以同时开启多个环境。ESlint可以设置的环境有很多，完整的列表可以参考文档，地址是https://eslint.org/docs/latest/use/configure/language-options#specifying-environments。

（2）extends属性字面意思是继承，它能很方便地继承已有配置的全部特性。上面代码中的eslint:recommended，表示加载ESLint推荐的规则，报告一些常见的问题，例如默认启用规则no-empty，表示禁止出现空语句块，no-debugger表示禁用debugger等。如果extends属性值是eslint:all，表示加载ESLint的所有规则。

（3）parserOptions属性是ESlint的解析选项配置，在ESLint解析的时候提供一些语言特性的支持，如ES语法、JSX。ESLint默认支持ES 5语法。ecmaVersion指定了ECMA语法版本。latest表示使用最新版本。sourceType表示脚本类型，有普通脚本和ES模块脚本两种类型，script是默认的普通脚本类型，module是ES模块脚本类型。

（4）rules是ESLint中最重要的配置，里面规定了将采用哪些规则去约束代码。ESLint提供了大量的内置规则。规则的配置语法是{"rules": {"rule_name": state | [state, ...options] }}，其中，state代表枚举值：off或0表示关闭规则，常用于关闭某个来自extends中的规则；warn 或1表示规则校验不通过时发出warning提示；error或2表示规则校验不通过时发出error提示；返回1时表示lint检查不通过。

ESlint并不会自己去检测代码，需要手动执行eslint file命令进行代码检测。例如在终端命令行工具中输入如下代码：

```
./node_modules/.bin/eslint ./src/main.js
```

为了避免每次都输入上面的一长串命令，并且方便检测src下的所有代码，我们在package.json中的script下新增命令：

```
"lint": "./node_modules/.bin/eslint ./src"
```

当在项目目录下打开终端命令行执行npm run lint后，会使用ESlint工具检测src下的所有代码。除了上述方法，我们还可以使用eslint-loader来实现代码的规范化和自动格式化。

安装好eslint-loader插件之后，在webpack.config.js中修改webpack配置，在rules下新增如下代码：

```
{
    test: /\.(js|jsx)$/,
    enforce: 'pre',
    include: path.resolve(__dirname, '../src'),
    loader: 'eslint-loader',
    options: {
      cache: true,
    },
}
```

在webpack中配置eslint-loader后，代码检测会在热加载时自动进行，并在命令行输出格式错误。

本书案例计算机选购配置系统的客户端项目software-labs-client是用create-react-app搭建的，默认已经安装了ESlint，并且webpack的配置也是默认的，因此不需要安装eslint-loader，只需要在项目根目录下创建.eslintrc.js文件并将代码需要遵循的规则写好即可。例如将前面的.eslintrc.js文件放到software-labs-client的根目录下，由于规则中有一条是"quotes": ["error", "double"]，表示代码中要用双引号替换单引号，因此会出现如图18.1所示的错误提示。

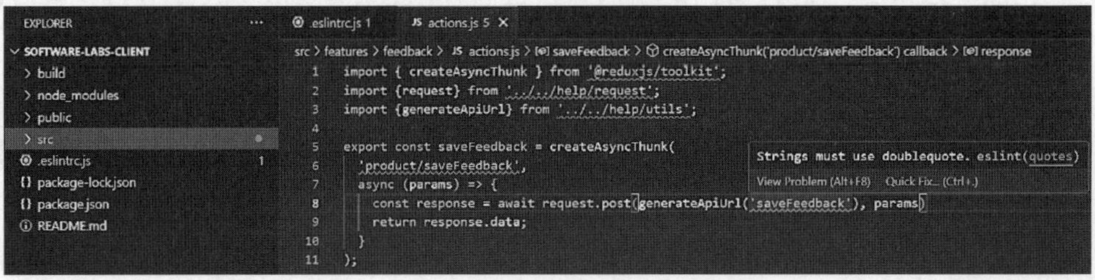

图18.1 出现必须用双引号的错误提示

在项目中一般都是用单引号，接下来把.eslintrc.js文件中的"quotes": ["error", "double"]删除，错误提示就消失了，如图18.2所示。

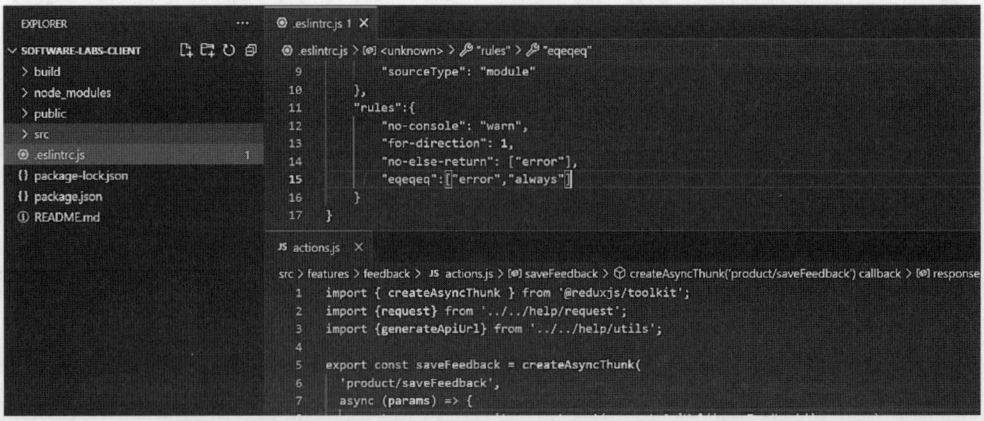

图18.2 修改.eslintrc.js文件后，必须使用双引号的错误提示消失

如此，使用ESlint规则可以制定团队成员都必须遵守的代码规范，从而减少bug的产生并方便后期代码的维护。

18.2　单元测试

单元测试是一个非常宽泛的概念，它是对系统中最小可测试单元进行测试的过程，通常是指对代码中的函数、方法、类或模块进行测试。

单元测试对于把控产品的质量非常重要。

单元测试是所有测试中最底层的一类测试，是测试中的第一个环节，也是最重要的一个环节。它是唯一一次保证代码覆盖率能够达到100%的测试，也是整个软件测试过程的基础和前提，有效防止了开发的后期因bug过多而失控。单元测试的性价比是最高的。

据统计，大约有80%的错误是在软件设计阶段引入的，并且修正一个软件错误所需的费用将随着软件生命期的进展而上升。错误发现得越晚，修复它的费用就越高，而且呈指数增长的趋势。编码人员是单元测试的主要执行者，也是唯一能够做到生产出无缺陷程序的人，其他任何人都无法做到这一点。

图18.3所示是微软的各测试阶段发现bug的时间统计数据，从图中可以看出，在单元测试阶段发现bug，平均耗时3.25小时，而在系统测试阶段发现bug，则要花费11.5小时。

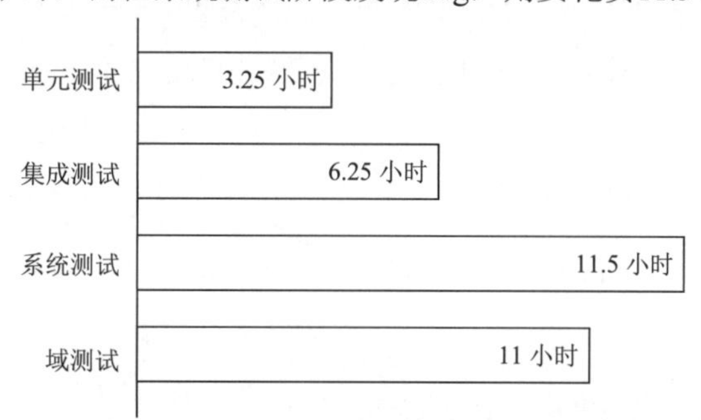

Microsoft applications,10-20 defects/KLOC during unit testing, 0.5 defects/KLOC after release.

图18.3　微软的各测试阶段发现bug的时间统计数据

大多数单元测试包括4个主体，分别是测试套件describe、测试用例it、判定条件expect和断言结果toEqual。

18.3　常用的测试框架

前端项目中常用的测试框架有很多，本节主要介绍几个常见的框架，例如Jest、Chai和Sinon。这些框架既可以单独使用，也可以组合使用。前端开发人员编写测试代码对项目进行单元测试，保证了项目的稳定性，为前端维护代码或重构提供了保障。

18.3.1 Jest

Jest是Facebook构建的最受欢迎的JavaScript测试框架之一。在GitHub上被3 898 000多个公共存储库使用。根据Jest官方网站统计，Jest在2022年7月的下载量超过5 000万。

它最初被设计用于对React组件进行单元测试，后来变得十分流行。它的流行使得Jest不断被更新。

如今，Jest用于对React组件以及成熟的前端和后端JavaScript应用程序进行测试，包括单元测试和组件测试。Jest提供了断言库、测试运行程序、对Mock技术的支持等。

Jest中常用的几个关键词是expect、describe、it、test。

- expect表示预期，就是调用了什么方法，传递了什么参数，得到的预期是什么。
- describe用于测试分组。
- it用于定义一个测试用例，也可以用test。

例如下面的代码：

```
describe(Jest()', () => {
  it('should be the best framework', () => {
    expect(Jest.bestFramework.toBeTruthy());
  });
});
```

Jest中常用的函数有jest.fn()、Jest.mock()、jest.spyOn()和test.skip()。

（1）jest.fn()用于创建mock函数，如果没有定义函数内部的实现，那么jest.fn() 会返回undefined作为返回值。示例代码如下：

```
01  const mockFn = jest.fn();
02  mockFn();
03  expect(mockFn).toHaveBeenCalled();
```

代码解析：

- 第01行通过调用jest.fn()定义函数mockFn。
- 第02行中执行mockFn函数。
- 第03行通过jest中的expect().toHaveBeenColled()来检查是否调用了mockFn。

我们也可以通过检查返回值来检查mock函数是否被调用，示例代码如下：

```
const returnsTrue = jest.fn(() => false);
console.log(returnsTrue()); // false;
```

每个mock函数都有一个.mock属性，用于存储函数调用方式及其返回值的信息，示例代码如下：

```
01  const mockCallback = jest.fn(x => 88 + x);
02  forEach([0, 1], mockCallback);
03  expect(mockCallback.mock.calls.length).toBe(2);
```

代码解析：

- 第03行表示判断mockCallback被调用次数是否为2。

（2）Jest.mock()一般用于模拟ajax接口。通常情况下，我们需要调用API发送ajax请求，从后台获取数据。但是在做前端测试的时候，并不需要去调用真实的接口，此时我们需要模拟axios/fetch模块，让它不必调用API也能测试接口调用是否正确。

（3）spy与mock有些相似，因为它创建了一个类似于jest.fn()的mock函数，但是该mock函数不仅能够捕获函数的调用情况，还可以正常地执行被spy的函数。

```
const spy = jest.spyOn(method, string);
```

当希望在执行过程中跳过某些测试时，使用test.skip或it.skip。

```
test.skip('this test is broken', () => {
expect(testWaterLevel()).toBe(0);
});
```

可以在终端输入如下代码运行测试文件：

```
jest test.js
```

通过create-react-app搭建的项目使用Jest进行单元测试。

18.3.2 Chai

Chai是一个可以在Node.js和浏览器环境运行的断言库，可以和任何JavaScript测试框架结合。使用前先在终端运行如下代码进行安装：

```
npm install chai
```

Chai中有几个重要的函数，例如expect、equal、include等。

Chai中还有很多关键词，例如to、be、been、is、not等。

Chai的示例代码如下：

```
01 expect(1).to.equal(1);
02 expect(true).to.be.true;
03 expect([1, 2, 3]).to.include(2);
```

代码解析：

- 第01行代码调用expect函数来断言某个值与期望值相等。在这里，它断言变量1的值等于1。如果实际值不等于期望值，那么测试将失败。
- 第02行代码调用expect函数来断言变量true的值是true。如果实际值不等于期望值，那么测试将失败。
- 第03行代码调用expect函数来断言数组[1,2,3]中包含元素2。如果实际结果不包含元素2，那么测试将失败。

通过使用断言，开发人员可以验证代码的行为是否符合预期。如果断言失败，那么测试框架通常会报告错误，并提供有关失败的详细信息。

18.3.3 Sinon

Sinon是一个用来进行独立测试和模拟的JavaScript库。它在单元测试的编写中可以替换函数的复杂的部分，通常用来模拟HTTP等相关请求。

Sinon文档地址是https://sinonjs.org/releases/v15/。

使用Sinon之前先在终端输入如下代码进行安装：

```
npm install --save-dev sinon
```

然后创建一个文件greeter.js，编写函数greet，代码如下：

```
export const greet = (name) => {
    var options = { weekday: 'long', year: 'numeric', month: 'long', day: 'numeric' };
    var now = new Date();
    var formattedDate = now.toLocaleDateString("en-US", options);
    return `Hello, ${name}! Today is ${formattedDate}`;
}
```

greet函数非常简单，它接收name作为参数，返回一个由变量name和formattedDate拼接而成的字符串。例如，调用greet('lhy')时，返回“Hello, lhy! Today is Thursday, June 22, 2023”。

接下来编写测试文件greeter.test.js，对函数greet进行测试，代码如下：

```
const greeter = require("../greeter.js");
const sinon = require("sinon");

describe("testing the greeter", function() {
  it("checks the greet function", function() {
    var clock = sinon.useFakeTimers(new Date(2021, 0, 15));
    sinon.assert.equal(greeter.greet('Alice'), 'Hello, Alice! Today is Friday, 
January 15, 2021');
    clock.restore();
  });
});
```

18.4 小结

本章主要介绍了前端质量管理中常用的代码检测工具Eslint的使用、前端单元测试的概念及其重要性，以及前端常用的测试框架Jest、Chai和Sinon的使用。

第19章 前端工程化管理

前端工程化是一个很宽泛的概念，它不是具体的某项技术和方法。由于公司的组织架构、产品形态、所处的阶段的不同，使得工程化具体的方法和实践完全不一样。前端工程化应该是指包含一切以降低成本、提高效率、保障质量为目的的手段。

本章主要涉及的知识点有：

- Git
- GitHub和GitLab
- 单体仓库和多体仓库策略的利弊

19.1 Git

版本控制也称为源代码控制，是跟踪和管理软件代码更改的实践。版本控制系统是帮助软件团队管理源代码随时间变化的软件工具。

版本控制软件在特定的数据库中跟踪代码的每一次修改。当出现错误时，开发人员可以回溯时间并比较之前版本的代码，以协助纠正错误，同时最大限度地减少对团队成员的干扰。

到目前为止，世界上使用最广泛的现代版本控制系统是Git，其官方网站地址是https://git-scm.com/doc。它是一个成熟的、被积极维护的开源项目，最初由著名的Linux操作系统内核创建者Linus Torvalds于2005年开发。

现在有数以万计的软件项目依赖Git进行版本控制，包括商业项目和开源项目。开发人员可以在各种操作系统和IDE（集成开发环境）上使用Git管理代码。

Git具有分布式体系结构。在Git中，每个开发人员的代码工作副本也是一个存储库，可以包含所有更改的完整历史，而不是像CVS或Subversion（也称为SVN）等曾经流行的版本控制系统那样，只有一个地方可以存储软件的完整版本历史。如图19.1所示，Git本地仓库是远程仓库的副本。

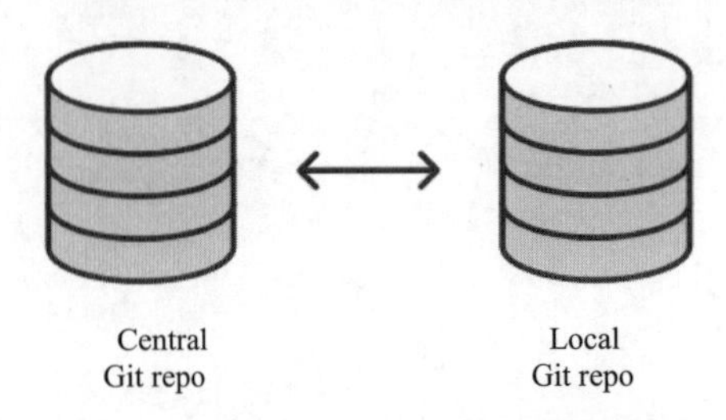

图19.1　Git本地仓库是远程仓库的副本

CVS或SVN的版本管理方式也叫集中式管理。集中式和分布式版本管理方式的区别，如图19.2所示。

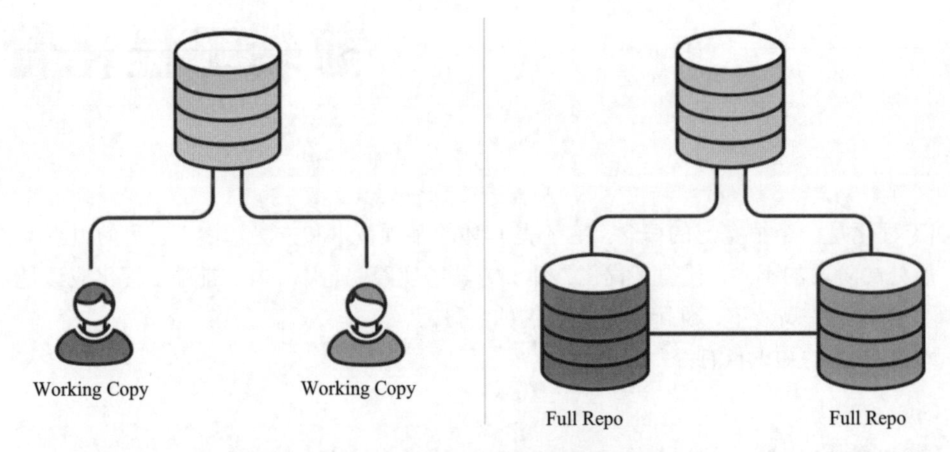

图19.2　集中式和分布式版本管理方式的区别

Git最大的优势之一是它的分支能力。与集中式版本控制系统不同，Git分支成本低，易于合并。Git功能分支示意图如图19.3所示。

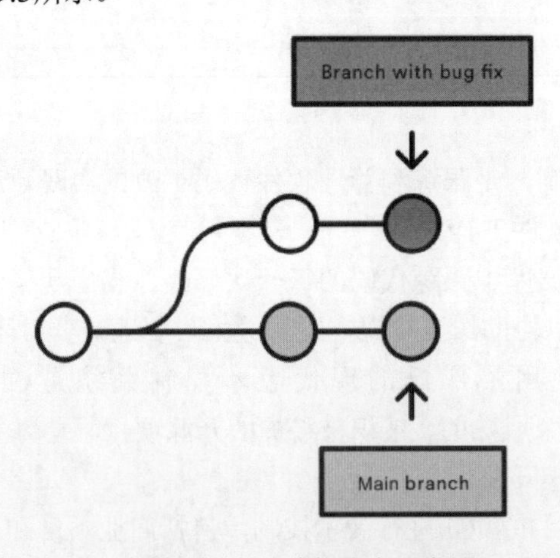

图19.3　Git功能分支示意图

功能分支为代码库的每一次更改提供了一个独立的环境。当开发人员想开始处理某个需求或功能时，无论大小，他们都会创建一个新的分支。这样可以确保主分支包含的生产代码的质量不被影响。

使用Git之前要先进行安装。不同系统有不同的安装方式，可以通过下载安装包进行安装，也可以通过命令行工具进行安装。

国内用户可以打开https://git-scm.com/downloads下载Git安装包，然后双击启动安装程序，在Git安装向导屏幕中按照“下一步"和“完成"提示完成安装。对于大多数用户来说，可以使用Git的默认选项。如果不确定本地计算机是否安装了Git，可以在终端命令行工具中输入git –version命令来查看Git版本。

Git常见的操作一般有：

- 使用git init命令初始化新的Git仓库。
- 使用git clone命令克隆已有的Git仓库。
- 使用git add命令将修改的文件保存到暂存区。
- 使用git commit命令将暂存区文件提交到仓库。
- 使用git config命令在全局或本地项目设置Git配置值并生成.gitconfig文件。

本地文件在提交到仓库之前有一个暂时存放的位置，该位置就是暂存区。暂存区是在将一组更改提交到正式的历史记录之前准备其快照的地方。

暂存区的文件是没有被Git追踪的文件，也就是说通过Git看不到这些文件的历史记录。需要使用git add命令将这些文件添加到Git暂存区中。而使用git commit命令可以获取暂存区的快照，并将其提交到项目历史记录中。结合git add，这个过程为所有Git用户定义了基本的工作流程。

使用Git除了可以使用命令行工具外，还可以使用可视化工具，例如Git Gui、SourceTree等。

19.2　GitHub 和 GitLab

GitHub和GitLab都基于Web的Git远程仓库，它们都提供了分享开源项目的平台，为开发团队提供了存储、分享、发布和合作开发项目的中心化云存储的场所。

GitHub是一个面向开源及私有软件项目的托管平台，因为只支持Git作为唯一的版本库格式进行托管，故名GitHub。GitHub允许用户使用自己选择的CI/CD工具，但需要用户自己集成它们。GitHub用户通常使用第三方CI程序，如Jenkins、CircleCI或TravisCI。GitHub优先考虑速度。

GitLab是一个用于仓库管理系统的开源项目，使用Git作为代码管理工具，并在此基础上搭建Web服务。GitLab为用户提供了一个完整的软件开发解决方案，内置了一些与第三方程序和平台的集成，如Jira、Microsoft Teams、Slack、Gmail以及许多其他应用程序和平台。GitLab专注于可靠性。

从代码的私有性上来看，GitLab 是一个更好的选择，但是对于开源项目而言，GitHub 依然是代码托管的首选。

19.3　单体仓库和多仓库策略的利弊

通过Git托管和管理代码有两种主要策略：单体仓库（Mono-repo）和多仓库（Multi-repo）。这两种方法各有利弊。

仓库（Repo）不仅包含项目的所有文件夹和文件，还包含关于用户、人和计算机的信息。

如果一个项目的所有代码都保存在一个远程仓库中，那么这种代码管理方式就是Mono-repo。很多公司的项目代码都采取这种方式。比较知名的公司有Facebook、Google和Dropbox。

Mono-repo有很多优点，例如团队合作时，项目中的代码易于复用和共享；团队成员可以获得整个项目的总体视图，以便于管理依赖关系等。

当有新成员加入项目时，他们需要下载项目代码并安装所需的依赖才能开始开展工作。假设项目分散在许多仓库中，每个仓库都有其需要的安装说明和依赖包。在这种情况下，初始设置将会很复杂，而且如果项目文档不够完整的话，这些新团队成员需要向其他同事寻求帮助。

Mono-repo解决了这个问题，由于只有一个仓库包含所有代码和文档，因此可以简化初始设置。

另外，拥有一个单一的仓库可以让所有开发人员看到所有代码。它简化了代码管理，当定位bug时，相对Multi-repo更容易实现。

Mono-repo的缺点主要表现在性能上。随着项目的开发，每天都会增加或修改很多文件，git checkout、pull和其他操作可能变得缓慢，文件搜索可能需要更长的时间。另外，当其中某个模块修改时，如果出现问题，就可能会影响整个项目的正常运转。

相对应地，如果一个项目中的代码按照模块或服务保存在多个远程仓库中，那么这种代码管理方式就是Multi-repo。Netflix、亚马逊和Lyft等公司使用这种方式管理项目代码。

Multi-repo的优势是每个仓库中保存的代码职责单一，当其中一个模块或服务需要重构时，不会影响其他模块。代码量和复杂性受控，每个仓库可能由不同的团队独立维护、边界清晰。

单个仓库也易于自治开发、测试、部署和扩展，不需要集中管理和集中协调；还利于进行权限控制，可以针对单个仓库来分配权限，权限分配粒度比较细。

选择Mono-repo还是Multi-repo应该根据项目的具体情况决定，例如代码库的大小、有多少人在此项目中工作，以及代码的访问控制级别等。

19.4 小结

本章主要介绍了前端工程化管理中涉及的代码管理问题，包括Git版本管理工具、GitHub和GitLab；讲解了代码库的两种策略——单体仓库和多仓库的概念、区别、利弊和使用场景。

第 20 章 与第三方集成

根据需求，开发出来的项目可以供某些平台使用，或者按照客户的要求进行某些功能的定制。经过定制后的系统通常是用户从第三方平台访问本项目，这就是与第三方集成。与第三方集成时有3种方案可以供选择——通过iframe标签的集成方式、带特定token的URL集成方式和微前端集成方式。但是，无论选择哪种方案，都需要网站或系统先对用户的身份进行识别。本章将详细介绍这3种集成方式。

本章主要涉及的知识点有：

- 通过iframe标签的集成方式
- 带特定token的URL集成方式
- 微前端集成方式

20.1 通过 iframe 标签的集成方式

虽然使用iframe标签嵌套的方式存在一些问题，例如页面高度的获取存在跨域问题、被嵌套的子页面和父页面可能出现双重滚动条等，但是对于一些不太复杂的页面来说，仍然可以使用iframe标签嵌套的方式，因为这种方式执行速度快。

例如第三方A系统要在自己的网站中使用iframe标签嵌套B系统，以便服务访问A系统的特定人群。通常的做法是在A系统的页面中增加iframe标签，然后将src属性的值设置为B系统的网址。需要注意的是，在src设置的网址中需要增加token参数，该参数一般用A系统的特定信息生成，它会被B系统的前端捕获，然后调用B系统的接口/token，该接口会识别token进而返回A系统的这些特定信息。B系统的前端工程师需要在获取到A系统的信息后，根据这些信息在B系统针对某些模块进行增减或改造。

具体流程为，在A系统中增加iframe标签嵌套B系统，代码如下：

```
<iframe src="http://B.com/#/?token=sd4232shdshkshdhs"/>
```

在B系统中，定义函数getQueryVariable和fetchIntegrationAuthorizationToken。getQueryVariable

用于从URL中提取参数，fetchIntegrationAuthorizationToken用于接收URL中的token参数并调用接口获取A系统的信息，代码如下：

```
01  export const getQueryVariable = (name) => {
02    let query = window.location.href;
03    query = query.replace('?', '?&').split('&');
04    let re = ''
05    for(let i =0; i<query.length; i++) {
06      if(query[i].indexOf(name+'=') === 0) {
07        re = query[i].replace(name+'=', '')
08      }
09    }
10    return re;
11  }
12
13  export const fetchIntegrationAuthorizationToken = (token) => async (dispatch,
getState) => {
14    if (!_.isEmpty(token)) {
15      let response;
16      try {
17        response = await
request.get(generateApiUrl(integrationAuthorizationToken));
18      } catch (e) {
19        console.error(e, 'Integration authorization token was failed.')
20      }
21      if (response.data && response.data.success) {
22        dispatch({
23          type: TYPE.UPDATE_INTEGRATION_PARAMS,
24          data: {
25  ...getState().app.integration,
26  site: response.site,
27  role: response.role,
28  token,
29  username: response.username
30        }
31        });
32      } else {
33        dispatch({
34          type: TYPE.UPDATE_INTEGRATION_PARAMS,
35          data: {
36         ...getState().app.integration,
37         error: response.error
38        }
39        })
40      }
41    }
42  };
```

代码解析：

- 第01～10行定义getQueryVariable函数。调用该函数时传入参数名，可以获取参数对应的值。这里该函数用于获取URL中token的值。

- 第13 ~ 42行定义fetchIntegrationAuthorizationToken函数。调用该函数时传入token值。第17行调用/token接口并返回token解析后的信息。
- 第22 ~ 31行通过dispatch将接口返回的信息保存到Redux中，其中包含site、role、token和username。site是网站名，用于识别A系统；role是角色；username是通过A系统访问的用户名。

接下来根据Redux中保存的site判断访问是否来自A系统。之所以要增加这么一个函数，是因为与B系统集成的网站可能不仅仅是A系统。因此，编写isFromA函数，代码如下：

```
export const isFromA = (site) => {
  return site === A;
};
```

最后，调用isFromA方法，在项目中对需要增删或调整的组件进行修改。例如编写ProductLists组件，代码如下：

```
01  const ProductLists = () => {
02    return (
03     <>
04       isFromA(site) && <C/>
05       !isFromA(site) && <D/>
06     </>
07    )
08  }
```

代码解析：

- 第04行判断如果访问来自A系统，则显示C组件。
- 第05行判断如果访问不来自A系统，则显示D组件。

20.2　带特定 token 的 URL 集成方式

第二种集成方式比较简单，在第三方A系统有一个入口链接，单击该链接后，URL跳转到被集成的B系统。这个跳转的URL同样带着一个token。

具体方法为A系统包含一个带token的链接跳转，代码如下：

```
<a href="http://B.com/#/?token=sd4232shdshkshdhs">去往B进行产品配置</a>
```

在B系统中，根据URL的token解析A系统的特定信息，然后进行系统组件定制化修改。在B系统中做的修改和20.1节中B系统的处理工作一样，不再赘述。

20.3　微前端的集成方式

通过iframe标签与第三方集成会有一些缺点，例如由于iframe中的页面和父页面交互有跨域限制可能会引起用户体验问题，由于搜索引擎通常不会对iframe的内容进行索引从而导致SEO问题，等等，影响使用体验。现代网站开发一般都避免使用iframe标签进行网站嵌套。另外，如果第三方系统A和被集成的系统B之间需要进行通信，且通信的数据量不适合用URL链接带参数传递，而且B系统只是在A系统的局部页面中展示，那么这种情况就不适合使用前面两节讲的集成方式了。

这种情况下，B系统其实应该作为A系统的一个组件来展示。如果A系统和B系统是不同团队开发，且上线部署时互不影响，就需要用到微前端技术了。

微前端是从后端微服务演化而来的。微前端架构的系统由*n*个模块组成。每个模块由独立团队开发，可以独立部署，并且每个模块可以采用不同的技术栈。微前端的一般结构如图20.1所示。

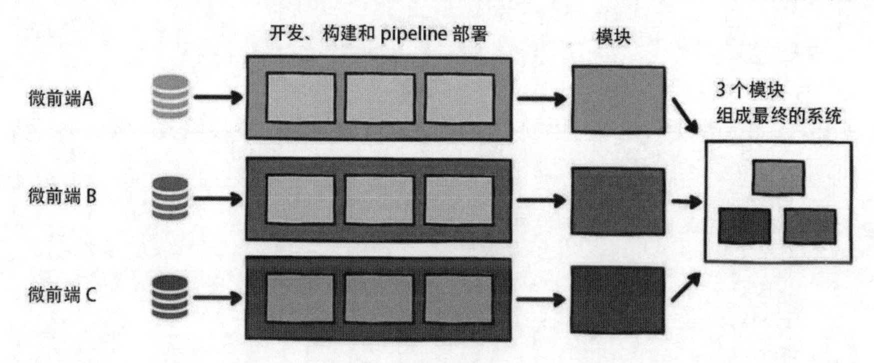

图20.1 微前端的结构

目前，项目中常用的微前端框架有Single-spa、Qiankun、Micro App等。本节以Micro App为例，讲解使用的基本流程。

Micro App是京东开发的一款基于Web Component原生组件进行渲染的微前端框架，不同于目前流行的开源框架，它以组件化的思维实现微前端，旨在降低上手难度，提升工作效率。它是目前市面上接入微前端成本最低的框架，并且提供了样式隔离、资源地址补全、数据通信等功能。Micro App的官方地址是https://micro-zoe.github.io/micro-app/。

下面以A系统集成B系统为例进行讲解。在Micro App中，A系统也叫基座应用，B系统也叫子应用。

在A系统中，首先需要使用终端安装Micro App，代码如下：

```
npm i @micro-zoe/micro-app --save
```

然后在A系统的入口文件index.js中引入Micro App，代码如下：

```
import microApp from '@micro-zoe/micro-app';
microApp.start();
```

接下来分配一个路由给子应用B，此时假如A系统使用了React技术栈，代码如下：

```
01  import { BrowserRouter, Switch, Route } from 'react-router-dom';
02  import ProductConfig from './product-config';
03  export default function AppRoute () {
04    return (
05      <BrowserRouter>
06        <Switch>
07          <Route path='/productConfig'>
08            <ProductConfig/>
09          </Route>
```

```
10        </Switch>
11      </BrowserRouter>
12  ) }
```

代码解析：

- 第01行引入BrowserRouter、Switch、Route路由组件用于系统的路由跳转。
- 第02行引入ProductConfig组件，该组件是产品配置页面，在此组件中会引入B系统。
- 第03行定义A系统的路由组件AppRoute。
- 第07行分配路由/productConfig给ProductConfig组件。
- 第08行渲染ProductConfig组件。

最后在A系统的ProductConfig组件中嵌入子应用B，product-config.js中的代码如下：

```
01  export function ProductConfig () {
02    return (
03      <div>
04        <h1>产品配置</h1>
05        <micro-app name='B' url='http://B.com/#/'></micro-app>
06      </div>
07    )
08  }
```

代码解析：

- 第05行渲染micro-app组件，这个组件是微前端框架提供的。name是子应用名称，是必传项。url是子应用独立访问时的地址，也是必传项。

在B系统中的处理比较简单，打开B系统，在统一封装axios请求的文件request.js中增加如下第06～08行的代码：

```
01  import axios from 'axios';
02  import _ from 'lodash';
03
04  axios.defaults.timeout = 10 * 60 * 1000
05  axios.interceptors.request.use(config => {
06    if (window.__MICRO_APP_ENVIRONMENT__) {
07      config.url = window.__MICRO_APP_PUBLIC_PATH__ + config.url
08    }
09   return config;
10  },
11  error => {
12      return Promise.reject(error);
13  });
14
15  const setResponseInterceptors = ({dispatch}) => {
16     //...
17  };
18
19  export const request = {
20      get: async (url, params) => {
```

```
21          const response = await axios.get(url, params);
22          return response;
23      },
24      post: async (url, payload, params) => {
25          const response = axios.post(url, payload, params);
26          return response;
27      },
28      setResponseInterceptors
29  }
```

代码解析：

- 第05～13行是axios对接口请求的拦截。
- 第06～08行是B系统为了适配微前端架构增加的代码，解决B系统接口的404错误问题。接口报404错误是因为请求的地址会以基座域名进行补全，导致报错。例如，在A系统中访问B系统时，B系统中接口的地址本来应该是http://B.com/xxx，结果变成了http://A.com/xxx，而A系统中本来就没有编写过B系统中使用的接口，因此肯定报404错误。

对此，需要用到微前端框架提供的常量__MICRO_APP_PUBLIC_PATH__。在微前端架构下，__MICRO_APP_PUBLIC_PATH__是子应用的静态资源前缀。第07行设置的目的是，当通过A系统访问B系统时，B系统的接口访问地址应该修改为window.__MICRO_APP_PUBLIC_PATH__ + config.url的以B系统域名开头的绝对地址，这样404错误问题就解决了。

当然，一般A系统和B系统的域名是不一样的，别忘了在webpack-dev-server的headers中设置跨域支持，代码如下：

```
devServer: {
  headers: {
    'Access-Control-Allow-Origin': '*'
  }
}
```

至此，在A系统中就可以看到B系统的内容了。

下面是B系统要做的处理。B系统需要获取A系统传过来的数据，这些数据可能是访问A系统的用户角色，也可能是A系统的网站标识等。B系统根据这些特定信息来渲染不同的组件。

在B系统中编写函数getMicroData，该函数用于获取A系统传递的数据，代码如下：

```
export const getMicroData = () => {
  const params = window.microApp.getData();
  return params;
}
```

代码很简单，就是调用window.microApp.getData()方法。这个方法也是微前端框架提供的。

当B系统处理完某些数据需要返回给A系统时，可以使用以下代码：

```
window.microApp.dispatch(data);
```

data就是要传递的数据。

20.4　小结

本章主要介绍了项目集成常用的方案，包括通过iframe标签的集成方式、带特定token的URL集成方式和微前端集成方式。对于微前端框架，介绍了Micro App的使用。借鉴本章介绍的3个集成方案，当项目需要与第三方系统集成时，读者应该知道怎么做而不至于一头雾水。

第21章

React项目的性能优化

性能优化一直是前端避不开的话题。随着项目业务的增加，代码越来越多，如果不对项目进行适当的性能优化，后期不论是增加新需求还是修复bug都是十分令人头痛的。本章针对React项目的优化提供一些方案供读者参考。

本章主要涉及的知识点有：

- 组件拆分
- 函数功能单一
- 循环中的key
- shouldComponentUpdate防止组件重复渲染
- PureComponent代替Component
- 懒加载组件
- Gzip压缩

21.1 组件拆分

在React项目中组件的功能要单一，代码量不能太大。若是组件功能复杂，则不利于复用，且可读性差，导致后期维护困难；改代码时，还可能会影响其他业务，牵一发而动全身。由于几个功能集中于一个组件，当其中任何一个功能被修改时都会使得整个组件被重新渲染，没有修改的部分也被重新渲染，导致性能浪费。因此，需要拆分组件。

组件一般按照功能拆分。例如一个产品列表组件ProductLists，其中每条列表数据Product是单独的组件。在每个Product组件中可能包含产品图片组件、产品内容组件、产品提示组件等。这样一层层往下拆分，直到一个组件只完成一个功能为止。

还有一种拆分就是组件内的拆分，组件内部的逻辑或交互如果是比较常见的交互，就应该将逻辑和UI分离，即把渲染和功能拆分成不同组件，以提高复用性。

在software-labs-client项目中，首先打开src/features/product/components/ProductLists.js文件，该文件中定义了ProductLists组件，用于渲染产品列表，代码如下：

```
01  import { useSelector } from 'react-redux';
02  import { DoubleRightOutlined } from '@ant-design/icons';
03  import _ from 'lodash';
04  import { selectProducts } from '../selector';
05  import Product from './Product';
06
07  const ProductLists = (props) => {
08    const {scrollPos} = props;
09    const products = useSelector(selectProducts);
10
11    return (
12      <>
13        {
14          _.map(products, group => {
15            let sectionId,sectionTitle,linkText,linkIconClassName,scrollId;
16            if(group.group === 'DTWS'){
17              sectionId = 'section-desktop';
18              scrollId = 'section-mobile';
19              sectionTitle = 'DESKTOP WORKSTATIONS';
20              linkText = 'MOBILE WORKSTATIONS';
21              linkIconClassName = 'arrow-down slideInDown';
22            }else{
23              sectionId = 'section-mobile';
24              scrollId = 'section-desktop';
25              sectionTitle = 'MOBILE WORKSTATIONS';
26              linkText = 'DESKTOP WORKSTATIONS';
27              linkIconClassName = 'arrow-up slideInUp';
28            }
29            return (
30              <div className="section" key={group.group} id={sectionId}>
31                <span className="section-title">{sectionTitle}</span>
32  <a className="downscroll-link" onClick={() => {scrollPos(scrollId, -12)}}>
{linkText}<DoubleRightOutlined className={linkIconClassName}/></a>
33                <div className="line-red"></div>
34                <div className="row row-sm">
35                {
36                  _.map(group.lists, (product, index) => {
37                    return <Product product={product}/>
38                  })
39                }
40              </div>
41              </div>
42            )
43          })
44        }
45      </>
46    );
47  }
48  export default ProductLists;
```

代码解析：

- 第05行引入子组件Product，该组件是产品列表中的每一个产品项。
- 第14～28行利用_.map循环遍历数组products。products的结构为：[{group:'DTWS', lists:[{level: 'Good', ...}]}]。由此可见，产品列表是分组的，每组的标题是group，每组由多个产品组成，是lists。
- 第36～38行利用_.map遍历lists字段，循环渲染每个产品。其中第37行加载Product组件，用于渲染每个产品。

然后打开src/features/product/components/Product.js文件，该文件中定义了单个的Product组件，用于渲染每一个产品，代码如下：

```
01  import { Card} from 'antd';
02  import _ from 'lodash';
03  import './product.scss';
04  import CarouselCard from './CarouselCard';
05  import CarouselButton from './CarouselButton';
06  import ProductTable from './ProductTable';
07  import TotalPrice from './TotalPrice';
08  import PriceTip from './PriceTip';
09  import Stock from './Stock';
10  import Category from './Category';
11
12  const Product = (props) => {
13    const {product} = props;
14
15    return (
16      <div className="col-12 col-lg-4 mb-4" key={product.id}>
17        <Card bordered={false}>
18          <div className="card ng-star-inserted">
19            <div className="level">{product.level}</div>
20            <CarouselCard product={product}/>
21            <CarouselButton/>
22            <Category product={product}/>
23            <Stock product={product}/>
24            <ProductTable product={product}/>
25            <hr className="mx-2"></hr>
26            <TotalPrice product={product}/>
27            <PriceTip/>
28          </div>
29        </Card>
30      </div>
31    )
32  }
33  export default Product;
```

代码解析：

- 第03行引入product.scss，用于设置Product组件的样式。一般每个组件都有自己的样式表，这样复用的时候直接引用组件即可。

- 第04～10行分别引入子组件。每个子组件都是能拆分的最小组件。
- 第15～31行的return中加载子组件进行渲染，同时传入product数据用于组件内部逻辑或渲染。

最后打开src/features/product/components/CarouselButton.js文件，该文件中定义了CarouselButton组件，用于渲染图片切换按钮，代码如下：

```
const CarouselButton = () => {
  return (
    <div className="carousel slide">
      <a className="left carousel-control carousel-control-prev ng-star-inserted">
        <span className="icon-prev carousel-control-prev-icon"></span>
        <span className="sr-only ng-star-inserted">Previous</span>
      </a>
      <a className="right carousel-control carousel-control-next
ng-star-inserted">
        <span className="icon-next carousel-control-next-icon"></span>
        <span className="sr-only">Next</span>
      </a>
    </div>
  )
}
export default CarouselButton;
```

其他组件类似，都是单一功能的组件，组件中代码量要尽可能小，不要太大。

21.2 函数功能单一

单一职责（Single Responsibility Principle，SRP）又称单一功能原则，最初的出处在马丁的《敏捷软件开发：原则、模式与实践》一书，是面向对象的五大原则之一，即一个对象或者方法只做一件事。因此，函数功能单一就是指一个函数只做一件事情。

在原生JavaScript提供的API中有很多函数功能单一的例子，例如：

- trimRight()只负责去除右边的空白，其他地方的空白一概不管；而trimLeft()只负责去除左边的空白，其他地方的空白也一概不管。
- concat()只负责连接两个或更多的数组，并返回结果，不会涉及删除数组的操作。
- toFixed()只把Number类型的值四舍五入为指定小数位数的数字，不会执行其他操作。

jQuery里也有很多功能单一的函数，例如：

- $.each()只负责遍历。
- css()只负责设置DOM的style。

在实际项目中，是否遵照函数单一原则也不是绝对的。当一个功能比较特殊且很少会被复用到时，为了减少代码的复杂程度，是可以违背单一职责的。这样做虽然在维护上面会增加难度，但是在使用当中，其他团队成员可以不用关心内部的实现，直接进行调用。当项目非常小，代码不多，后面需求也不会增加很多时，也可以不用拆分和精炼到功能单一这种程度。但是如果预感到后期需求会增加很多，那么在前期就应该按照功能单一原则拆分函数了。

例如，在software-labs-client项目中，打开src/features/login/components/LoginForm.js文件，这个文件中定义了表单组件，用于登录和注册，单击登录或注册按钮后，会执行onFinished函数，该函数代码如下：

```
const  onFinished = (values) => {
    if(location.pathname === '/login'){
      login(values);
      return;
    }
    if(location.pathname === '/register'){
      register(values);
      return;
    }
};
```

上面的函数其实在本项目中没有多大问题，因为在本项目中，只有登录和注册按钮被单击时才会执行该函数，因此两个if语句也就完成了。但是，如果项目比较复杂，有很多情况都可能复用该函数，那就可以把这个函数优化一下。优化后的onFinished函数如下：

```
const finishedCallback = {
    'login': (values) => {
      login(values);
    },
    'register': (values) => {
      register(values);
    }
}

const  onFinished = (values) => {
    const key = location.pathname.replace('/', '');
    finishedCallback[key](values);
};
```

此时onFinished函数只是执行finishedCallback中定义的函数，没有其他业务逻辑，至于是登录还是注册功能，都在对象finishedCallback中定义了。

21.3 循环中的 key

在React中，key是循环列表中每一项的唯一标识符，用于识别哪些项已从列表中更改、更新或删除。当我们动态创建组件或更改列表时，key非常有用。它有助于确定集合中哪些组件需要重新渲染，而不是每次都重新渲染整个组件集。

循环遍历数组时，一般将每个元素的不会重复的唯一标识符作为key。循环遍历数组并渲染的示例代码如下：

```
const stringLists = [ 'Peter', 'Sachin', 'Kevin', 'Dhoni', 'Alisa' ];
const updatedLists = stringLists.map((strList)=>{
```

```
  <li key={strList}> {strList} </li>;
});
```

上面的代码由于循环遍历的数组只由字符串元素组成，且数组中每个元素都是唯一的，因此可以将字符串元素指定为列表的key。

如果数组中每个元素是对象，且对象有唯一id，那么就用id作为key，示例代码如下：

```
const stringLists = [
   {name: 'Peter',  id: b862951b-199f-47fc-9c84-c8d27caea11e},
   {'Sachin',  id: c1ca05eb-2ad5-4f04-b0be-304be4af0b4a},
   {'Kevin',  id: 4d440b4e-b2c2-46bf-a89b-2f1408eca718},
   {'Dhoni',  id: 9e9becbf-12d4-4611-9965-9e3a978826c3},
   {'Alisa',  id: 37d3d290-248c-4190-860f-68273fec285a}
 ];
const updatedLists = stringLists.map((strList)=>{
  <li key={strList.id}> {strList.name} </li>;
});
```

有时在项目中会看到在循环列表中用索引index作为key的情况，代码如下：

```
const stringLists = [ 'Peter', 'Sachin', 'Kevin', 'Dhoni', 'Alisa' ];
const updatedLists = stringLists.map((strList, index)=>{
  <li key={index}> {strList} </li>;
});
```

上面的代码中，将index作为每个渲染项li的key。使用index作为key不会报错，而是否影响性能则要看情况。

如果stringLists数组中的元素不会改变或者数组中新增的元素只会追加到stringLists数组的末尾，那么用index作为key是没问题的。

但是如果stringLists数组中元素的顺序将来会发生变化，则不建议使用index作为key。使用index作为key不仅会出现意想不到的bug，还会导致重复渲染，造成性能问题。

21.4　shouldComponentUpdate 防止组件重复渲染

在React中，当父组件重新渲染时，其子组件也会重新渲染。在React的class组件中，有一个生命周期方法shouldComponentUpdate，它会返回一个布尔值，指定React组件是否应该继续渲染。该方法默认值是 true，即 state或props每次发生变化时组件都会重新渲染；如果返回false，则不会调用render，组件不会重新渲染。调用方式如下：

```
shouldComponentUpdate(nextProps, nextState){
 //code here
}
```

shouldComponentUpdate方法主要用于优化性能和提高网站的响应能力。

在下面的示例中，我们构建了一个计数器应用程序，该程序仅在其props值被更改时进行渲染。首先，新建App.js，创建组件App，代码如下：

```
import React, { useState } from "react";
import Counter1 from "./Counter1";
import Counter2 from "./Counter2";

const App = () => {
  // Using useState hooks for defining state
  const [counter1, setCounter1] = useState(0);

  const increase1 = () => {
    setCounter1(counter1 + 1);
  };
  const [counter2, setCounter2] = useState(0);

  const increase2 = () => {
    setCounter2(counter2 + 1);
  };

  return (
    <div className="container">
      <div>
        <Counter1 value={counter1} onClick={increase1} />
      </div>
      <div>
        <Counter2 value={counter2} onClick={increase2} />
      </div>
    </div>
  ;
};
export default App;
```

Counter1和Counter2是两个计数器组件，初始值都为0，分别通过increase1和increase2使计数器数量增加。

然后，在Counter1.js中定义第一个计数器组件Counter1，代码如下：

```
import React, { Component } from "react";

class Counter1 extends Component {
  render() {
    console.log("Counter 1 is calling");
    return (
      <div>
        <h2>Counter 1:</h2>
        <h3>{this.props.value}</h3>
        <button onClick={this.props.onClick}>Add</button>
      </div>
    );
  }
}

export default Counter1;
```

单击Add按钮，调用onClick函数使父组件中的内部状态counter1值加1，然后通过props属性的value将增加后的值传递回Counter1组件，该组件通过this.props.value进行渲染。

再在Counter2.js中定义第二个计数器组件Counter2，代码如下：

```
import React, { Component } from "react";

class Counter2 extends Component {
render() {
    console.log("Counter 2 is calling");
    return (
      <div>
        <h2>Counter 2:</h2>
        <h3>{this.props.value}</h3>
        <button onClick={this.props.onClick}>Add</button>
      </div>
    );
  }
}
export default Counter2;
```

Counter2组件的逻辑与Counter1一致。

Counter1和Counter2组件都没有使用shouldComponentUpdate()方法。当单击Counter1组件的Add按钮时，控制台输出Counter 1 is calling和Counter 2 is calling，如图21.1所示。说明Counter1组件和Counter2组件的render都执行了，也就是说这两个组件都重新渲染了。但事实上Counter2组件并没有发生任何变化，因此Counter2组件的重新渲染造成了性能浪费。

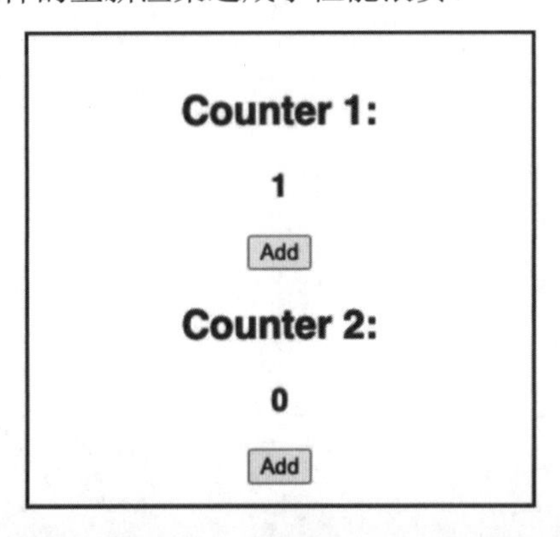

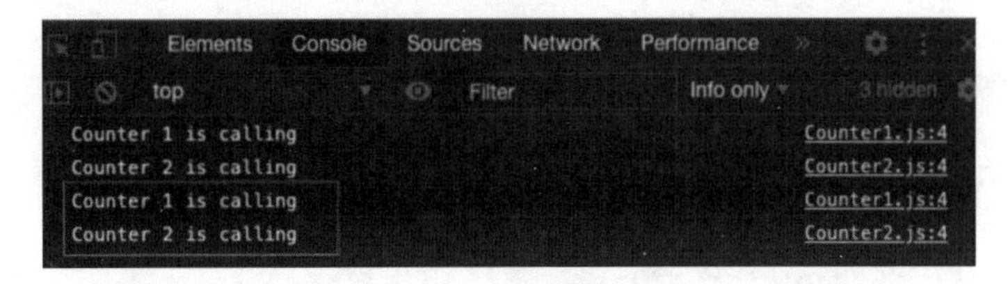

图21.1　单击Counter1的Add按钮后控制台输出的log

接下来修改Counter1组件和Counter2组件，分别增加shouldComponentUpdate方法。Counter1的代码如下：

```
01  import React, { Component } from "react";
02
03  class Counter1 extends Component {
04    shouldComponentUpdate(nextProps) {
05      if (nextProps.value !== this.props.value) {
```

```
06        return true;
07      } else {
08        return false;
09      }
10    }
11    render() {
12      console.log("Counter 1 is calling");
13      return (
14        <div>
15          <h2>Counter 1:</h2>
16          <h3>{this.props.value}</h3>
17          <button onClick={this.props.onClick}>Add</button>
18        </div>
19      );
20    }
21  }
22
23  export default Counter1;
```

代码解析：

- 第04～10行增加了shouldComponentUpdate方法，在该方法中进行判断，如果props中的value值发生变化，就返回true，重新渲染组件；否则返回false，不重新渲染组件。

Conuter2组件代码如下：

```
01  import React, { Component } from "react";
02
03  class Counter2 extends Component {
04    shouldComponentUpdate (nextProps) {
05      if (nextProps.value !== this.props.value) {
06        return true;
07      } else {
08        return false;
09      }
10    }
11    render() {
12      console.log("Counter 2 is calling");
13      return (
14        <div>
15          <h2>Counter 2:</h2>
16          <h3>{this.props.value}</h3>
17          <button onClick={this.props.onClick}>Add</button>
18        </div>
19      );
20    }
21  }
22
23  export default Counter2;
```

代码解析：

- 第04 ~ 10行增加了shouldComponentUpdate方法，判断逻辑与Counter1的一致。

当单击Counter1组件中的Add按钮时，可以看到控制只打印了Counter 1 is calling，Counter2组件没有重复渲染了，如图21.2所示。

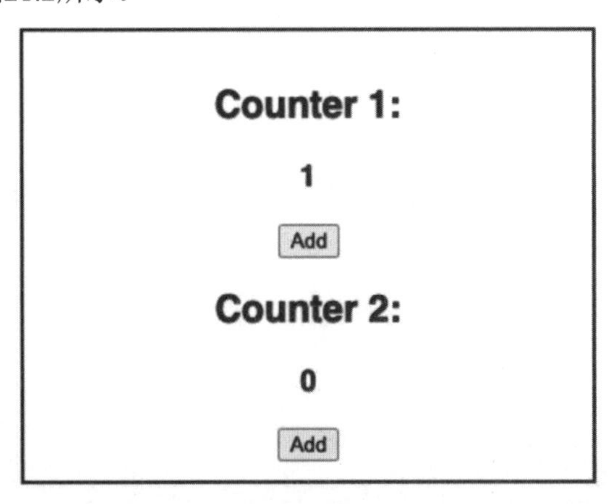

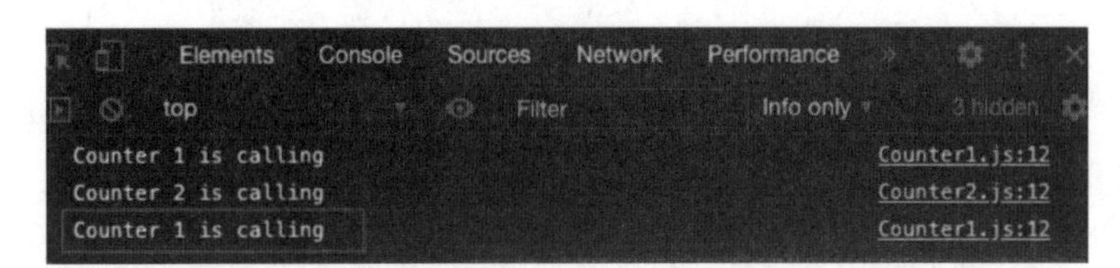

图21.2　单击Counter 1的Add按钮后控制台输出的log

21.5　PureComponent 代替 Component

使用PureComponent也可以进行React性能优化，减少不必要的渲染次数。PureComponent是React Component的一个子类，在PureComponent中默认自定义了shouldComponentUpdate方法，在该方法中对props和state进行了浅比较，如果组件的props和state都没有发生改变，就不会触发render方法，省去Virtual DOM的生成和对比过程，达到提升性能的目的。

使用时只要把React class类中的Component替换为PureComponent即可。例如针对21.4节中的示例，改写Counter1组件，代码如下：

```
import React, { Component } from "react";

class Counter1 extends PureComponent {
   render() {
      console.log("Counter 1 is calling");
      return (
        <div>
           <h2>Counter 1:</h2>
```

```
            <h3>{this.props.value}</h3>
            <button onClick={this.props.onClick}>Add</button>
          </div>
        );
    }
}

export default Counter1;
```

改写Counter2组件，代码如下：

```
import React, { Component } from "react";

class Counter2 extends Component {
   render() {
     console.log("Counter 2 is calling");
     return (
       <div>
          <h2>Counter 2:</h2>
          <h3>{this.props.value}</h3>
          <button onClick={this.props.onClick}>Add</button>
        </div>
    );
  }
}

export default Counter2;
```

改写后的Counter1和Counter2中，PureComponent代替了Component，删除了shouldComponentUpdate函数。

PureComponen只能在React的class类型的组件中使用，因为只有class组件才有生命周期。但这也不意味着函数式组件就没有办法优化了。在React v16.6.0之后，增加了React.memo方法，React.memo()和PureComponent很相似，可以控制是否渲染函数式组件。

21.6 懒加载组件

JS文件太大会导致页面加载时间过长，应用组件懒加载可以减少代码的初次加载数量。实现懒加载的常见方案有两种，一种是借助三方库react-loadable，另一种是利用React.lazy()和 Suspense。

react-loadable提供了一个高阶组件Loadable，使用Loadable可以在渲染之前动态加载任意模块。示例代码如下：

```
import Loadable from 'react-loadable';

const LoadableBar = Loadable(
    () => import('./components/Bar'),
    loading() {
       return <div>Loading...</div>
    }
});
```

```
class MyComponent extends React.Component {
   render() {
      return <LoadableBar/>;
   }
}
```

上面的代码通过调用Loadable方法生成一个包装后的组件，使用Loadable时传入两个参数，分别是要动态加载的组件和加载组件时的Loading组件。

另一种懒加载的方式使用了React.lazy，示例代码如下：

```
import React, { Suspense, lazy } from 'react';
const OtherComp2 = lazy(() => import('./OtherComp2'))
function App() {
  return (
    <Suspense fallback={<div>loading....</div>}>
      <OtherComp2/>
    </Suspense>
  );
}
export default App;
```

上面的代码中，React.lazy接收一个动态调用的import()函数，返回一个React组件。为了给用户更好的体验，还可以借助Suspense组件的fallback属性定义加载前的一些交互，例如loading提示等，fallback属性可以接收任何React元素。

21.7　Gzip 压缩

Gzip是一种数据的压缩格式，或者说是一种文件格式。开启Gzip压缩会大大减少HTTP传输文件的大小，尤其是JS、TEXT、JSON、CSS这几种纯文本格式的文件，对它们进行压缩，效率极高，能大大提高前后端数据传输效率，提高网站加载速度。

一般Gzip压缩需要在后端或Nginx中进行配置。例如在Nginx文件中增加如下代码开启Gzip压缩：

```
gzip on;
```

开启Gzip压缩用on，关闭用off。

还有其他配置，例如：

```
gzip_comp_level 6;
```

表示Gzip的压缩级别为6。级别有1～9，数字越大压缩得越好，也越占用CPU时间。推荐的压缩级别为6。

```
gzip_types text/plain text/css application/json application/javascript
```

表示选择压缩的文件类型。

可以在Chrome的Network面板中查看哪些文件开启了Gzip压缩，如图21.3所示，featureToggle接口返回的数据采用了Gzip压缩。

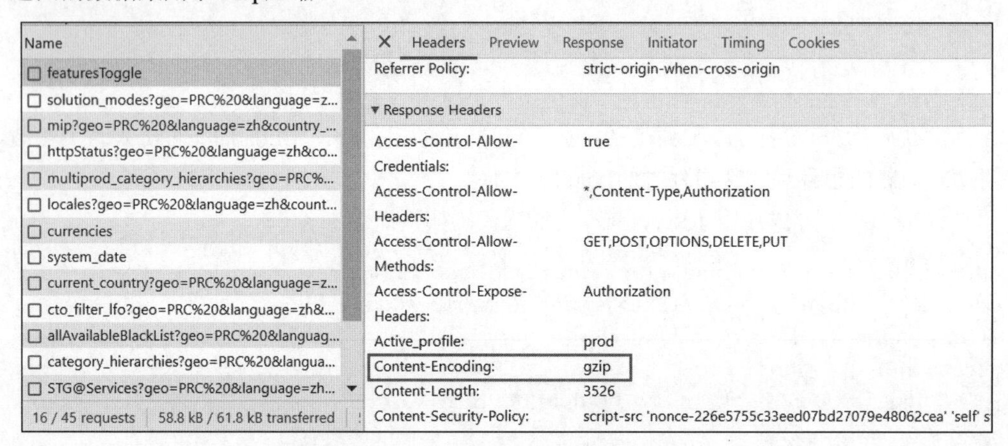

图21.3 featureToggle接口返回的数据采用了Gzip压缩

21.8 小结

本章主要介绍了React项目优化的几个方向，包括组件拆分、函数按功能单一原则拆分、利用shouldComponentUpdate防止组件重复渲染、懒加载组件、Gzip压缩等。具体React项目的优化方向，需要根据项目的实际情况进行选择。

第 22 章 服务器端开发的准备

从本章开始讲解服务器端的开发。服务器端的开发主要是为前端提供接口。在开发之前，先要做些准备工作，了解服务器开发中几个重要的概念。

本章主要涉及的知识点有：

- 模块化规范
- HTTP/HTTPS 协议
- Content-Type

22.1 模块化规范

模块化的出现是为了方便管理文件和它们之间的依赖，帮助编写和维护代码。根据模块化的概念，会把代码切割成多个小单元。每个单元有自己的作用域，编写自己的逻辑代码，不会影响模块外的其他代码。

JS代码可以运行在浏览器和服务器不同的环境中。为了在不同环境中实现模块化，出现了不同解决方案，这些方案也称为模块化规范。本节将详细介绍几个主流的模块化规范。

22.1.1 CommonJS

CommonJS是一个项目，其目标是为JavaScript在网页浏览器之外创建模块约定。因此，CommonJS最初是服务于服务器端的。

按照CommonJS规范，每个文件就是一个模块，有自己的作用域。在一个文件里面定义的变量、函数、类都是私有的，对其他文件不可见。

CommonJS规范规定，每个模块内部有两个变量可以使用：require和module。require用来加载某个模块；module代表当前模块，是一个对象，保存了当前模块的信息。exports是module上的一个属性，保存了当前模块要导出的接口或者变量，使用require加载的某个模块获取到的值就是那个模块使用exports导出的值。

Node.js的诞生把JavaScript语言带到了服务器端，面对文件系统、网络、操作系统等复杂的业务场景，模块化就变得不可或缺。于是Node.js和CommonJS规范就相得益彰，共同走入了开发者的视线。Node.js的模块化是在CommonJS 规范的基础上实现的。在Node.js中，一般一个文件就是一个模块。

例如，编写Node.js应用中的一个模块a.js，代码如下：

```
const name = 'product';
const level = 'Good';
exports.name = name;
exports.getLevel = function(){
  return level;
}
```

编写b.js模块，在该模块中引用a.js，代码如下：

```
const a = require('a.js');
console.log(a.name);
```

在终端执行node b.js，会打印出“product”。

22.1.2 AMD

AMD的全称是Asynchronous Module Definition，意思是异步模块定义。它和CommonJS规范一样，都是模块化规范，只不过 CommonJS规范是同步加载模块，只有加载完成，才能执行后面的操作，而 AMD是异步加载模块，可以指定回调函数。

在浏览器环境下，向服务器发起请求获取模块文件，如果使用同步加载，则由于网络延迟等原因，可能出现浏览器页面空白或卡顿等现象，因此不适合使用同步加载的方式，于是出现了适合浏览器的ADM规范。该规范的实现之一是require.js。

require.js是一个JS文件和模块加载器，它非常适合在浏览器中使用。使用require.js加载模块化脚本，能提高代码的加载速度和质量。它的使用方法是先通过一个全局函数define把代码定义为模块，再使用require方法加载模块。

在使用require.js之前，首先要在HTML文件中引入 require.js 工具库，这个库提供了定义模块、加载模块等功能。然后引入自定义的符合AMD规范的JS模块，代码如下：

```
<script src="require.js"></script>
<script src="index.js"></script>
```

上面的代码引入了require.js和入口文件index.js。

再在入口文件index.js中通过require引入product模块，并打印product的属性name的值，代码如下：

```
require(['product'], function (product) {
  console.log(product.name)
})
```

下面在product.js中定义product模块，代码如下：

```
define('product', ["jquery"], function($){
  $('.container').html('product');
```

```
  const name = 'product';
  const level = 'Good';
  const getLevel = function(){
    return level;
  }
  return { name, level, getLevel }
})
```

上面的代码通过define创建了一个名为product的模块，该模块依赖jquery模块，并导出name、level变量和getLevel函数。

22.1.3 CMD

CMD的全称是Common Module Definition，它整合了CommonJS规范和AMD规范的特点。CMD规范的实现是sea.js。

CMD遵循依赖就近原则，不需要在定义模块的时候声明依赖，可以在模块执行时动态加载依赖。

例如，定义模块product，代码如下：

```
define(function (require, exports, module) {
  const name = 'product';
  const level = 'Good';
  const getLevel = function(){
    return level;
  }
  module.exports = { name, age, sum, }
})
```

上面的代码通过module.exports导出模块。

在index.js中引入product模块并使用，代码如下：

```
define(function (require, exports, module) {
  const product = require('./src/product.js');
  console.log(product.name)
})
```

上面的代码中，define函数接收一个回调函数，参数是require、exports、module，并通过require导入模块product。

接下来在HTML中引入并使用index.js，代码如下：

```
<script src="./lib/sea.js"></script>
<script>
  seajs.use('./index.js');
</script>
```

22.1.4 ES 6

ES Module规范是在ES 6中提出的，它在语言标准的层面上实现了模块化功能，而且实现得相当简单，完全可以取代CommonJS、CMD和AMD规范，成为浏览器和服务器通用的模块解决方案。

ES规范使用export 命令定义模块的对外接口，在其他JavaScript文件中可以通过 import 命令加载这个模块。前面的客户端项目software-labs-client的代码采用的都是ES 6模块规范。

例如，在ES规范下定义模块product，代码如下：

```
const name = 'product';
const level = 'Good';
const getLevel = function(){
  return level;
}
export default { name, level, getLevel }
```

在index.js中引入product模块并使用，代码如下：

```
import product from 'product.js';
console.log(product.name);
const level = product.getLevel();
```

22.2 HTTP/HTTPS 协议

HTTP和HTTPS都是URL的协议部分，例如https://www.baidu.com/。不同的是，有的网站使用HTTPS，而有的网站则使用HTTP。

HTTP和HTTPS都负责提供一个通道，在该通道中，浏览器和网络服务器之间可以传输数据，从而实现正常的网络浏览功能。

HTTP和HTTPS之间的区别在于后者末尾的S。虽然只用一个字母将它们区分开来，但是它们在核心工作方式上却存在着巨大的差异。简而言之，HTTPS更安全，当需要传输安全数据时，应始终使用HTTPS，例如登录银行网站、编写电子邮件、发送文件等。

HTTP代表超文本传输协议，它是万维网使用的网络协议，允许用户打开网页链接、切换页面等。换句话说，HTTP为用户提供了与Web服务器通信的途径。当用户打开使用HTTP的网页时，浏览器会使用超文本传输协议从Web服务器请求该网页。当服务器接收到请求时，它会使用相同的协议将页面发送回浏览器。HTTP是网站和软件系统的基础，如果没有HTTP，网络就无法正常运行，因为链接依赖于HTTP才能正常工作。

但是，HTTP是以纯文本形式发送和接收数据的。这意味着，当在使用HTTP的网站上传输数据时，任何人都可以看到浏览器和服务器之间的一切通信数据，包括密码、消息和文件等。

HTTPS与HTTP非常相似，关键区别在于它是安全的，这就是HTTPS末尾的S所代表的意义。

安全的超文本传输协议使用一种被称为SSL（安全套接字层）或TLS（传输层安全）的协议，它通常将浏览器和服务器之间的数据封装在端口443上的安全加密隧道中，这使得数据包嗅探器更难解密。

SSL和TLS在网上购物时特别有用，可以确保财务数据的安全，常用于任何敏感数据（例如密码、个人信息、支付详细信息等）的传输。

HTTPS相比HTTP的另一个优势是传输速度更快。因为HTTPS已经被认为是安全的，所以不必对数据进行扫描或过滤，从而减少了传输的数据，并最终减少了传输时间。

22.3　Content-Type

Content-Type也称为MIME或媒体类型，是Web服务器的响应标头中的一个语句。作为HTTP响应头的一部分，用于定义网络文件的类型和网页的编码，它可以告诉浏览器正在传输什么类型的内容，例如是PNG图像还是HTML页面，进而决定浏览器以哪种方式处理传输的文件。如图22.1所示是HTTP响应头中的Content-Type。

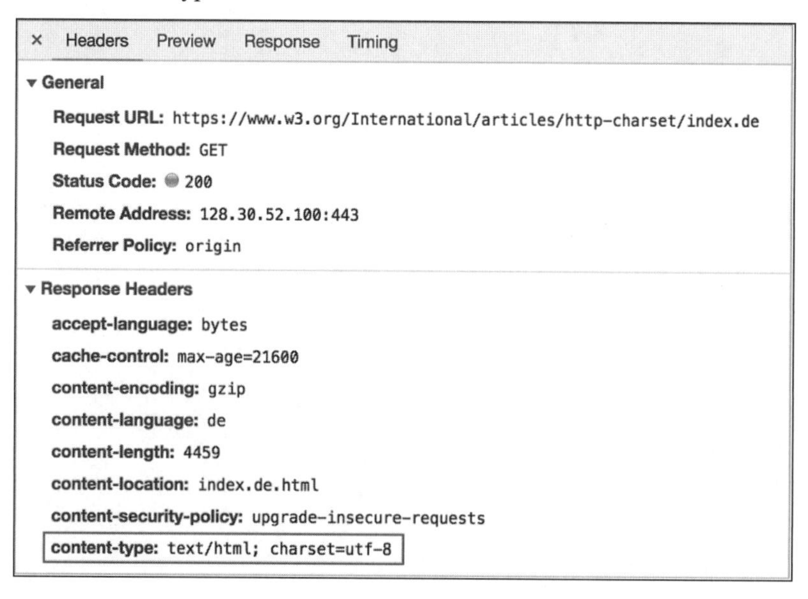

图22.1　HTTP响应头中的Content-Type

网络文件传输中有许多不同的内容类型，所有这些内容类型都用于标识传输的资源。Content-Type的语法格式如下：

```
Content-Type: text/html; charset=utf-8
Content-Type: multipart/form-data; boundary=something
```

网站传输数据时常见的内容类型有：text、image、video、audio和application。

- text类型包括text/css、text/javascript、text/html、text/xml等，分别表示传输CSS、JavaScript、HTML、XML文件。
- image类型包括image/jpeg、image/png、image/svg+xml和image/gif等，分别表示传输JPEG、PNG、SVG及GIT图片。
- video类型包括video/mpeg和video/avi，表示传输视频文件。
- audio类型包括audio/mpeg，表示传输音频文件。
- application类型允许传输application数据或二进制数据。application数据告诉浏览器，传输回来的文件将用某种特定的程序打开，例如application/javascript，它表示要执行服务器端的JavaScript文件。

multipart/form-data是另外一种常见类型，需要在表单中进行文件上传时，就使用该类型。

22.4 小结

本章主要介绍了服务器端开发前应该了解的重要内容，包括常见的模块化规范类型、哪些库实现了该规范、HTTP和HTTPS的作用和区别，以及文件传输Content-Type表示的含义及其常见的类型。

第 23 章 Express 应用框架

服务器端开发主要是为前端提供接口，涉及从数据库获取数据、接收前端参数进行逻辑处理。封装接口等。常用的开发语言除了Java、PHP之外，还有Node.js。由于Node.js语法完全是JavaScript语法，因此对于前端工程师来说大大降低了开发成本。

本章主要涉及的知识点有：

- Node.js基础
- 什么是Express
- 安装Express
- Express基础
- RESTful接口规范
- 脚手架express-generator
- nodemon
- jsonwebtoken
- cors
- 实现get接口
- 实现post接口

23.1 Node.js 基础

Node.js是一个开源和跨平台的JavaScript运行时环境。

Node.js在浏览器之外运行V8 JavaScript引擎（Google Chrome的内核）。V8引擎执行JavaScript的速度非常快，并且性能非常好，这使得Node.js非常高效。

V8是JavaScript引擎，即它解析和执行JavaScript代码。它是用C++编写的，并且在不断改进。

JavaScript引擎是可移植的，可以独立于托管它的浏览器，因此V8还可以在Mac、Windows、Linux和其他几个系统上运行。JavaScript引擎还有很多，例如运行在Firefox上的SpiderMonkey、运行在Safari上的JavaScriptCore、运行在Edge上的Chakra等。

Node.js应用程序在单个进程中运行，无须为每个请求创建新线程。Node.js在其标准库中提供了一组异步I/O原语，以防止JavaScript代码阻塞。通常情况下，Node.js中的库是使用非阻塞方式编写的，这使得阻塞行为成为异常而不是常态。

Node.js是事件驱动的。当执行I/O操作时，例如从网络读取、访问数据库或文件系统，Node.js不会阻塞线程和浪费CPU周期进行等待，而是会在响应返回时恢复操作。因此，Node.js可以使用单个服务器处理数千个并发连接，而不会增加管理线程并发的负担。

Node.js具有独特的优势，它使数百万个为浏览器编写JavaScript 的前端开发者能够编写服务器端代码，而无须学习完全不同的语言。

在Node.js中，可以毫无疑问地使用新的ECMAScript标准。

使用Node.js之前先要安装，与使用浏览器前的安装一样，详细的安装操作可以参考第3章。

Node.js安装完成后，按Win+R组合键打开“运行”，在输入框中输入cmd，打开cmd终端。在cmd终端输入node进入命令交互模式。在该模型下，输入一条代码语句后会立即执行并显示结果。例如，输入node后出现欢迎进入node交互模式的提示，然后输入语句console.log('Hello World!')，会输出“Hello World!”，如图23.1所示。

也可以先编写JS文件，然后在node交互模式输入JS文件名进而执行代码。例如先创建hello.js文件，编写代码console.log('Hello World!')，然后在cmd终端输入node hello.js，同样也会输出“Hello World！”，如图23.2所示。

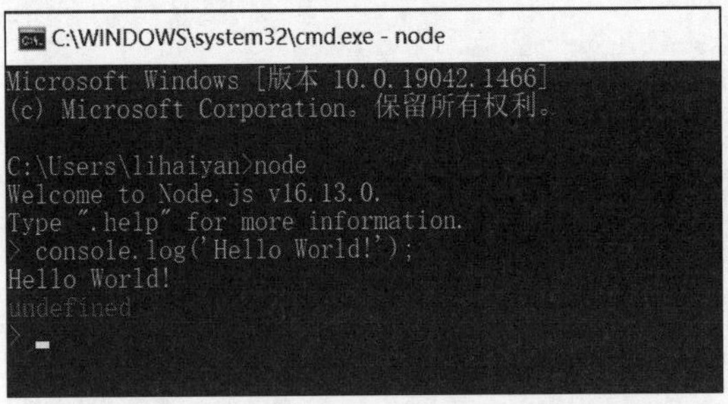

```
C:\WINDOWS\system32\cmd.exe - node
Microsoft Windows [版本 10.0.19042.1466]
(c) Microsoft Corporation。保留所有权利。

C:\Users\lihaiyan>node
Welcome to Node.js v16.13.0.
Type ".help" for more information.
> console.log('Hello World!');
Hello World!
undefined
>
```

图 23.1　输入 node 进入命令交互模式

```
C:\WINDOWS\system32\cmd.exe
Microsoft Windows [版本 10.0.19042.1466]
(c) Microsoft Corporation。保留所有权利。

C:\Users\lihaiyan>d:

D:\>node hello.js
Hello World!

D:\>
```

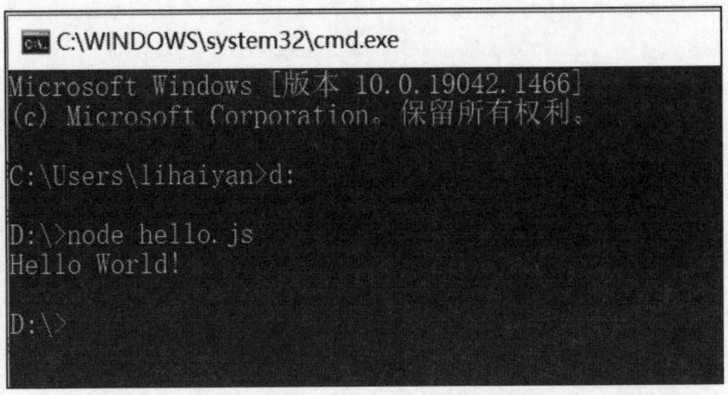

图 23.2　输入 node hello.js 以执行文件

Node.js有内置模块和自定义模块。内置模式是Node.js自带的内置对象，可以帮助我们执行很多操作，包括对路径、文件等的操作。

自定义模块使用exports或module.exports封装函数或对象，在其他JS文件中使用require引入模块，采用CommonJS规范，具体可参考第22章。

Node2.js常用的内置模块有http模块、path模块、url模块和fs模块。

（1）http模块主要用于搭建HTTP服务器，使用方法如下：

```
var http = require('http');
```

下面演示一个最基本的HTTP服务器架构（使用8080端口），创建server.js文件，代码如下：

```
01  const http = require('http');
02  const server = http.createServer( function (request, response) {
03    response.writeHead(200, {'Content-Type': 'text/html'});
04    response.write(data.toString());
05    response.end();
06  });
```

```
07  server.listen(8080);
```

代码解析：

- 第01行引入http模块。
- 第02行使用http模块的createServer方法创建服务server。
- 第03行是向请求的客户端发送响应头。200是HTTP状态码，Content-Type表示返回的数据格式是HTML。
- 第04行是向请求的客户端发送响应内容。
- 第05行表示结束响应，告诉客户端所有消息已经发送完毕。
- 第07行使用listen方法启动服务器接收新连接。listen()是http模块中的Server类的内置应用程序编程接口。

（2）path模块提供了一些用于处理文件路径的小工具，我们可以通过以下方式引入该模块：

```
const path = require("path")
```

path模块的方法有很多，例如join、resolve、dirname等。

（3）url模块用于解析URL地址，通过下面的代码引入该模块：

```
const url = require("url")
```

url模块一共提供了3个方法，分别是url.parse()、url.format()、url.resolve()。

- parse()方法主要用于获取URL字符串，并对其进行解析，然后返回url对象。
- format()方法将传入的URL对象编成一个url字符串并返回。
- resolve()方法用于将传入的url片段解析成一个完整的URL，使用的是类似于Web览器解析锚标记的方式。

（4）fs是Node.js内置的文件系统模块，在Node.js中操作文件都使用fs模块，fs模块的所有方法均有异步和同步版本，例如读取文件内容的函数有异步的fs.readFile()和同步的fs.readFileSync()。使用方法如下：

```
var fs = require("fs")
```

下面是一个简单的示例。首先创建text.txt文件，内容如下：

```
Softwarelabs 文件读取实例
```

然后创建file.js文件，代码如下：

```
01  const fs = require("fs");
02  fs.readFile('text.txt', function (err, data) {
03    if (err) {
04        return console.error(err);
05    }
06    console.log("文件内容是: " + data.toString());
07  })
```

代码解析：

- 第01行引入fs模块。

- 第02行调用fs模块的readFile方法读取文件text.txt的内容。
- 第06行打印文件内容。

23.2 什么是 Express

Express是十分流行的Node.js框架，也是许多其他流行Node.js框架的底层库。

Node.js中的http模块虽然可以创建服务器，但是用起来有些复杂，开发效率也低。Express是基于内置的http模块进一步封装出来的，能够极大地提高开发效率。

对于前端工程师来说，最常见的两种服务器分别是Web网站服务器和API 接口服务器，前者专门对外提供Web网页资源，后者则专门对外提供API接口。使用Express，我们可以方便、快速地创建Web网站服务器或API接口服务器。

23.3 安装 Express

Express程序是npm上的一个第三方包。安装也很简单，在项目目录下，打开终端输入如下命令即可：

```
npm install express --save
```

本书案例计算机选购配置系统对应两个工程：一个是前端项目software-labs-client；另一个是服务器端项目software-labs-server，它为前端项目提供接口。

在software-labs-server中安装Express，安装完成后，package.json如图23.3所示。

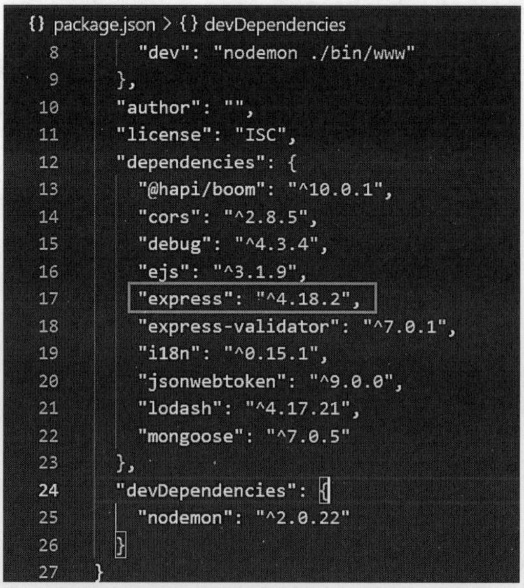

```
{} package.json > {} devDependencies
8        "dev": "nodemon ./bin/www"
9      },
10     "author": "",
11     "license": "ISC",
12     "dependencies": {
13       "@hapi/boom": "^10.0.1",
14       "cors": "^2.8.5",
15       "debug": "^4.3.4",
16       "ejs": "^3.1.9",
17       "express": "^4.18.2",
18       "express-validator": "^7.0.1",
19       "i18n": "^0.15.1",
20       "jsonwebtoken": "^9.0.0",
21       "lodash": "^4.17.21",
22       "mongoose": "^7.0.5"
23     },
24     "devDependencies": {
25       "nodemon": "^2.0.22"
26     }
27   }
```

图23.3 Express安装完成后的package.json

23.4　Express 基础

software-labs-server使用了Express框架编写接口。在编写接口前，先了解一下Express的常用方法、Express中间件，并编写一个简单的Hello World程序。

23.4.1　常用方法

1. express()方法

express()是最基本的一个方法，用于创建一个Express应用程序或者服务。express()函数是导出express模块的顶级函数，使用时引入代码如下：

```
var express = require('express')
var app = express();
```

2. 路由方法

在Express中，路由用于确定应用程序如何响应客户端的请求。创建一个router对象使用如下语法：

```
express.Router([options])
```

一旦创建了一个路由对象，就可以像应用程序一样向它添加中间件和HTTP方法路由（例如 get、put、post 等）。

1）router.METHOD方法

router.METHOD方法在Express中提供路由功能，其中METHOD是HTTP方法之一，例如get、put、post等。因此，实际的方法是 router.get()、router.post()、router.put()等。router.METHOD的语法如下：

```
router.METHOD(path, [callback, ...] callback)
```

2）router.use方法

在Express中，router.use()用于让router对象使用指定的中间件函数。中间件就像一个管道，请求从定义的第一个中间件函数开始，并按照它们匹配的每个路径的中间件堆栈处理方式工作。这同样可以在Express中实现路由功能。router.use方法的语法如下：

```
router.use([path], [function, ...] function)
```

第一个参数path是一个路径参数，默认为“/”。使用router.use定义中间件的顺序非常重要，因为它们是按顺序调用的，顺序定义了中间件的优先级。

例如，定义一个Express服务，并且要通过logger记录服务器端每个请求的日志，因此logger将是router.use使用的第一个中间件，示例代码如下：

```
var logger = require('morgan')
var path = require('path')
router.use(logger())
router.use(express.static(path.join(__dirname, 'public')))
```

```
router.use(function (req, res) {
  res.send('Hello')
})
```

现在假设需求变更，需要忽略对静态文件的日志记录请求，但继续记录 logger之后定义的路由和中间件。那么只需将对 express.static的调用移至顶部即可，修改代码如下：

```
router.use(express.static(path.join(__dirname, 'public')))
router.use(logger())
router.use(function (req, res) {
  res.send('Hello')
})
```

另一个例子是在多个目录中优先让“./public”目录提供文件：

```
router.use(express.static(path.join(__dirname, 'public')))
router.use(express.static(path.join(__dirname, 'files')))
router.use(express.static(path.join(__dirname, 'uploads')))
```

在software-labs-server中，打开routes/app.js，代码如下：

```
01  var express = require('express');
02  var router = express.Router();
03  const service = require('../services/appService');
04  router.get('/featuresToggle', service.featuresToggle);
05  module.exports = router;
```

代码解析：

- 第01行使用require引入Express框架。
- 第02行调用express.Router()创建一个router对象。
- 第03行从appService引入service对象。该对象中定义了一些路由的回调函数。
- 第04行调用router.get()定义了一个HTTP get方法。第一个参数是HTTP的请求地址，第二个参数是回调函数，意思是当服务器接收到的HTTP请求地址路径为'/featuresToggle'时，执行service.featuresToggle函数。
- 第05行通过module.exports导出router对象。

通俗地说，router.use用于加载第三方模块或加载路由。

在software-labs-server中，打开routes/index.js，该文件是路由的入口文件，代码如下：

```
01  var express = require('express');
02  var router = express.Router();
03
04  var loginRouter = require('./login');
05  var appRouter = require('./app');
06  var productRouter = require('./product');
07
08  router.use('/api', loginRouter);      // 注入登录路由模块
09  router.use('/api', appRouter);        // 注入app路由模块
10  router.use('/api', productRouter);    // 注入产品路由模块
11
12  module.exports = router;
```

代码解析：

- 第04~06行分别引入登录模块的路由对象loginRouter、app模块的路由对象appRouter和product模块的路由对象productRouter。这几个对象中分别定义了各个模块的get和post方法。
- 第08~10行调用router.use方法，第一个参数是/api，第二个参数是各模块的路由对象。以第09行为例，表示给/api/挂载appRouter，对于routes/app.js中的/featuresToggle接口，应该使用地址/api/featuresToggle进行访问。加上api是为了区分接口和其他服务器资源。
- 第12行导出router模块。

3）app.use方法

app.use方法是app.use([path,] callback [, callback...])，其与router.use方法类似。

对于app.use方法，在项目入口文件server.js中使用得比较多。打开server.js文件，代码如下：

```
01  var express = require('express');
02  const i18n = require('i18n');
03  var path = require('path');
04  const cors = require('cors');
05
06  const routes = require('./routes');   //导入自定义路由文件，创建模块化路由
07
08  var app = express();
09
10  i18n.configure({
11    locales: ['en', 'zh'],                    // 声明包含的语言
12    directory: __dirname + '/locales',       // 设置语言文件目录
13    queryParameter: 'lang',                  // 设置查询参数
14    defaultLocale: 'en',                     // 设置默认语言
15  });
16
17  app.use(i18n.init)
18
19  // 设置视图引擎
20  app.set('views', path.join(__dirname, 'views'));
21  app.set('view engine', 'ejs');
22
23  app.use(express.json());
24  app.use(express.urlencoded({ extended: false }));
25  app.use(express.static(path.join(__dirname, 'public')));
26  app.use(cors()); // 注入cors模块解决跨域
27
28  app.use('/', routes);
29
30  // 捕捉404错误并将它转发到错误处理程序
31  app.use(function(req, res, next) {
32    next(404);
33  });
34
35  // 错误处理程序
36  app.use(function(err, req, res, next) {
```

```
37    // set locals, only providing error in development
38    res.locals.message = err.message;
39    res.locals.error = req.app.get('env') === 'development' ? err : {};
40
41    // 渲染错误页面
42    res.status(err.status || 500);
43    res.render('error');
44  });
45
46  module.exports = app;
```

代码解析：

- 第02行引入i18n。
- 第17行通过app.use使用i18n。有些数据由于是接口动态返回的，因此需要后端进行国际化处理。i18n是npm上的第三方工具，是一个具有动态JSON存储的轻量级翻译模块，支持普通的Node.js.js应用，并且可以和Express或restify等框架的app.use()方法一起工作。本书项目software-labs-server使用i18n进行后端国际化处理，在接口/api/product/recommend中进行了运用。
- 第23行解析JSON格式的请求体数据。
- 第24行解析URL-encoded格式的请求体数据，即application/x-www-form-urlencoded格式的数据。
- 第25行利用express.static托管静态文件。
- 第26行解决跨域访问。
- 第28行加载自定义路由模块routes。
- 第31~33行处理404错误。
- 第36~44行是错误处理中间件函数，它要在其他app.use()和路由调用之后定义。

打开software-labs-server项目的locales/文件夹，其中有两个JSON文件，它们是配合i18n进行后端国际化的翻译文件。这些文件的结构是key-value形式，与前端处理国际化的翻译文件类似，也是通过key查找到对应的翻译后的字符串。en.json是英语，zh.json是汉语。打开zh.json，代码如下：

```
{
    "Intel Core i7-10875H (8C / 16T, 2.3 / 5.1GHz, 16MB)": "英特尔内核 i7-10875H (8C / 16T, 2.3 / 5.1GHz, 16MB)",
    "NVIDIA Quadro RTX 3000 6GB": "英伟达 Quadro RTX 3000 6GB"
}
```

23.4.2 Express 中间件

自Express 4.16.0版本开始，Express内置了3个常用的中间件，极大提高了Express 项目的开发效率和体验。这3个中间件分别是express.static、express.json和express.urlencoded。

1. express.static

express.static是一个快速托管静态资源的内置中间件。常见的静态资源有HTML文件、图片、CSS样式等。当用户访问网站时看到的样式、图片等静态资源，其实都是服务器端通过调用express.static方法实现的。

例如项目software-labs-server下的server.js中，app.use(express.static(path.join(__dirname, 'public')))的意思是设置静态资源的访问目录为/public，即public/下的文件都可以被用户访问。

2. express.json

express.json用于解析JSON格式的请求体数据。它会将JSON HTTP请求体解析为JavaScript对象，并且将一个body属性添加到Express req中。开发人员可以使用req.body访问已解析的请求体。

例如在software-labs-server下，打开services\loginService.js文件，其中的登录接口的处理函数是login，登录接口是POST请求，当用户单击登录按钮调用login函数时，将用户名和密码通过POST请求传递给/api/login接口，代码如下：

```
const login = async (req, res, next) => {
  let { username, password } = req.body;
  const err = validationResult(req);
  //其他处理逻辑
}
```

上面的代码中，req.body将接收到JSON格式的对象，其中包含用户名和密码。

3. express.urlencoded

express.urlencoded用于解析URL-encoded格式的请求体数据，一般表单post提交时的数据就是这个格式。在HTTP请求中Content-Type为application/x-www-form-urlencoded。开发人员也是通过req.body获取解析后的数据。例如创建一个post接口/book，代码如下：

```
server.post('/book',(req,res)=>{
  console.log(req.body)
  res.send('book ok')
})
```

23.4.3　快速编写 Hello World 程序

本节将编写一个Hello World应用程序。

首先创建一个名为myapp的目录，打开cmd终端并切换到该目录，运行npm init。

然后安装Express作为依赖项。

再在myapp目录中创建app.js，这个文件将启动一个服务器，在端口3000上监听连接，并对根URL（/）的请求以"Hello World!"响应；对于其他所有路径，它将以404 Not Found响应。代码如下：

```
const express = require('express');
const app = express() ;
const port = 3000;
app.get('/', (req, res) => {
  res.send('Hello World!')
});
app.listen(port, () => {
  console.log(`Example app listening on port ${port}`)
})
```

接着在终端输入node app.js命令，启动服务。

最后，在浏览器中加载 http://localhost:3000/，看到显示Hello World!。

23.5 RESTful 接口规范

客户端和服务器端需要通过接口进行通信，这些接口需要遵循一定的规范以使其代码清晰、易于理解、扩展方便。而RESTful是目前最流行的接口设计规范。

REST是Roy Fielding在2000年于他的博士论文中提出来的一种软件架构风格。这种风格提供了一组架构约束条件和原则，满足这些约束条件和原则的应用程序或设计就是RESTful。REST是设计风格而不是标准。

RESTful风格有一些特征，例如以资源为基础，资源可以是图片、音乐、XML、JSON、HTML等。另外，对资源的操作包括获取、创建、修改和删除，对应HTTP中的GET、POST、PUT和DELETE这4种方法。接口路径以/api开头。数据传递使用JSON格式。

例如，创建一个JSON数据资源文件users.json，内容如下：

```
{
  "user1" : {
    "name" : "mahesh",
   "password" : "password1"
  },
  "user2" : {
    "name" : "suresh",
   "password" : "password2"
  }
}
```

23.6 脚手架 express-generator

通过脚手架express-generator 可以快速创建一个Express应用的骨架。

23.6.1 脚手架安装

在Node.js 8.2.0及更高版本中，可以通过npx命令来运行express-generator，在终端命令行工具中输入如下代码：

```
npx express-generator
```

对于较旧的Node.js版本，可以通过npm先将express-generator安装到全局环境中，然后输入express，代码如下：

```
npm install -g express-generator
express --view=模板名称 项目路径
```

例如，创建一个名为myapp的Express应用程序，该应用程序将在当前工作目录中名为myapp的文件夹中创建，并且视图引擎将设置为ejs，代码如下：

```
express --view=ejs myapp
```

然后安装依赖并启动：

```
cd myapp
npm install
npm start
```

最后在浏览器中加载 http://localhost:3000/ 以访问该应用程序。

23.6.2 脚手架项目结构

通过express-generator创建的应用一般都有如下目录结构：

```
├── app.js
├── bin
│   └── www
├── package.json
├── public
│   ├── images
│   ├── javascripts
│   └── stylesheets
│       └── style.css
├── routes
│   ├── index.js
│   └── users.js
└── views
    ├── error.ejs
    ├── index.ejs
    └── layout.ejs
```

说明：

- app.js是程序的入口文件。
- bin是可执行文件，里面包含了一个启动文件www，默认监听端口是3000。
- package.json文件里是项目的信息和模块依赖。
- public是静态文件夹，用来存放项目的静态资源，如JS、CSS和图片等。
- routes是路由文件夹，里面是各模块对应的路由文件，定义了各模块的接口URL和资源的映射关系，主要用来接收前端发送的请求，并响应数据给前端。
- views是后端模版文件夹，里面是各页面的模板文件。

生成的项目结构不是一成不变的，还可以根据需要修改。

23.7 nodemon

nodemon是一种工具，可以在检测到目录中的文件发生更改时自动重启Node项目，使服务器端项目的开发方便高效。

nodemon的特点是：

- 可以自动重新启动应用程序。
- 可以检测要监视的默认文件扩展名。
- 可以忽略特定的文件或目录。
- 可以监视特定目录。

使用前先安装nodemon，在项目根目录下打开终端，输入如下代码即可安装：

```
npm install nodemon --save-dev
```

安装完成后的package.json如图23.4所示。

```
24     "devDependencies": {
25       "nodemon": "^2.0.22"
26     }
```

图23.4 nodemon安装完成后的package.json

安装完成后，修改package.json文件中的script，代码如下：

```
"scripts": {
  "start": "node ./bin/www",
  "dev": "nodemon ./bin/www"
}
```

上面的代码中，增加了"dev": "nodemon ./bin/www"，表示如果启动项目时使用npm run dev，那么每次修改文件后，项目会自动重新启动。

nodemon一般只在开发时使用，它的优势在于具有watch功能，一旦文件发生变化，就自动重启进程。

也可以单独在命令行工具使用nodemon，例如：

```
01  nodemon --watch nodemon_tutorial/app.js --watch services
02  nodemon app.js localhost 3697
03  nodemon --ignore tests/
```

代码解析：

- 第01行表示只监视services目录或nodemon_tutorial目录中的app.js文件的变化。
- 第02行通过指定主机和端口作为参数，表示在本地3697端口启动Node服务。
- 第03行表示忽略tests文件夹。运行时，将自动忽略在tests文件夹中所做的任何更改。

在Node.js中，nodemon能够在文件发生变化时自动重启网络应用。它解决了程序员在开发过程中每次修改文件后都要反复手动停止和重启应用源代码的问题。

nodemon是一个实用的工具，使得快速开发不再烦琐。作为一个工具，它持续监控Node.js应用程序，并在自动重启服务器之前安静地等待文件变化。

我们还可以使用nodemon.json文件。向应用程序添加一些额外的配置，以允许我们监控多个目录、忽略文件，以及延迟重启等。关于nodemon如何工作的更多细节，以及可能发生的故障和解决方法，读者可以参考官方文档FAQ（常见问题解答）。

23.8 jsonwebtoken

jsonwebtoken是一个用于生成token的第三方插件。token主要用于识别用户是否成功登录，在项目中根据token展示不同的页面，或在服务器端处理接口时根据token返回不同的数据。

使用jsonwebtoken前先进行安装，在终端输入如下代码即可：

```
npm install jsonwebtoken
```

引入jsonwebtoken后，可以使用jwt.sign(payload, secretOrPrivateKey, [options, callback])生成token。

在项目software-labs-service下，打开services\loginService.js文件，该文件中定义了login函数，用于处理接口api/login的返回数据，在login函数中调用了jwt.sign方法，代码如下：

```
01  const jwt = require('jsonwebtoken');
02  const login = async (req, res, next) => {
03    //...
04    const token = jwt.sign(
05      { username },
06      PRIVATE_KEY,
07      { expiresIn: JWT_EXPIRED }
08    )
09  }
```

代码解析：

- 第04~08行调用jwt.sign方法时传入了3个参数：第1个参数是payload，里面是签发的token要包含的一些数据，例如username；第2个参数是私钥，是个自定义的常量；第3个参数是一个对象，其中包含过期时间。

23.9 cors

cors用于处理客户端访问接口时的跨域请求。使用cors前先安装，在终端输入如下代码即可安装：

```
npm install cors --save
```

打开software-labs-server下的server.js文件，cors的使用代码如下：

```
var express = require('express');
const cors = require('cors');
var app = express();
app.use(cors());
```

23.10 实现 get 接口

Express框架的 router.get()方法可以为GET请求定义路由处理程序。

首先，打开software-labs-server下的\routes\app.js文件，这个文件是app模块中的路由模块，其中注册了一个路由处理程序，当Express接收到对HTTP GET请求 /api/featuresToggle 时调用该处理程序，代码如下：

```
01  var express = require('express');
02  var router = express.Router();
03  const service = require('../services/appService');
04
05  router.get('/featuresToggle', service.featuresToggle);
06
07  module.exports = router;
```

代码解析：

- 第05行使用router.get方法，当接收到的HTTP请求地址为/api/featuresToggle时，调用service.featuresToggle函数。

接下来在\services\appService.js文件中定义featuresToggle函数，代码如下：

```
01  const boom = require('@hapi/boom');
02  const { validationResult } = require('express-validator');
03  const {
04    CODE_SUCCESS
05  } = require('../utils/constant');
06  const { Toggle } = require('../db/DataModal')
07
08  const featuresToggle = async (req, res, next) => {
09    const err = validationResult(req);
10    if (!err.isEmpty()) {
11      const [{ msg }] = err.errors;
12      next(boom.badRequest(msg));
13    } else {
14      const data = await Toggle.find({});
15      res.json({
16        code: CODE_SUCCESS,
17        msg: 'success',
18        data: data
19      })
20    }
21  }
```

```
22
23  module.exports = {
24    featuresToggle
25  }
```

代码解析：

- 第08~21行定义featuresToggle函数。
- 第09行调用validationResult(req)对错误进行处理。
- 第10行进行判断，如果err不为空，则从err.errors中取出错误信息并执行next跳转到server.js中最后定义的错误处理函数；如果err为空，则执行第14~19行代码。
- 第14行表示从数据库中取出数据。数据库的知识在下一章介绍。
- 第15~19行通过res.json将从数据库中取出的数据作为结果返回给客户端，也就是在浏览器中看到的接口/api/featuresToggle/返回的数据。
- 第23~25行导出featuresToggle函数。

到这里，/featuresToggle接口就完成了。

23.11 实现 post 接口

Express框架的 router.post()方法可以为POST请求定义路由处理程序。

首先，打开software-labs-server下的\routes\product.js文件，定义一个POST请求，代码如下：

```
router.post('/product/saveFeedback', service.saveFeedback);
```

上面的代码定义了/api/product/saveFeedback接口。

然后，打开software-labs-server下的services\productService.js文件，定义saveFeedback函数，代码如下：

```
01  const _ = require('lodash');
02  const boom = require('@hapi/boom');
03  const { body, validationResult } = require('express-validator');
04  const {
05    CODE_ERROR,
06    CODE_SUCCESS
07  } = require('../utils/constant');
08  const { Locale, Application, Recommend } = require('../db/DataModal')
09
10  const saveFeedback = async (req, res, next) => {
11    const err = validationResult(req);
12    if (!err.isEmpty()) {
13      const [{ msg }] = err.errors;
14      next(boom.badRequest(msg));
15    } else {
16      res.json({
17        code: CODE_SUCCESS,
18        msg: 'success',
```

```
19      })
20    }
21  }
22
23  module.exports = {
24    saveFeedback
25  }
```

代码解析：

- 第10~21行定义saveFeedback函数。
- 第16~19行通过res.json将数据返回。
- 第23~25行导出saveFeedback函数。

后端接口域名为http://localhost:9000，前端项目software-labs-client要使用该接口时，将src/setupProxy.js文件中的第10行target值改为 env.dev即可。

23.12 小结

本章主要介绍了Node.js常用的内置模块、Express的安装和使用方法、RESTful接口规范、脚手架express-generator的安装和使用，以及Node.js项目中常用的第三方工具nodemon、jsonwebtoken和cors。最后通过计算机选购配置系统的服务器端项目software-labs-server详细讲解了get接口和post接口的实现。

第 24 章

MongoDB 的连接和数据操作

软件系统中的数据需要持久保存，数据库是不可缺少的一部分。MongoDB提供了面向文档的存储方式，与传统关系数据库相比，MongoDB操作起来更加简单、容易，对于从事前端开发工作并想继续向后端扩展的开发人员比较友好。

本章主要涉及的知识点有：

- MongoDB的简介与安装
- MongoDB的存储结构
- MongoDB的连接
- MongoDB的用法
- 如何集成MongoDB到Express框架中

24.1 MongoDB 的简介与安装

MongoDB是一个基于分布式文件存储的开源NoSQL数据库系统，是用C++编写的。MongoDB提供了面向文档的存储方式，操作起来比较简单和容易，支持“无模式”的数据建模，可以存储比较复杂的数据类型，是一款非常流行的文档类型数据库。

在高负载的情况下，MongoDB天然支持水平扩展和高可用，可以很方便地添加更多的节点/实例，以保证服务性能和可用性。在许多场景下，MongoDB可以代替传统的关系数据库或键－值对存储方式，在为Web应用提供可扩展的、高可用的、高性能的数据存储解决方案。

使用MongoDB前需要先进行安装。可以在MongoDB官方网站下载安装包，地址为https://www.mongodb.com/try/download/community。MongoDB有企业版和社区版，两者的差异主要体现在安全认证、系统认证等方面。另外，社区版是免费的。社区版下载界面如图24.1所示。

安装的过程中可以勾选install MongoDB compass。也可以不勾选，自行下载MongoDB compass进行安装。MongoDB compass是一个MongoDB的图形用户界面，使用它可以直观可视化地管理数据库的数据。

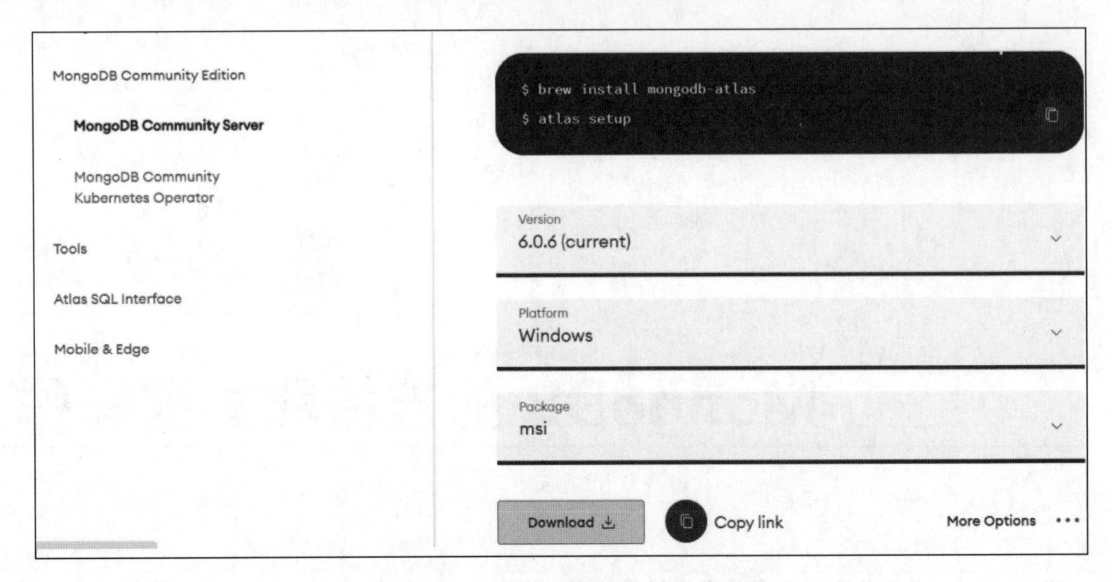

图24.1 MongoDB社区版下载界面

安装位置Location可以选择项目所在的目录，如图24.2所示是安装时路径选择界面。

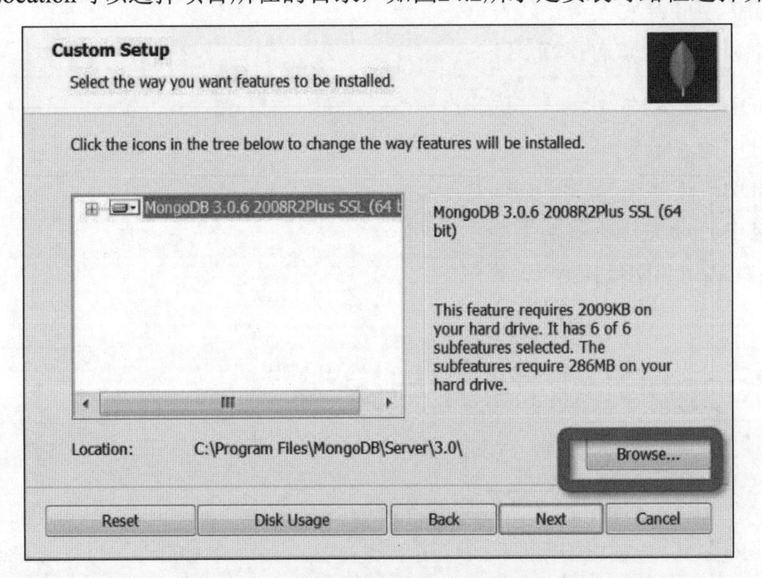

图24.2 MongoDB安装时路径选择界面

本书案例计算机选购配置系统使用的是社区版的MongoDB 5.0.17，安装完成后在控制面板中可以看到已经安装好的程序，如图24.3所示。

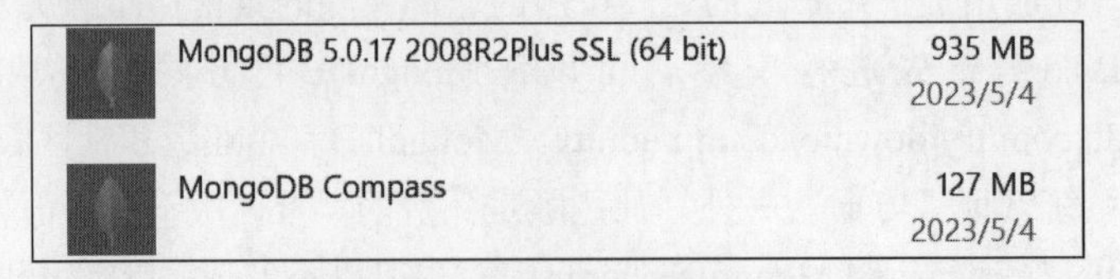

图24.3 MongoDB安装完成

本地MongoDB安装的位置如图24.4所示。

电脑 > 软件 (D:) > project > book > softwareSystem > mongo

名称	修改日期	类型	大小
bin	2023/5/4 20:41	文件夹	
data	2023/6/15 20:36	文件夹	
log	2023/5/4 20:43	文件夹	
LICENSE-Community.txt	2023/4/20 20:21	TXT 文件	30 KB
MPL-2	2023/4/20 20:21	文件	17 KB
README	2023/4/20 20:21	文件	2 KB
THIRD-PARTY-NOTICES	2023/4/20 20:21	文件	77 KB

图24.4　本地MongoDB安装路径

24.2　MongoDB 的存储结构

MongoDB的存储结构有别于传统的关系数据库，主要由三个单元组成，分别是文档（Document）、集合（Collection）和数据库（Database）。

文档是MongoDB中最基本的单元，由键－值对（key-value）组成，类似于关系数据库中的行（Row）。MongoDB文档类似于JSON对象。字段的值可以包括其他文档、数组和文档数组。MongoDB文档数据结构如图24.5所示。

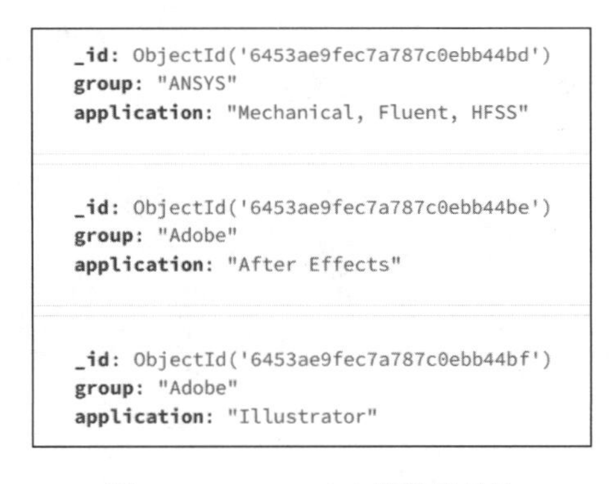

图24.5　MongoDB文档数据结构

集合由多个文档组成，类似于关系型数据库中的表（Table）。当插入第一个文档时，集合就会被创建。

数据库由多个集合组成，类似于关系数据库中的数据库，可以在MongoDB中创建多个数据库。MongoDB的默认数据库为“db”，该数据库存储在data目录中。MongoDB的单个实例可以容纳多个独立的数据库，每一个都有自己的集合和权限，不同的数据库放置在不同的文件中。也就是说，MongoDB将数据记录存储为文档，这些文档在集合中聚集在一起，数据库中存储一个或多个文档集合。

MongoDB中有几种常见的数据类型，包括String、Boolean、Array、Object、Integer、Double、Null和Date。其中Integer表示整数，Double表示双精度浮点值。

24.3　MongoDB 的连接

1. 启动MongoDB服务

在连接MongoDB之前要先启动MongoDB服务，启动方式有两种：

方式一

如果计算机安装系统是Windows 10专业版，那么在桌面找到“此电脑”，并右击，弹出的快捷菜单如图24.6所示。在快捷菜单中单击“管理”后弹出“计算机管理”界面，在界面左侧的“服务和应用程序”菜单下单击“服务”，在界面右侧的所有程序中找到“MongoDB Server”并右击，在快捷菜单中单击“启动”后开启MongoDB服务，如图24.7所示。

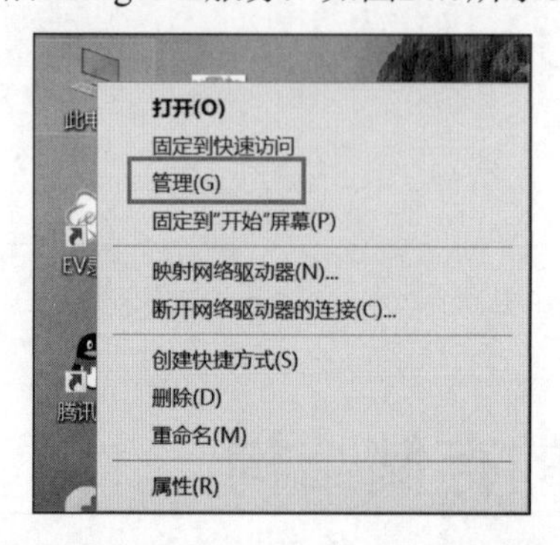

图24.6 右击“此电脑”弹出快捷菜单

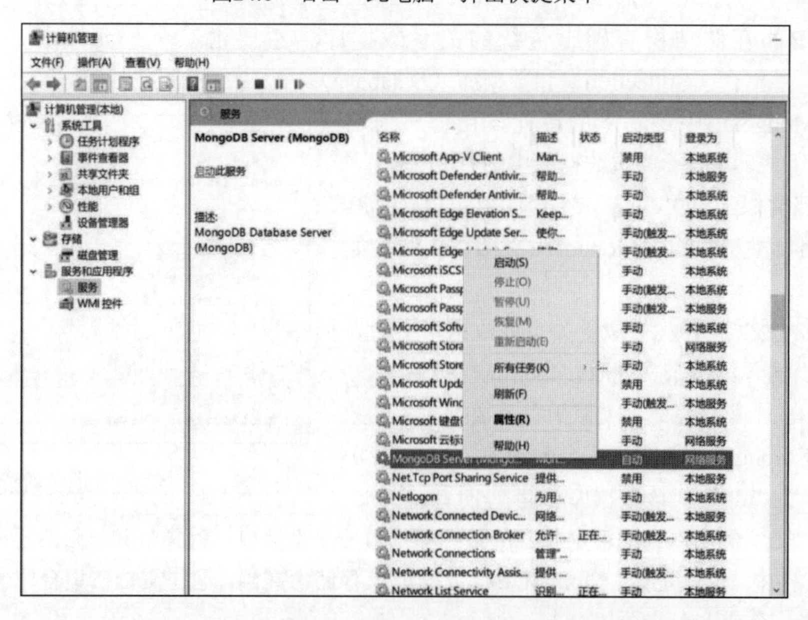

图 24.7 “计算机管理”窗口启动 MongoDB Server

方式二

在MongoDB的安装目录/bin下双击mongod.exe，如图24.8所示。这个应用程序是用来启动MongoDB服务器的。

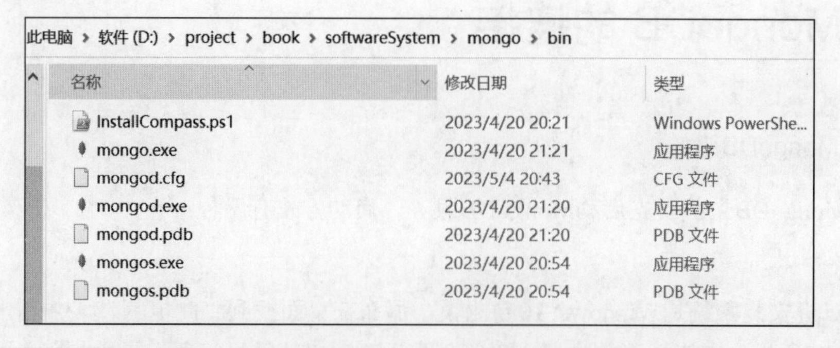

图 24.8 MongoDB 的安装目录/bin 下的 mongod.exe 应用程序

2. MongoDB的启动和操作

MongoDB的启动和操作可以通过命令行和图形界面两种方式来进行。下面介绍采用图形界面工具MongoDB Compass的方式，具体操作如下：

（1）打开MongoDB Compass图形界面创建数据库，如图24.9所示。

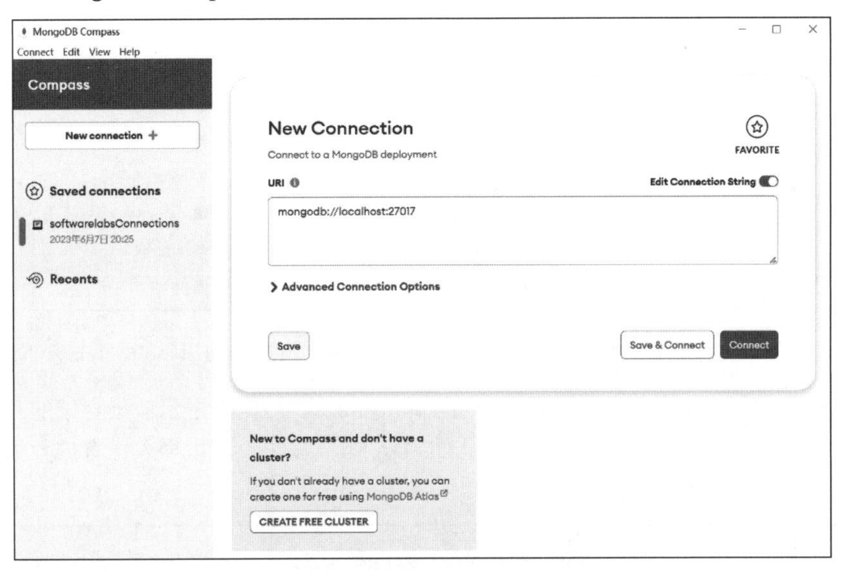

图 24.9　MongoDB Compass 界面

（2）单击界面中的Connect按钮，进入数据库操作界面连接数据库，这里使用默认的host地址和端口，如图24.10所示。

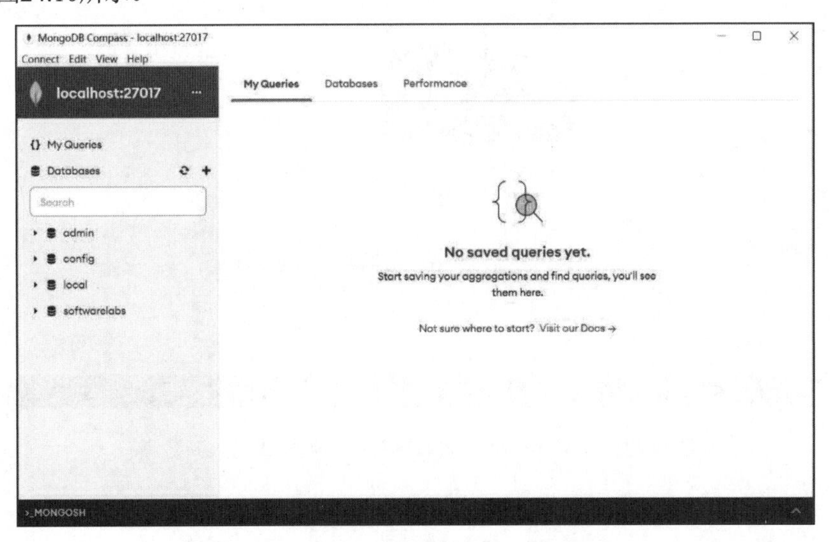

图24.10　数据库操作界面

（3）单击数据库操作界面左侧的Databases菜单右边的“+”按钮，可以创建一个数据库。图24.10中的softwarelabs就是新创建的数据库，是为本书的服务器端项目software-labs-server使用的数据库。

（4）当鼠标悬停到每个数据库名称上时，会出现“+”按钮，用于创建集合，如图24.11所示。

在softwarelabs数据库中创建集合applications、feedbacks、locales、recommends、toggles和users，如图24.12所示。

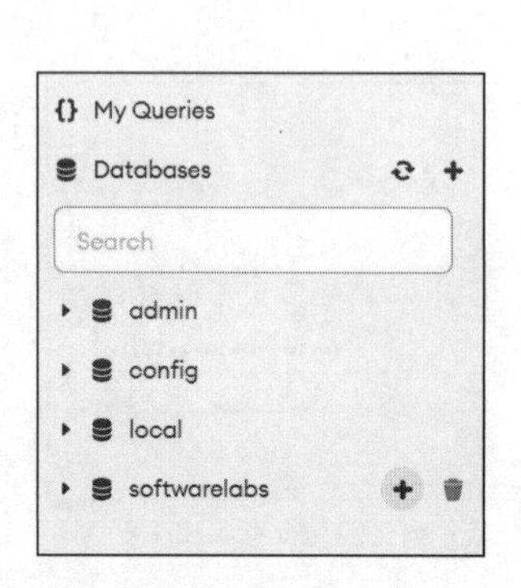

图 24.11　单击数据库右侧的“+”创建集合

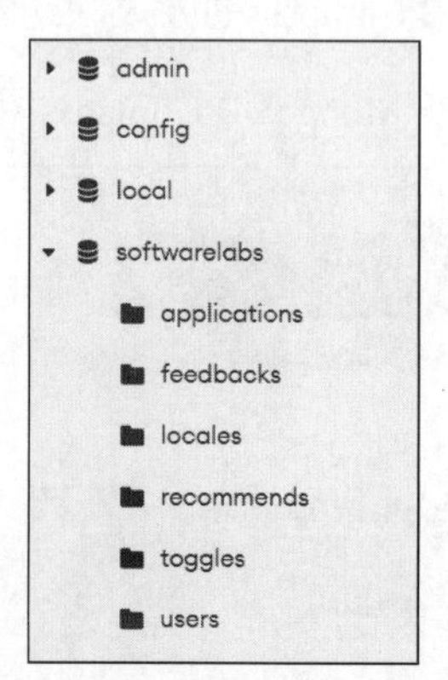

图 24.12　数据库 softwarelabs 下的集合

（5）在操作界面左侧单击softwarelabs下的applications，右侧将展示该集合下的几个标签。其中第一个是Documents，单击该标签中的“+ ADD DATA”按钮，可以导入已有的数据或者插入新的数据，如图24.13所示。

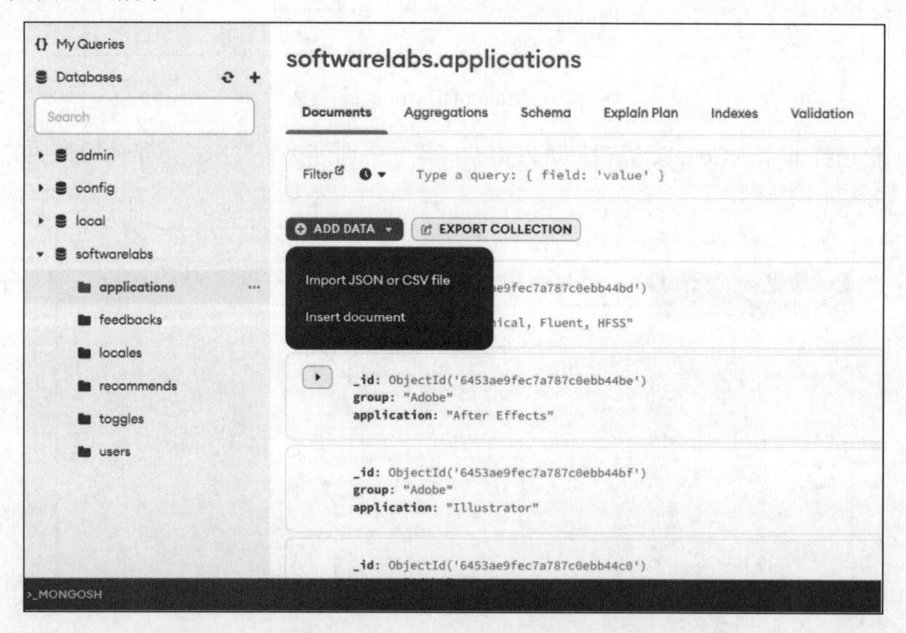

图24.13　集合applications下导入已有数据或插入新数据

24.4　集成 MongoDB 到 Express 框架中

mongoose是一个使用Node.js来操作MongoDB数据库的开源库，里面封装了连接数据库、创建集合和文档的操作。相比直接在项目中使用原生MongoDB代码，mongoose简单易用，代码更少。

在使用mongoose之前，先在项目目录下打开终端，输入如下代码进行安装：

```
npm install mongoose --save
```

安装好后就可以集成到Express项目中了。

首先在项目software-labs-server中，创建文件夹/db/，用于保存MongoDB的相关JavaScript文件。然后创建index.js文件，写入如下代码：

```
01  const mongoose = require('mongoose')
02
03  // 连接数据库
04  const options = {
05    autoIndex: false,
06    maxPoolSize: 10,
07    serverSelectionTimeoutMS: 50000,
08    socketTimeoutMS: 45000,
09    family: 4
10  };
11  mongoose.connect('mongodb://localhost:27017/softwarelabs',options)
12  .then(() => {
13    console.log('数据库连接成功')
14  })
15  .catch(err => {
16    console.log('数据库连接失败', err)
17  })
18  module.exports = mongoose
```

代码解析：

- 第01行引入mongoose。
- 第04~10行是连接数据库的参数。autoIndex为false表示禁用自动创建索引功能。maxPoolSize表示MongoDB驱动程序将为该连接保持打开的最大套接字数。serverSelectionTimeoutMS表示MongoDB服务器在发生错误后尝试重连的时间，单位是毫秒。socketTimeoutMS表示终止套接字之前要等待的时间，单位是毫秒。family表示是使用IPv4还是IPv6进行连接，如果mongoose.connect调用需要很长时间，则设置为4。
- 第11行通过调用mongoose.connect方法连接数据库，地址是mongodb://localhost:27017/softwarelabs。该函数返回promise对象，当连接成功时执行第13行代码，当连接失败时执行第16行代码。
- 第18行导出mongoose。

接下来创建DataModal.js文件，用于定义Schema及其集合。mongoose的一切始于Schema，每个Schema都会映射到一个MongoDB集合，并定义这个集合里的文档的构成。在DataModal.js中写入如下代码：

```
01  const mongoose = require('./index');
02  //定义Schema，描述文档结构，对字段值进行类型校验以及初始化
03  const UserSchema = new mongoose.Schema({
04    username: String,
05    password: String,
```

```
06    createTime: {
07        type: Date,
08        default: Date.now
09    },
10    updateTime: {
11        type: Date,
12        default: Date.now
13    }
14  })
15  const ToggleSchema = new mongoose.Schema({
16    name: String,
17    enabled: Boolean
18  })
19  const LocalSchema = new mongoose.Schema({
20    countryCode: String,
21    countryName: String,
22    currency: String,
23    languages: Array,
24    region: String
25  })
26  const ApplicationSchema = new mongoose.Schema({
27    group: String,
28    application: String
29  })
30  const RecommendSchema = new mongoose.Schema({
31    ff: String,
32    pn: String,
33    graphicCapability: String,
34    category: String,
35    memory: String,
36    storage: String,
37    processor: String,
38    channelPrice: Number,
39    totalPrice: Number,
40    shortdesc: String,
41    inventory: Number,
42    supplyColor: String,
43    imageMap: Object,
44    attributes: Object,
45    softwares: Array
46  })
47  const FeedbackSchema = new mongoose.Schema({
48    group: String,
49    application: String
50  })
51  //定义Model，与集合对应，可以操作集合
52  const User = mongoose.model('users', UserSchema);
53  const Toggle = mongoose.model('toggles', ToggleSchema);
54  const Locale = mongoose.model('locales', LocalSchema);
55  const Application = mongoose.model('applications', ApplicationSchema);
56  const Recommend = mongoose.model('recommends', RecommendSchema);
```

```
57  const Feedback = mongoose.model('feedback', FeedbackSchema);
58  //向外暴露Model，会在routes中引入
59  module.exports = { User, Locale, Application, Recommend, Feedback, Toggle }
```

代码解析：

- 第01行引入/db/index.js文件中的mongoose对象。
- 第03~14行定义UserSchema对象，对应MongoDB Compass界面中看到的users数据库，用于保存用户信息。software-labs-server项目中的/api/login接口和/api/register接口从这个库中获取数据。其中包含username、password、createTime和updateTime共4个自定义字段，每个字段都约定了数据格式。
- 第15~18行定义ToggleSchema对象，对应MongoDB Compass界面中的toggles数据库。software-labs-server项目中的/api/featuresToggle接口从这个库中获取数据。
- 第19~25行定义LocalSchema对象，对应MongoDB Compass界面中的locales数据库。software-labs-server项目中的/api/product/getLocales接口从这个库中获取数据。
- 第26~29行定义ApplicationSchema对象，对应MongoDB Compass界面中的applications数据库。software-labs-server项目中的/api/product/getApplication接口和/api/register接口从这个库中获取数据。
- 第30~46行定义RecommendSchema对象，对应MongoDB Compass界面中的applications数据库。software-labs-server项目中的/api/product/recommend接口从这个库中获取数据。
- 第47~50行定义FeedbackSchema对象，对应MongoDB Compass界面中的feedbacks数据库。software-labs-server项目中的/api/product/saveFeedback接口从这个库中获取数据。
- 第52~57行分别调用 mongoose.model函数定义Model，Model与MongoDB中的集合一一对应。

做好以上准备工作后，在项目software-labs-server中就可以对数据库进行操作了。

打开/service/appService.js文件，代码如下：

```
01  const boom = require('@hapi/boom');
02  const { validationResult } = require('express-validator');
03  const {
04    CODE_SUCCESS
05  } = require('../utils/constant');
06  const { Toggle } = require('../db/DataModal')
07
08  const featuresToggle = async (req, res, next) => {
09    const err = validationResult(req);
10    if (!err.isEmpty()) {
11      const [{ msg }] = err.errors;
12      next(boom.badRequest(msg));
13    } else {
14      const data = await Toggle.find({});
15      res.json({
16        code: CODE_SUCCESS,
17        msg: 'success',
18        data: data
19      })
20    }
```

```
21  }
22
23  module.exports = {
24    featuresToggle
25  }
```

代码解析：

- 第06行从/db/DataModal中引入Toggle。
- 第14行通过Toggle.find查询数据库中的所有数据。

查询数据库中数据的方法还有Model.findOne()、Model.findMany() 等。

更新数据库的方法有Model.findOneAndUpdate()、Model.update()、Model.updateMany()等。更多方法可以参考官方mongoose文档。

打开/service/loginService.js文件，代码如下：

```
01  const md5 = require('../utils/md5');
02  const jwt = require('jsonwebtoken');
03  const boom = require('@hapi/boom');
04  const { body, validationResult } = require('express-validator');
05  const {
06    CODE_ERROR,
07    CODE_SUCCESS,
08    PRIVATE_KEY,
09    JWT_EXPIRED
10  } = require('../utils/constant');
11  const { User } = require('../db/DataModal')
12
13  //登录
14  const login = async (req, res, next) => {
15    let { username, password } = req.body;
16    const err = validationResult(req);
17    if (!err.isEmpty()) {
18      ...
19    } else {
20      //md5加密
21      password = md5(password);
22      const data = await User.findOne({username, password});
23      ...
24    }
25  }
26
27  //注册
28  const register = async (req, res, next) => {
29    let { username, password } = req.body;
30    const err = validationResult(req);
31    if (!err.isEmpty()) {
32      ...
33    } else {
34      password = md5(password);
35      const data = await User.findOne({username});
```

```
36  ...
37    }
38  }
39
40  module.exports = {
41    login,
42    register
43  }
```

代码解析：

- 第11行从/db/DataModal中引入User。
- 第22行在login函数中通过User.findOne查找username和password匹配的数据。
- 第35行在register函数中通过User.findOne查找username匹配的数据。

打开/service/productService.js文件，代码如下：

```
01  const _ = require('lodash');
02  const boom = require('@hapi/boom');
03  const { body, validationResult } = require('express-validator');
04  const {
05    CODE_ERROR,
06    CODE_SUCCESS
07  } = require('../utils/constant');
08  const { Locale, Application, Recommend } = require('../db/DataModal')
09
10  const getLocales = async (req, res, next) => {
11    const err = validationResult(req);
12    if (!err.isEmpty()) {
13      ...
14    } else {
15      const data = await Locale.find({});
16      ...
17    }
18  }
19
20  const getApplication = async (req, res, next) => {
21    const err = validationResult(req);
22    if (!err.isEmpty()) {
23      ...
24    } else {
25      const { countryCode = 'US' } = req.query;
26      const data = await Application.find({});
27      ...
28    }
29  }
30
31  const getRecommend = async (req, res, next) => {
32    const err = validationResult(req);
33    if (!err.isEmpty()) {
34      ...
```

```
35     } else {
36       const {
37         applications = [],
38         countryCode = 'US',
39         currencyCode = 'USD',
40         lang = 'en'
41       } = req.body;
42       const data = await Recommend.find({}).sort({processor: 1, memory: 1});
43       ...
44     }
45   }
46
47   const saveFeedback = async (req, res, next) => {...}
48
49   module.exports = {
50     getLocales,
51     getApplication,
52     getRecommend,
53     saveFeedback
54   }
```

代码解析：

- 第08行从/db/DataModal中引入Locale、Application和Recommend。
- 第15行在getLocales函数中通过Locale.find满足条件的查找所有数据。
- 第26行在getApplication函数中通过Application.find满足条件的查找所有数据。
- 第42行在getRecommend函数中通过Recommend.find满足条件的查找满足条件的所有数据。

24.5 小结

本章首先介绍了MongoDB的安装、图形界面MongoDB Compass的使用，以及怎样启动MongoDB服务；然后讲解了怎样通过MongoDB Compass创建数据库、集合和文档，怎样导入数据和创建数据；最后通过本书案例计算机选购配置系统的服务器端项目software-labs-server的代码，讲解了怎样定义Schema和集合，怎样在接口处理函数中查询数据库并使用返回的数据。

第25章

使用 Postman 测试接口

Postman是一个可扩展的API测试工具，可以快速集成到CI/CD管道中。它发布于2012年，是Abhinav Asthana的一个附带项目，旨在简化测试和开发中的API工作流。API代表应用程序编程接口，它允许软件应用程序通过API调用相互通信。

本章主要涉及的知识点有：

- Postman的下载与安装
- 界面导航说明
- 测试get接口
- 测试post接口

25.1 Postman 的下载与安装

Postman软件目前拥有超过400万用户，已成为测试API的首选工具。要使用Postman工具，首先要下载并安装Postman应用程序，然后登录自己的账户，这样就可以随时随地轻松访问文件。访问Postman的官方下载网址https://www.getpostman.com/downloads/，打开后下载界面如图25.1所示。

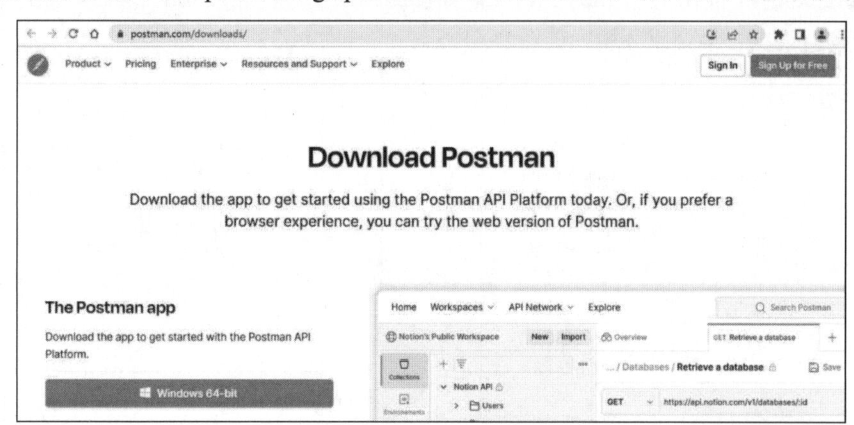

图25.1　Postman下载界面

单击界面中的“Windows 64-bit”按钮，下载Postman。如图25.2所示是下载的Postman安装程序。

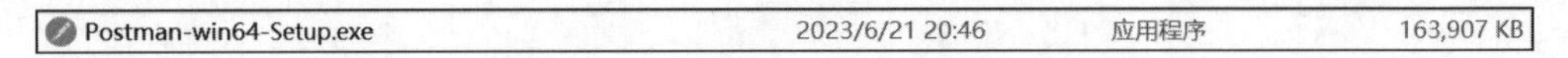

图 25.2　Postman 安装程序

双击安装程序即可进行安装。

安装后打开Postman。第一次打开会要求用户登录，如果没有账号，可以先注册，或者直接关闭，重新打开会自动进入无须账号和密码登录的界面，如图25.3所示。

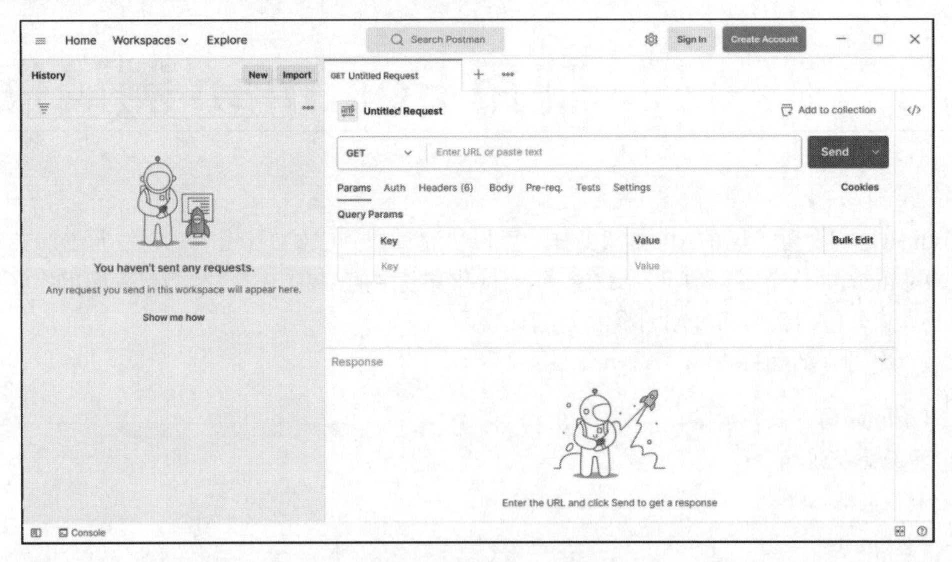

图25.3　Postman界面

25.2　界面导航说明

本节我们将一步一步地探索Postman的使用以及Postman工具的不同功能。

（1）新建功能，即Menu→File→New...，如图25.4所示。单击“New...”后，在打开的新建界面中可以创建新请求、集合或环境，如图25.5所示。

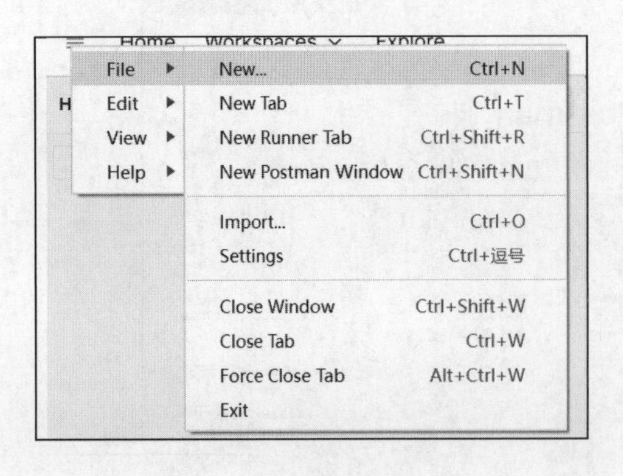

图 25.4　单击“New...”

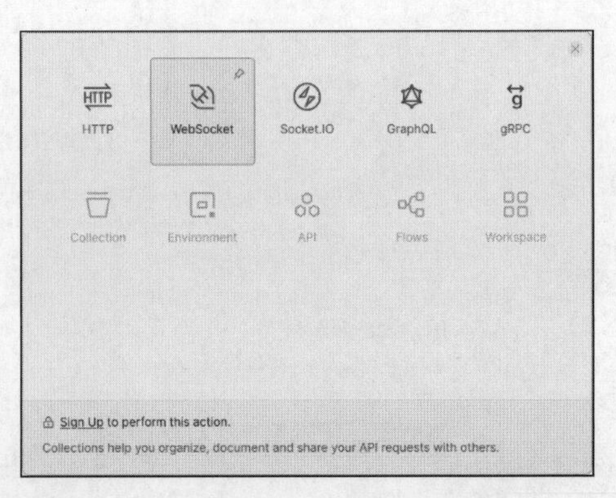

图 25.5　单击“New...”后打开的新建界面

（2）导入功能，即Menu→File→Import...，用于导入集合或环境，可以使用文件、文件夹的方式导入，也可以使用链接或粘贴原始文本的方式导入。

（3）请求选项卡如图25.6所示，显示用户正在处理的请求的标题。默认情况下，对于没有标题的请求，将显示“Untitled Request”。单击请求选项卡右侧的“+”按钮，可以创建新的请求标签。

（4）HTTP请求如图25.7所示，单击下拉按钮将显示不同请求的下拉列表，如GET、POST、COPY、DELETE等。在Postman API测试中，最常用的请求是GET和POST。

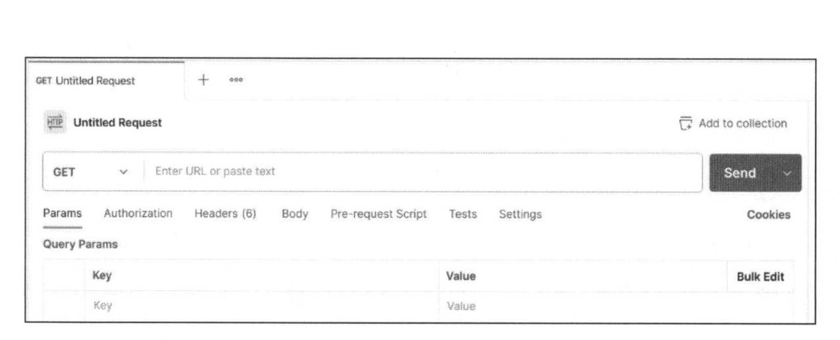

图25.6 请求选项卡

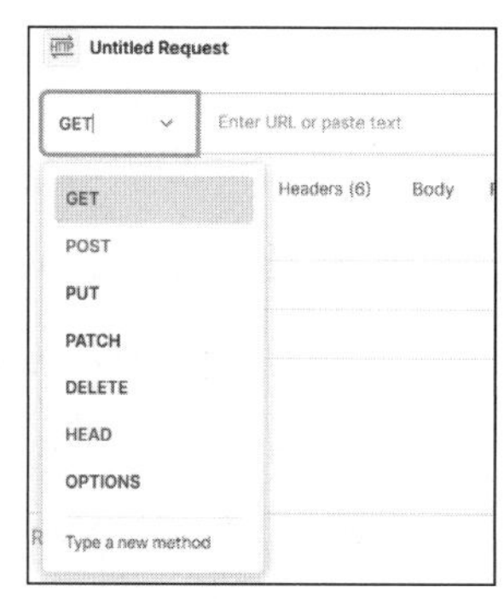

图25.7 HTTP请求

（5）请求URL也称为端点，我们可以在这里标识与API通信的链接，如图25.8所示。

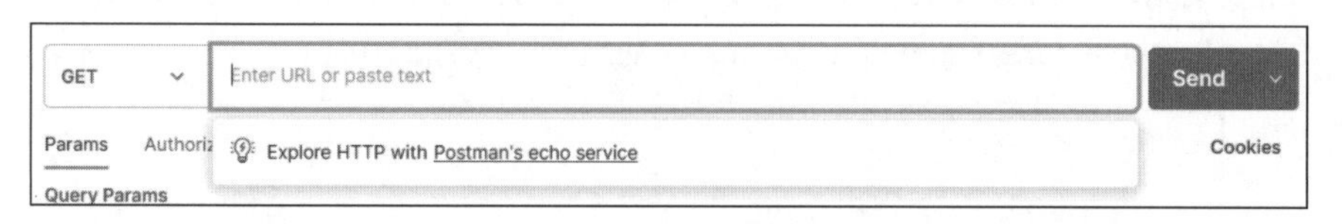

图 25.8 请求 URL

（6）在HTTP请求中有几个标签选项卡，分别是Params、Authorization、Headers、Body、Pre-request Script、Tests和Settings，如图25.9所示。

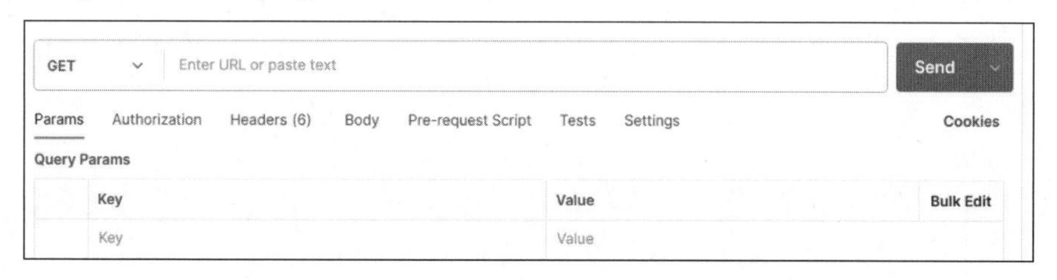

图 25.9 HTTP 请求的标签选项卡

- Params：在这里用户可以以键-值对的形式编写请求所需的参数。
- Authorization：即授权，为了访问API，需要适当授权。它可以是用户名和密码、令牌等形式。
- Headers：在这里可以设置HTTP请求的Headers，例如设置Content-Type为JSON等。
- Body：在这里可以自定义POST请求中常用的详细信息。
- Pre-request Script：请求前脚本，这些脚本将在请求前执行。通常设置为环境的预请求脚本，用于确保测试将在正确的环境中运行。
- Tests：这些是在请求期间执行的脚本。
- Settings：用于设置是否启用SSL证书验证、是否自动跟踪重定向等。

25.3 测试 get 接口

GET请求用于从给定的URL中检索信息，不会对服务器端信息进行任何更改。

首先，打开计算机选购配置系统的服务器端项目software-labs-server，在终端运行如下命令启动项目：

```
npm run dev
```

然后，打开MongoDB Server。下面开始测试get接口。

（1）我们使用以下URL作为Postman教程的示例：

```
http://localhost:9000/api/featuresToggle
```

这是计算机选购配置系统的服务器端提供的一个GET请求接口，用于获取toggles数据控制前端功能的展示。

在Postman的工作区，将HTTP请求设置为GET。然后在请求URL字段中输入上述链接，再单击“Send”按钮发送请求。当请求成功后，将看到200 OK的消息，同时还有请求时长以及返回数据的大小，表明接口/api/featuresToggle的测试已经成功运行，如图25.10所示。

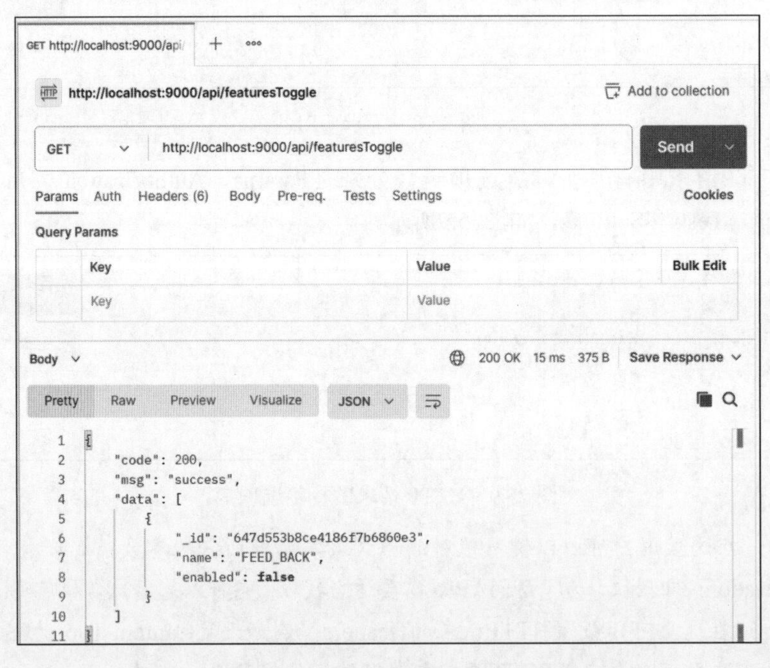

图25.10 HTTP GET请求/api/featuresToggle测试成功

（2）在Postman的工作区，将HTTP请求设置为GET。然后在请求URL字段中输入链接http://localhost:3000/api/product/getLocales，单击“Send”按钮发送请求。当请求成功后，将看到200 OK的消息，同时还有请求时长以及返回数据的大小，表明接口/api/product/getLocales的测试已经成功运行。

（3）/api/product/getApplication也是一个get接口，用于提供当前国家和语言下的软件列表。需要传入countryCode和lang，countryCode是国家编码，lang是当前用户切换的语言，默认是浏览器语言。

首先在Postman的工作区，将HTTP请求设置为GET。然后在请求URL字段中输入链接http://localhost:3000/api/product/getApplication，并在params下输入countryCode为CN，lang为zh。最后单击“Send”按钮发送请求。当请求成功后，将看到200 OK的消息，同时还有请求时长以及返回数据的大小，表明接口/api/product/getApplication的测试已经成功运行。

25.4 测试 post 接口

POST请求与GET请求不同，它需要用户向请求的Body中添加数据。

首先单击请求选项卡右侧的“+”按钮创建新的请求标签。

然后在标签新选项卡中，将HTTP请求设置为POST。

（1）先测试一下登录接口。在请求URL中输入链接：http://localhost:9000/api/login，如图25.11所示。

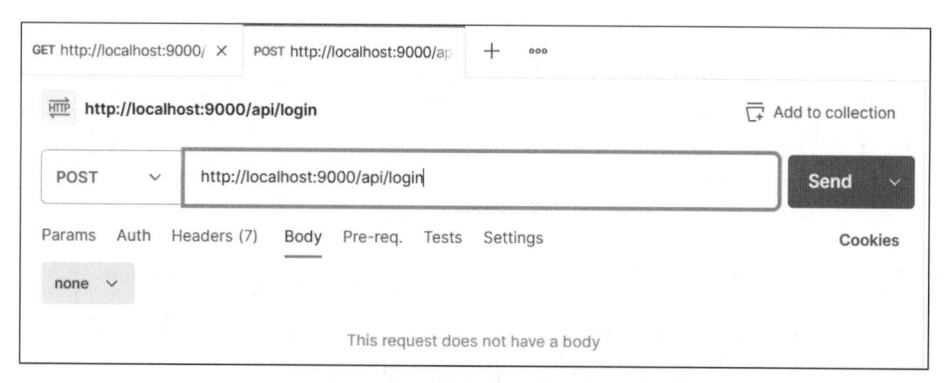

图25.11　HTTP POST请求/api/login

在Body选项卡下单击“raw”，并在右侧的下拉菜单中选择JSON，如图25.12所示。

图25.12　HTTP POST请求选择raw和JSON

在JSON下面的输入框中输入如下JSON数据：

```
{
 "username":"lihy",
 "password":"123456"
}
```

单击“Send”按钮发送请求。当请求成功后，将看到200 OK的消息，同时还有请求时长以及返回数据的大小，表明接口/api/login的测试已经成功运行，如图25.13所示。同时还能看到接口返回的数据显示在Body中。

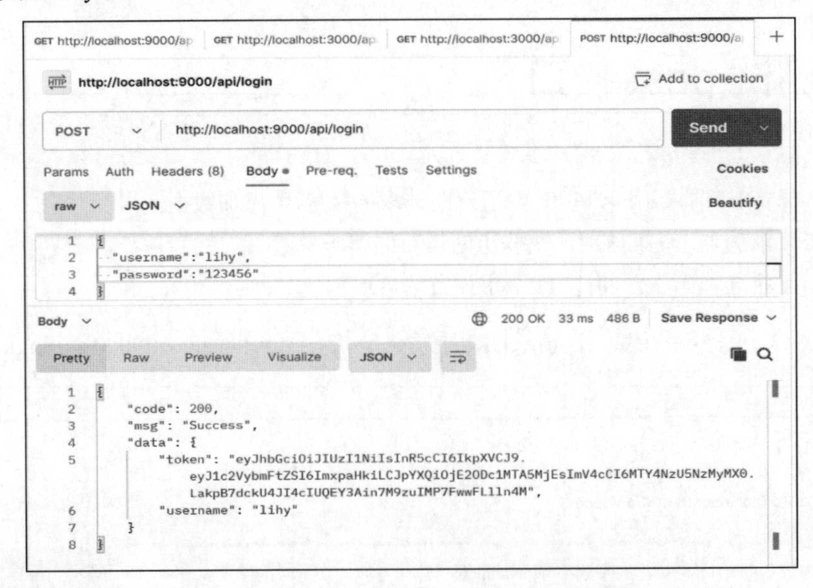

图25.13 HTTP POST请求/api/login测试成功

其他接口测试方法与此接口的测试方法一样，读者可依此测试下面接口。

（2）测试post接口http://localhost:9000/api/product/recommend。在请求URL中输入接口地址，在params下输入lang为zh，在JSON下面的输入框中输入如下JSON数据：

```
{
 "countryCode":"CN",
 "currencyCode":"CNY",
 "applications":["Photoshop","InDesign"],
 "lang":"zh"
}
```

单击“Send”按钮发送请求。当请求成功后，将看到200 OK的消息，同时还有请求时长以及返回数据的大小。

（3）测试post接口http://localhost:9000/api/register。在请求URL中输入接口地址，在JSON下面的输入框中输入如下JSON数据：

```
{
 "username":"zhangsan",
 "password":"123456"
}
```

单击“Send”按钮发送请求。当请求成功后，将看到200 OK的消息，同时还有请求时长以及返回数据的大小。

（4）测试post接口http://localhost:9000/api/product/saveFeedback。在请求URL中输入接口地址，在params下输入lang为en，在JSON下面的输入框中输入如下JSON数据：

```
{
 "status":"Satisfied",
 "comment":"very good!",
 "userName":"lihy",
 "countryCode":"US"
}
```

单击“Send”按钮发送请求。当请求成功后，将看到200 OK的消息，同时还有请求时长以及返回数据的大小。

25.5　小结

本章主要介绍了怎样下载和安装Postman，并对Postman工作区各功能进行了详细介绍，最后讲解了怎样使用Postman测试API，其中包括software-labs-server项目中的get接口/api/featuresToggle、/api/product/getLocales、/api/product/getApplication的测试和post接口/api/login、/api/product/recommend的测试。

第26章

项目React前端开发

在明确了业务需求和评估完开发时间后，开发人员就进入项目的React前端开发阶段。现在项目的开发都是前后端分离的，即前端部分和后端部分是独立的两个工程。

本章主要涉及的知识点有：

- 项目开发流程
- 项目初始化与配置
- 项目架构
- 项目公共文件
- 编写容器组件和子组件
- 编写组件样式
- 编写actions.js
- 编写selector.js
- mock数据
- 增加toggle控制

26.1 项目开发流程

企业React项目的开发流程一般按照以下流程进行：需求拆分和技术评审→开发时间评估→项目选型→项目搭建→架构调整→整理和编写项目公共文件→编写项目容器组件和子组件→编写组件样式→编写actions.js文件→编写selector.js文件→增加toggle控制→前后端联调接口→组织会议进行代码评审（Code Review）→组织测试sign off→提交代码，部署到测试环境。至此，前端部分的开发任务结束，后续随时追踪Jira，解决相关bug。

组织测试sign off不是每个项目组都有的，一般敏捷开发或外企常常会有这个流程。在这个流程中，开发者向测试人员演示并讲解开发覆盖的功能，包括样式、交互、数据来源等。测试人员可能会提到开发过程中没有考虑的点或者corner case（也称极端情况）。避免代码提交后出现明显bug。

部署代码的环境也会有好几套，有开发环境、测试环境、生产环境等。测试环境是测试人员测试项目功能的主要环境，为了保证不打断测试人员测试，一般在sign off后由测试人员挑选合适时机进行部署。开发人员提交的代码会自动部署到开发环境。

26.2　项目初始化与配置

项目开始前要确保用于开发的计算机已经安装了Node.js。

打开cmd终端，输入以下代码检查Node.js是否已经安装并查看其版本号：

```
node -v
```

如果Node.js版本过低，则需要升级或卸载重装。如果安装正确，会出现类似v16.13.0的字样，表示安装成功，提示计算机上安装的Node.js版本是16.13.0。

本书案例项目使用的Node.js版本是16.13.0版本，版本过高或过低都可能导致源代码报错。

打开计算机D盘，新建文件夹project/，用于保存项目代码。

在project/下，按住Shift键并右击，弹出如图26.1所示的快捷菜单，在菜单中单击“在此处打开Powershell 窗口(S)”，打开Powershell终端，如图26.2所示。

图26.1　弹出快捷菜单

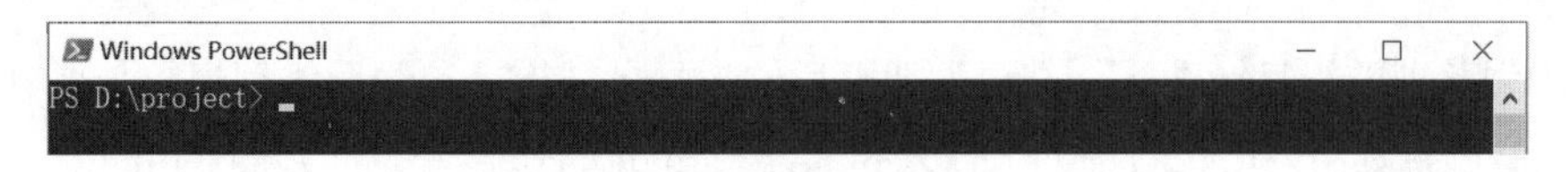

图26.2　Powershell终端

在此终端中输入如下代码，搭建React前端项目对应的工程software-labs-client的初始架构。

```
npx create-react-app software-labs-client --template redux
```

此过程可能需要几秒钟时间。

项目创建好后，可以在D:\project下看到新创建的文件夹software-labs-client，里面是create-react-app脚手架默认生成的一些文件。

打开编码工具Visual Studio Code（后面简称VS Code），在顶部菜单栏依次单击File→Open Folder...，引入software-labs-client项目。

然后在VS Code终端TERMINAL选项卡窗口中输入npm run start命令启动项目；在浏览器中输入http://localhost:3000/，检查是否正确展示了React默认页面。如果正确展示，则说明项目搭建成功。

接下来，在VS Code的终端中输入以下的命令，安装项目所需的package包：

```
npm install react-router-dom@6 react-intl axios axios-mock-adapter antd lodash
classnames uuid style-loader css-loader sass sass-loader
```

其中，react-router-dom用于路由切换，项目中安装v6版本；react-intl用于进行国际化处理；axios用于发起ajax请求；axios-mock-adapter用于生成mock接口数据；antd是项目使用的UI组件库；lodash、 classnames和uuid是项目中使用的工具库；style-loader、css-loader、Sass和sass-loader用于编译CSS、SCSS和内联样式。

到目前为止，项目中依赖的包就安装完成了。项目开发过程中，如果有其他依赖，可以随时通过npm进行安装。

26.3 项目架构

项目的开发环境和依赖包安装完成后，需要调整项目的架构，主要是对src/下的结构进行调整。因为使用脚手架create-react-app搭建的项目，其默认文件的分配不能满足业务需要。

根据本书案例计算机选购配置系统的UI界面和功能，将React项目划分为8个部分，即8个大的组件，每个大的组件又拆分为若干个子组件。项目进行架构调整后的根目录结构如图26.3所示。

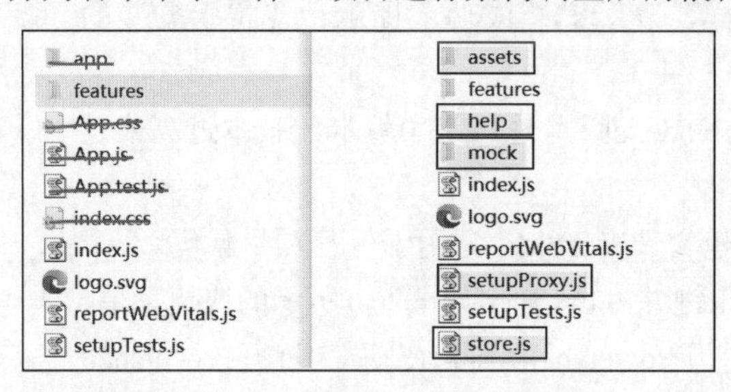

图26.3　架构调整后的根目录结构

左边为调整前的根目录结构，右边为调整后的根目录结构。左侧用线划掉的是要删除的文件夹和文件，右侧框选出来的是新增的文件夹和文件。部分文件夹和文件的说明如下：

- index.js是整个项目的入口文件，也就是webpack开始进行打包编译的文件。
- assets用于保存项目静态资源。
- help用于保存公用文件。
- mock用于保存发送ajax请求时mock的接口数据。
- setupProxy.js用于配置webpack-dev-server代理。
- store.js是Redux store文件。

接下来，调整src文件夹下的目录结构，如图26.4所示。

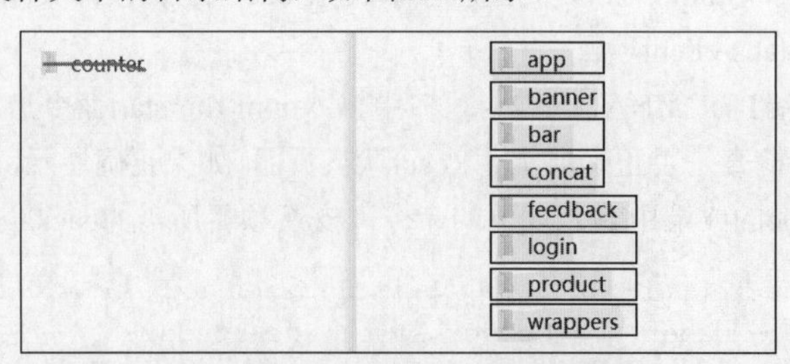

图 26.4　调整 src 下的目录结构

同样地，左侧是调整前的目录结构，右侧是调整后的目录结构。左侧的counter是脚手架默认的组件示例，需要删除。右侧新增了app、banner、bar、concat、feedback、login、product、wrappers文件夹。每个文件夹中都保存着一个容器组件及其子组件。

- 在app/中编写容器组件App及其子组件。
- 在banner/中编写容器组件Banner及其子组件。
- 在bar/中编写容器组件Bar及其子组件。
- 在concat/中编写容器组件Concat及其子组件。
- 在feedback/中编写容器组件FeedBack及其子组件。
- 在login/中编写容器组件Login及其子组件。
- 在product/中编写容器组件Products及其子组件。
- 在wrappers/中编写容器组件Wrappers及其子组件。

26.4　项目公共文件

项目结构调整完成后，需要把项目中使用的公共文件补充和编写完成。

26.4.1　编写项目公用样式文件

打开software-labs-client/src/assets文件夹，新建css、fonts和images文件夹。

在css文件夹下创建fonts.css、icon.css和normalize.css，分别用于整个项目的字体样式、图标样式和项目公用样式。这3个样式文件的内容，请读者自行打开本书配套资源中的相关文件查阅代码。

26.4.2　增加项目的静态文件

打开src/assets/fonts文件夹，将项目中使用的所有字体文件添加到该文件夹中，如图26.5所示。读者可以在源代码中找到这些字体文件。

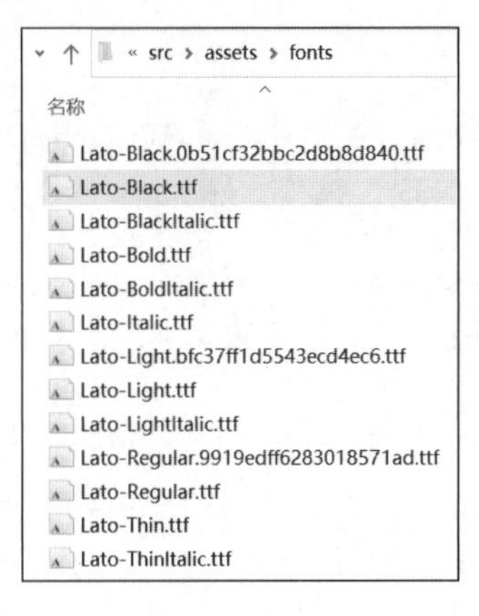

图26.5　在src/assets/fonts/中添加字体文件

打开src/assets/images文件夹，将项目使用的所有图片添加到该文件夹中，如图26.6所示。项目中的图片一般由业务方提供。读者可以在源代码中找到这些图片文件。

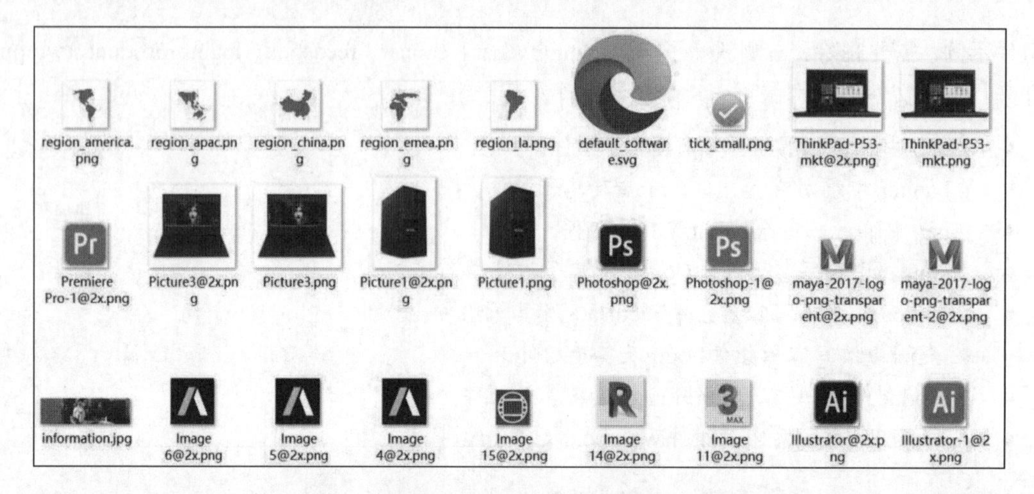

图26.6　在src/assets/images/中添加图片文件

26.4.3　增加项目的代理文件 setupProxy.js

setupProxy.js是项目的代理文件，用于前端向后端请求接口时，指定接口的服务器地址。在项目的根目录下创建setupProxy.js代理文件，编写如下代码：

```
const {createProxyMiddleware} = require('http-proxy-middleware');
const env = {
  dev: 'http://localhost:9000',
  uat: 'http://localhost:8090',
};

module.exports = function (app) {
  app.use(
    createProxyMiddleware('/api', {
      target : env.dev,
      changeOrigin : true,
    })
  );
};
```

26.4.4　编写 request.js

打开src/help文件夹，创建request.js文件，在该文件中对axios进行二次封装，目的是对所有ajax请求和响应进行拦截，对错误进行统一处理，并封装公用的get和post方法。在request.js中编写如下代码：

```
import axios from 'axios';
import _ from 'lodash';
import { updateError } from '../features/wrappers/actions';

//请求拦截
axios.defaults.timeout = 10 * 60 * 1000;
axios.interceptors.request.use(config => {
  console.log('config:',config)
```

```
    return config;
  },
  //错误处理
  error => {
    return Promise.reject(error);
  }
);

//响应拦截
const setResponseInterceptors = ({dispatch}) => {
  axios.interceptors.response.use(response => {
    return response;
  },
  error => {
    console.log('error:',error);
    const status = error.response.status;
    switch (status) {
      case 504:
        dispatch(updateError('Service request timeout'));
        break;
      case 500:
        dispatch(updateError('Net error'));
          break;
    }
    return Promise.reject(error);
  });
}

export const request = {
  get: async (url, params) => {
    const response = await axios.get(url, params);
    return response;
  },
  post: async (url, payload, params) => {
    const response = axios.post(url, payload, params);
    return response;
  },
  setResponseInterceptors
}
```

26.4.5　编写 constants.js

constants.js文件用于保存项目的常量，例如软件图标的地址、toggle列表等。

在/help/下创建constants.js文件，并编写如下代码：

```
import region_emea from '../assets/images/region_emea.png';
import region_america from '../assets/images/region_america.png';
import region_apac from '../assets/images/region_apac.png';
import region_la from '../assets/images/region_la.png';
import region_china from '../assets/images/region_china.png';
//软件图标
```

```
import icon_software from '../assets/images/default_software.svg';
import icon_photoshop from '../assets/images/Photoshop@2x.png';
import icon_premiere from '../assets/images/Premiere Pro@2x.png';
import icon_illustrator from '../assets/images/Illustrator@2x.png';
import icon_afterEffects from '../assets/images/After Effects@2x.png';
import icon_maya from '../assets/images/maya-2017-logo-png-transparent@2x.png';
import icon_autoCAD from '../assets/images/AutoCAD-Logo@2x.png';
import icon_SOLIDWORKS from '../assets/images/1280px-Dassault_Systèmes_
logo.svg@2x.png';
import icon_InDesign from '../assets/images/ID.png';
import icon_3dsMax from '../assets/images/Image 11@2x.png';
import icon_MediaComposer from '../assets/images/Image 15@2x.png';
import icon_SimCenter from '../assets/images/download@2x.png';
import icon_Creo from '../assets/images/PTC_Creo@2x.png';
import icon_Revit from '../assets/images/Image 14@2x.png';
import icon_Inventor from '../assets/images/inventor-be5aeafb23@2x.png';
import icon_Mechanical from '../assets/images/Image 4@2x.png';

export const REGION_LISTS_ICON = {
  EMEA: region_emea,
  NA: region_america,
  PRC: region_china,
  AP: region_apac,
  LA: region_la
};

export const SOFTWARE_LISTS_ICON = {
  'Photoshop': icon_photoshop,
  'Premiere Pro CC': icon_premiere,
  'After Effects': icon_afterEffects,
  'Illustrator': icon_illustrator,
  'Maya - CPU Rendering': icon_maya,
  'Maya - GPU Rendering': icon_maya,
  'Maya - Modelling': icon_maya,
  'AutoCAD': icon_autoCAD,
  'SOLIDWORKS': icon_SOLIDWORKS,
  'SIMULIA Abaqus, CST STUDIO': icon_SOLIDWORKS,
  'CATIA, 3DEXPERIENCE': icon_SOLIDWORKS,
  'InDesign': icon_InDesign,
  '3ds Max': icon_3dsMax,
  'Media Composer': icon_MediaComposer,
  'NX, SimCenter, NX CAE and FEMAP': icon_SimCenter,
  'Creo': icon_Creo,
  'Revit': icon_Revit,
  'Inventor': icon_Inventor,
  'Mechanical, Fluent, HFSS': icon_Mechanical,
  default: icon_software
}

export const FEATURE_TOGGLES = {
  FEED_BACK: 'FEED_BACK'
}
```

26.4.6　创建空文件占位

创建/help/utils.js、/help/requestAPI.js、/help/toggle.js、/help/localeData.js、src/store.js空文件和/help/translations/、src/mock文件夹。这些文件或文件夹可以用作占位符，以防止当项目中的其他文件引用它们时报错。我们可以在编写组件时再向这些文件或文件夹中添加所需的内容。

每个文件或文件夹的用途如下：

- utils.js用于保存项目中公用的方法。
- requestAPI.js用于保存项目中所有的接口地址。
- toggle.js用于保存项目的toggle方法，此方法是整个项目公用的。
- localeData.js用于保存antd组件的国际化配置。
- store.js用于生成Redux的stroe数据。
- /translations/下保存项目的国际化翻译文件。
- /mock/下保存接口的模拟数据。

26.5　项目的入口文件 index.js

src/index.js是整个前端项目的入口文件。该文件中已经有一些由脚手架添加的代码，我们需要根据项目做一些调整。

打开index.js，调整代码如下：

```
01  import React from 'react';
02  import { createRoot } from 'react-dom/client';
03  import { Provider } from 'react-redux';
04  import { store } from './store';
05  import { HashRouter, Routes, Route } from "react-router-dom";
06  import Wrappers from './features/wrappers/index.js';
07  import reportWebVitals from './reportWebVitals';
08  import App from './features/app/index.js';
09  import Login from './features/login';
10  import './assets/css/normalize.css';
11
12  const container = document.getElementById('root');
13  const root = createRoot(container);
14
15  const initRequestModule = _store => {
16    request.setResponseInterceptors({
17      dispatch: _store.dispatch
18    });
19  };
20
21  initRequestModule(store);
22
23  root.render(
```

```
24    <Provider store={store}>
25      <HashRouter>
26        <Routes>
27          <Route path="/*" element={<Wrappers />}>
28            <Route path="login" element={<Login />}/>
29            <Route path="register" element={<Login />}/>
30            <Route path="main" element={<App />}/>
31          </Route>
32        </Routes>
33      </HashRouter>
34    </Provider>
35  );
36
37  // If you want to start measuring performance in your app, pass a function
38  // to log results (for example: reportWebVitals(console.log))
39  // or send to an analytics endpoint. Learn more: https://bit.ly/CRA-vitals
40  reportWebVitals();
```

代码解析：

- 与原来的index.js文件相比，第04行修改了store.js文件的引用路径。可以看到，在调整后的项目架构中，store.js文件位于src下，它是项目中所有组件对应的reducers对象的集合。
- 第05行引入HashRouter、Routes、Route对象，用于编写项目路由。
- 第06、08和09行分别引入容器组件Wrappers、App、Login。
- 第10行引入公用样式normalize.css。
- 第15行定义函数initRequestModule并在第21行调用，用于初始化拦截axios请求的操作。
- 第24行使用Provider组件包裹所有路由组件，传入store对象。
- 第25～33行使用路由组件定义项目的路由，用于各页面和逻辑之间的跳转。

index.js文件编写完成后，开始编写各页面对应的容器组件，分别在src/features/app/、src/features/banner/、src/features/bar/、src/features/concat/、src/features/feedback/、src/features/login/、src/features/product/和src/features/wrappers/下创建index.js、index.scss、actions.js、selector.js文件和components文件夹。

上面的文件是空文件，用于引入容器组件时进行占位，后面编写每个组件时只需修改其中内容即可。

26.6 编写登录/注册页面

编写完成必要的公用文件后，下面首先从项目的登录和注册页面开始编写响应的组件。

26.6.1 容器组件 Login

登录页面和注册页面的界面分别如图26.7和图26.8所示。

图26.7　登录页面

图26.8　注册页面

从UI中看到，登录页面和注册页面的界面非常相似，区别在于登录页面多了Remember me和register now，登录按钮是LOGIN，注册按钮是REGISTER。

鉴于此，登录页面和注册页面共用一个JS文件，即共用一个组件Login。

打开src/features/login/index.js，在该文件中编写Login容器组件，代码如下：

```
import React from 'react';
import {FormattedMessage} from 'react-intl';
import _ from 'lodash';
import './index.scss';
import LoginForm from './components/LoginForm';

const Login = (props) => {
  return (
    <div className="loginContainer">
      <div className="loginTips">
        <h1><FormattedMessage id="Welcome to Software Labs"/></h1>
        <p><FormattedMessage id="Software Labs can help you find a more suitable
hardware solution based on your requirement."/></p>
      </div>
      <LoginForm/>
    </div>
  );
}
export default Login;
```

在上面的代码中，欢迎文案直接写在了容器组件Login中。表单部分则需写在子组件LoginForm中。

26.6.2 表单子组件 LoginForm

登录页面中表单子组件LoginForm对应的UI界面如图26.9所示，注册页面中表单子组件LoginForm对应的UI界面如图26.10所示。

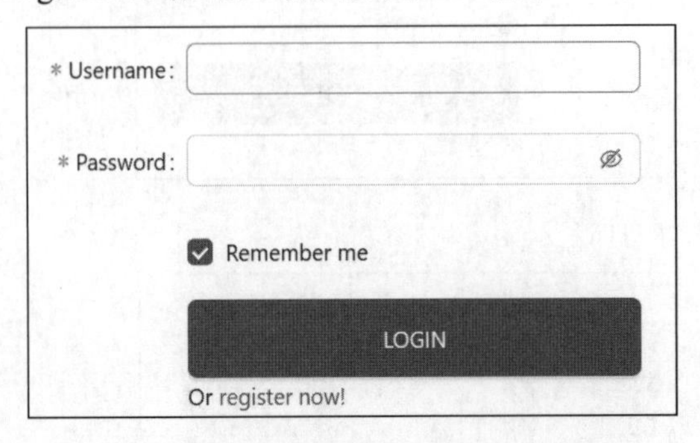

图 26.9 登录页面中的 LoginForm 组件对应的界面

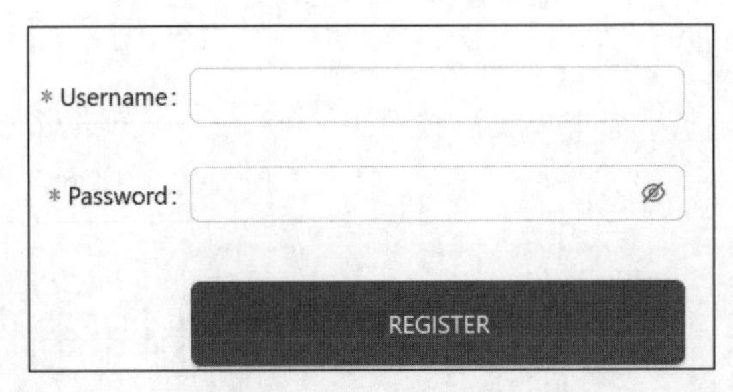

图 26.10 注册页面中的 LoginForm 组件对应的界面

在src/features/login下创建components文件夹，用于保存登录/注册页面的子组件。

在src/features/login/components/下创建LoginForm.js，编写如下代码：

```
import React from 'react';
import { useDispatch } from 'react-redux';
import {FormattedMessage, useIntl} from 'react-intl';
import {useNavigate, Link, useLocation} from "react-router-dom";
import _ from 'lodash';
import { Button, Checkbox, Form, Input, message } from 'antd';
import {getLoginAuth, getRegisterAuth} from '../actions';

const LoginForm = (props) => {
  const dispatch = useDispatch();
  const navigate = useNavigate();
  const intl = useIntl();
  let location = useLocation();
  const [messageApi, contextHolder] = message.useMessage();
  const error = (msg) => {
    messageApi.open({
      type: 'error',
      content: <FormattedMessage id={msg}/>,
    });
  };

  const login = async (values) => {
    const response = await getLoginAuth(values)(dispatch);
    if(response.payload.code === 200){
      navigate('/main')
    }else{
      error(response.payload.msg);
    }
  }

  const register = async (values) => {
```

```
    const response = await getRegisterAuth(values)(dispatch);
    if(response.payload.code === 200){
      navigate('/main')
    }
  }

  const finishedCallback = {
    'login': (values) => {
      login(values);
    },
    'register': (values) => {
      register(values);
    }
  }

  const  onFinished = (values) => {
    const key = location.pathname.replace('/', '');
    finishedCallback[key](values);
  };

  const onFinishFailed = (errorInfo) => {
    console.log('Failed:', errorInfo);
  };

  return (
    <>
    {contextHolder}
    <Form
      name="loginForm"
      labelCol={{
        span: 8,
      }}
      wrapperCol={{
        span: 16,
      }}
      style={{
        maxWidth: 600,
      }}
      initialValues={{
        remember: true,
      }}
      onFinish={onFinished}
      onFinishFailed={onFinishFailed}
      autoComplete="off"
    >
      <Form.Item
        label={intl.formatMessage({id: 'Username'})}
        name="username"
        className="customFormItem"
        rules={[
          {
            required: true,
            message: intl.formatMessage({id: 'Please input your username!'}),
```

```
            },
          ]}
        >
          <Input />
        </Form.Item>

        <Form.Item
          label={intl.formatMessage({id: 'Password'})}
          name="password"
          className="customFormItem"
          rules={[
            {
              required: true,
              message: intl.formatMessage({id: 'Please input your password!'}),
            },
          ]}
        >
          <Input.Password />
        </Form.Item>

        {
          location.pathname === '/login' && <Form.Item
            name="remember"
            valuePropName="checked"
            className="mb-1"
            wrapperCol={{
              offset: 8,
              span: 16,
            }}
          >
            <Checkbox><FormattedMessage id="Remember me"/></Checkbox>
          </Form.Item>
        }

        {
          location.pathname === '/login' && <Form.Item
            className="customFormItem"
            wrapperCol={{
              offset: 8,
              span: 16,
            }}
          >
            <Button type="primary" htmlType="submit" id="login">
              <FormattedMessage id="LOGIN"/>
            </Button>
            <FormattedMessage id="Or"/> <Link to="/register"><FormattedMessage
id="register now!"/></Link>
          </Form.Item>
        }

        {
          location.pathname === '/register' && <Form.Item
            className="customFormItem"
```

```
            wrapperCol={{
              offset: 8,
              span: 16,
            }}
          >
            <Button type="primary" htmlType="submit" id="register">
              <FormattedMessage id="REGISTER"/>
            </Button>
          </Form.Item>
        }

      </Form>
      </>
    )
  }
  export default LoginForm;
```

上面的代码中定义了子组件LoginForm，在该组件中，通过location.pathname路由的路径名判断用户是处于登录页面还是注册页面，进而编写与之对应的代码。

26.7　编写系统介绍模块

单击登录和注册页面的登录和注册按钮后，会跳转到内容页面。内容页面初始的界面中展示系统介绍模块。

系统介绍模块的界面如图26.11所示，对应的组件名为Banner。

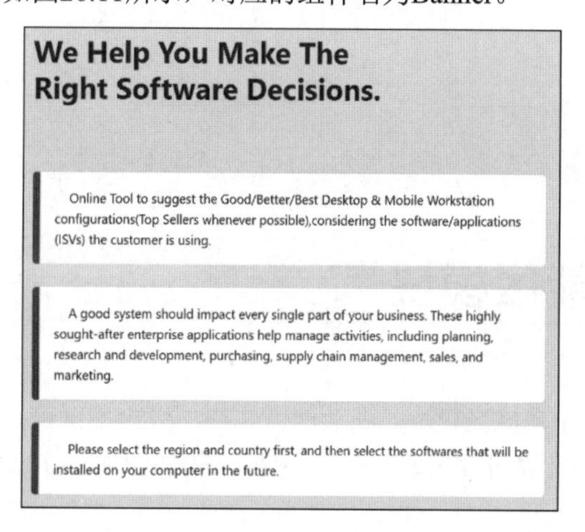

图26.11　系统介绍模块的界面

打开src/features/banner/index.js，在该文件中编写Banner容器组件。这个组件是内容页面的banner模块，在没有搜索产品展示搜索结果时，默认显示banner模块。代码如下：

```
import React from 'react';
import { useSelector } from 'react-redux';
import {FormattedMessage} from 'react-intl';
```

```
    import _ from 'lodash';
    import './index.scss';
    import { selectProducts } from '../product/selector';

    const Banner = () => {
      const products = useSelector(selectProducts);
      if(!_.isEmpty(products)){
        return null;
      }
      return (
        <div className='banner'>
          <h2><FormattedMessage id="We Help You Make The Right Software
Decisions."/></h2>
          <div className="banner-content">
            <div className='card'><FormattedMessage id="Online Tool to suggest the
Good/Better/Best Desktop & Mobile Workstation configurations(Top Sellers whenever
possible),considering the software/applications (ISVs) the customer is using."/></div>
            <div className='card'>
              <FormattedMessage id="A good system should impact every single part of your
business. These highly sought-after enterprise applications help manage activities,
including planning, research and development, purchasing, supply chain management, sales,
and marketing."/>
            </div>
            <div className='card'>
              <FormattedMessage id="Please select the region and country first, and then
select the softwares that will be installed on your computer in the future."/>
            </div>
          </div>
        </div>
      );
    }
    export default Banner;
```

Banner组件展示信息的方式是纯静态展示，只有一个容器组件，没有子组件。

26.8 编写功能区模块

内容页面的左侧展示了功能区模块。在功能区模块，用户不仅可以选择所在区域、国家和语言，还可以选择将要购买的计算机要安装的软件。另外，还可以根据用户的选择搜索出匹配的产品。

26.8.1 容器组件 Bar

功能区模块对应的组件名为Bar。其中，标题“Step2:Software selection”下面的软件列表有两种展示方式——图文形式和表格式，界面分别如图26.12和图26.13所示。

打开src/features/bar/index.js文件，在该文件中编写Bar容器组件，这个组件是内容页面的功能区模块，它是项目中最复杂的模块。代码如下：

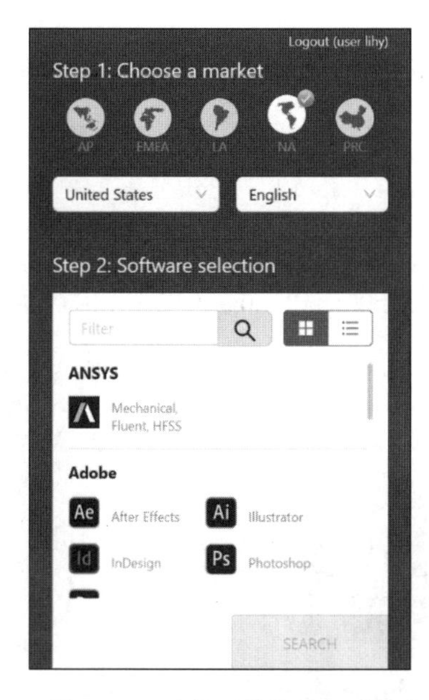

图 26.12　功能区模块的界面 1

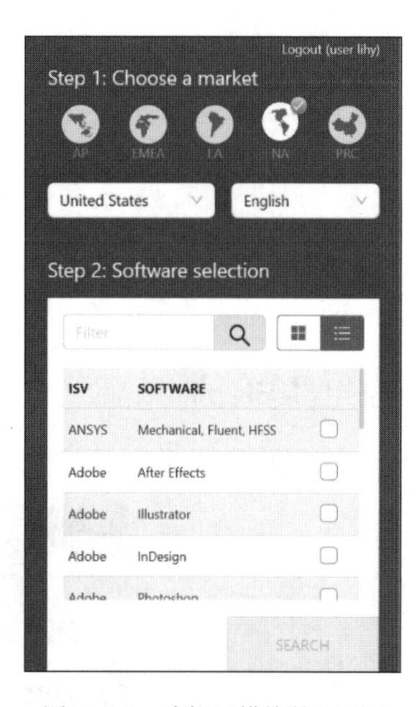

图 26.13　功能区模块的界面 2

```
import React from 'react';
import { useSelector, useDispatch } from 'react-redux';
import {FormattedMessage} from 'react-intl';
import {useNavigate} from "react-router-dom";
import _ from 'lodash';
import './index.scss';
import Step1 from './components/Step1';
import Step2 from './components/Step2';
import Search from './components/Search';
import { logout } from '../login/actions';
import { selectUsername } from '../login/selector';

const Bar = () => {
  const dispatch = useDispatch();
  const navigate = useNavigate();
  const userName = useSelector(selectUsername);
  const handleLogout = () => {
    logout(dispatch)
    navigate('/login')
  }
  return (
    <div className="sidebar" id="sidebar">
      <div className="logout" onClick={handleLogout}>
        <span><FormattedMessage id="Logout"/> (<FormattedMessage id="user"/>
{userName})</span>
      </div>
      <div className={`sidebar-content`}>
        <Step1/>
        <Step2/>
        <Search/>
      </div>
```

```
    </div>
  );
}

export default Bar;
```

容器组件中包含了子组件Step1、Step2、Search，以及顶部的Logout。

单击Logout时，用户登出系统。在Login组件中定义了函数handleLogout实现登出功能。

26.8.2 子组件 Step1

子组件Step1对应选择市场模块，界面如图26.14所示。

图 26.14 子组件 Step1 界面

打开src/features/bar/components文件夹，创建Step1.js文件。注意，为了方便维护和引用文件名和组件名常常保持一致。同时创建子组件需要引入的SCSS文件Step1.scss。

打开Step1.js，该文件定义了Step1组件，代码如下：

```
01  import React, { useEffect } from 'react';
02  import { useSelector, useDispatch } from 'react-redux';
03  import _ from 'lodash';
04  import { Select } from 'antd';
05  import {FormattedMessage} from 'react-intl';
06  import classNames from 'classnames';
07  import tick_icon from '../../../assets/images/tick_small.png';
08  import {REGION_LISTS_ICON} from '../../../help/constants';
09  import { appReset } from '../../wrappers/actions';
10  import { updatePreferences} from '../../wrappers/actions';
11  import { getSoftwareLists, getLocales, updateCheckedSoftwareLists, barReset,
softwareListsReset} from '../actions';
12  import { selectPreferences} from '../../wrappers/selector';
13  import { selectLocales, selectStatus} from '../selector';
14  import { productReset } from '../../product/actions';
15  import { getBrowserLocal } from '../../../help/utils';
16  import './step1.scss';
17  const { Option } = Select;

const getCurClassnames = (state, value) => {
  const condition = state === value;
  const imgClassname = classNames('regionBox', {
    'selected-opacity': condition,
    'selected-translate': condition
  });
```

```
    const tickClassname = classNames('tick', {
      'selected-opacity': condition
    });
    return {imgClassname, tickClassname}
  }

  const Step1 = () => {
    const preferences = useSelector(selectPreferences);
    const countryCode = preferences.countryCode;
    const region = preferences.region;
    const languageCode = preferences.languageCode;
    const locales = useSelector(selectLocales);
    const regions = _.keys(locales);
    const status = useSelector(selectStatus);
    const dispatch = useDispatch();

    useEffect(() => {
      if(!_.isEmpty(locales)){
        return;
      }
      dispatch(getLocales());
    }, [])

    useEffect(() => {
      if (!_.isEmpty(locales) && !region) {
        const {countryCode, languageCode} = getBrowserLocal();
        const countries = _.flatten(_.values(locales));
        const currentCountry = _.find(countries, country => country.countryCode ===
countryCode);
        if (currentCountry) {
          dispatch(updatePreferences({
            language: currentCountry.language,
            languageCode: languageCode || currentCountry.languages[0].languageCode,
            countryCode,
            countryName: currentCountry.countryName,
            currency: currentCountry.currency,
            region: currentCountry.region
          }));
        }
        dispatch(getSoftwareLists({ countryCode }));
      }
    }, [locales])

    const setRegion = (value) => {
      dispatch(appReset());
      dispatch(barReset());
      dispatch(productReset());
      dispatch(updatePreferences({
        region: value
      }));
    };
```

```
    const changeCountry = (value) => {
      const locale = _.find(locales[region], {countryCode: value}) || {};
      dispatch(softwareListsReset())
      dispatch(getSoftwareLists({countryCode: value, application: null}));
      dispatch(updatePreferences({
        countryName: locale.countryName || '',
        countryCode: value,
        currency: locale.currency || 'USD',
        language: locale.language || '',
        languageCode: locale.languageCode || 'en'
      }));
      dispatch(updateCheckedSoftwareLists([]));
      dispatch(productReset());
    };

    const changeLanguage = (value) => {
      dispatch(getLocales());
      const locale = _.find(locales[region], {countryCode: value}) || {};
      dispatch(updatePreferences({
        language: locale.language || '',
        languageCode: value
      }));
    };

    return (
      <div className="stepOneWrap">
        <div className={`sidebar-step-title`}><FormattedMessage id="Step 1: Choose
a market"/></div>
        <div className="regionBox">
          {
            _.map(regions, val => {
              const {imgClassname, tickClassname} = getCurClassnames(region, val);
              return (
                <div className="col region" key={val}>
                  <div className="text-center cursor-pointer"
onClick={setRegion.bind(this, val)}>
                    {
                      region !== val &&
                      <div className="spinner-grow spinner-click"
style={{display:'none'}}>
                        <span className={`sr-only`}></span>
                      </div>
                    }
                    <span className={imgClassname}>
                      <img src={REGION_LISTS_ICON[_.trim(val.toString())]}
className="image"/>
                    </span>
                    <img src={tick_icon} className={tickClassname}/>
                    <div className="title">{val}</div>
                  </div>
```

```
              </div>
            )
          })
        }
      </div>
      <Select
        className={`form-control w-50 search countryLists`}
        placeholder={status['getLocales'] === 'loading' ? 'loading...' : 'Select
from list'}
        onChange={changeCountry}
        disabled={region ? false: true}
        getPopupContainer={() => document.getElementById('sidebar')}
        value={countryCode}
        filterOption={(input, option) =>
option.children.toLowerCase().includes(input.toLowerCase())}
        showSearch
      >
        {
          _.map(locales[region], item => {
            return <Option value={item.countryCode}
key={item.countryCode}><FormattedMessage id={item.countryName}/></Option>
          })
        }
      </Select>
      <Select
        className={`form-control w-45 search`}
        placeholder={status['getLocales'] === 'loading' ? 'loading...' : 'Select
from list'}
        onChange={changeLanguage}
        disabled={region ? false: true}
        getPopupContainer={() => document.getElementById('sidebar')}
        value={languageCode}
        filterOption={(input, option) =>
option.children.toLowerCase().includes(input.toLowerCase())}
        showSearch
      >
        {
          _.map(_.get(_.find(locales[region], {countryCode}), ['languages']),
item => {
            return <Option value={item.languageCode}
key={item.languageCode}><FormattedMessage id={item.languageName}/></Option>
          })
        }
      </Select>
    </div>
  );
}

export default Step1;
```

上述代码中第15行引入的getBrowserLocal方法，主要用于获取浏览器默认的国家和语言。

打开src/help/，创建utils.js文件，该文件保存项目中的公用函数。编写getBrowserLocal函数，代码如下：

```
    export const getBrowserLocal = () => {
        let lCode = '', cCode = '';
        const cAndL = (window.navigator.language ||
window.navigator.userLanguage).split('-');
        if (cAndL.length === 1) {
            cCode = 'US';
        } else {
            lCode = cAndL[0] ? cAndL[0] : 'en';
            cCode = cAndL[1] ? cAndL[1] : 'US';
        }
        return {countryCode: cCode, languageCode: lCode}
    }
```

一般情况下，utils.js中的公用函数并不是一次性编写好的，需要根据项目的开发进度或后期项目的维护随时添加。

26.8.3 子组件 Step2

子组件Step2对应选择软件模块，其界面有两个状态，分别如图26.15和图26.16所示。

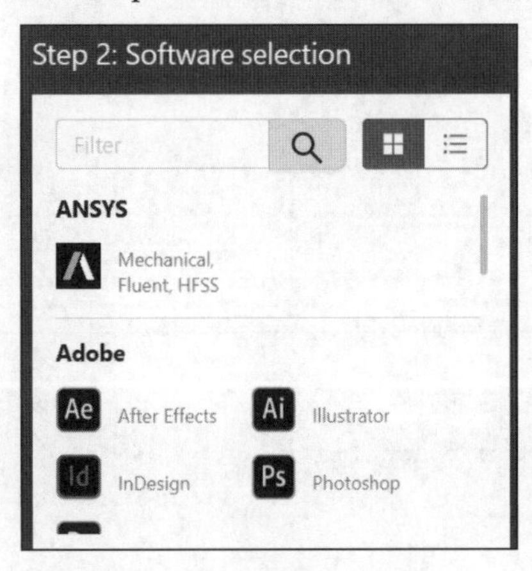

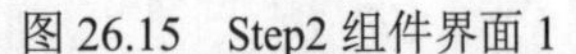
图 26.15 Step2 组件界面 1

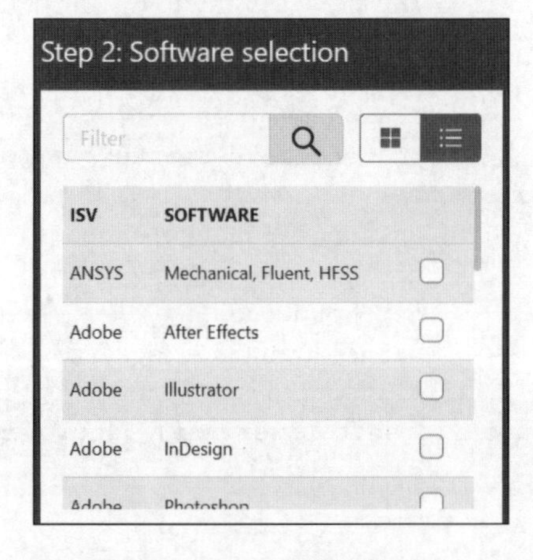

图 26.16 Step2 组件界面 2

打开src/features/bar/components/，创建Step2.js。同时创建子组件的SCSS文件Step2.scss。

打开Step2.js，该文件定义了Step2组件，代码如下：

```
    import React, { useState, useEffect } from 'react';
    import { useSelector, useDispatch } from 'react-redux';
    import {FormattedMessage, useIntl} from 'react-intl';
    import _ from 'lodash';
    import { Input, Pagination } from 'antd';
    import { Loading3QuartersOutlined, UnorderedListOutlined, AppstoreFilled } from
'@ant-design/icons';
    import classNames from 'classnames';
    import tick_icon from '../../../assets/images/tick_small.png';
    import { updateCheckedSoftwareLists } from '../actions';
```

```
    import { selectSoftwareLists, selectCheckedSoftwareLists, selectStatus } from
'../selector';
    import { selectPreferences} from '../../wrappers/selector';
    import AppIcons from './AppIcons';
    import AppLists from './AppLists';
    const { Search } = Input;

    const getDisplayFormClassnames = (state, value) => {
      return classNames('btn btn-outline-primary button-group-label icon-flex', {
        'active': state === value
      });
    }

    const Step2 = () => {
      const preferences = useSelector(selectPreferences);
      const countryCode = preferences.countryCode;
      const softwareLists = useSelector(selectSoftwareLists);
      const checkedSoftwareLists = useSelector(selectCheckedSoftwareLists);
      const status = useSelector(selectStatus);
      const dispatch = useDispatch();
      const [filterSoftwareLists, setFilterSoftwareLists] = useState(softwareLists);
      const [displayForm, setDisplayForm] = useState('apps');
      const [filterValue, setFilterValue] = useState('');

      useEffect(() => {
        setFilterSoftwareLists(softwareLists);
      }, [softwareLists])

      useEffect(() => {
        setFilterValue('');
        setFilterSoftwareLists(softwareLists);
      }, [countryCode])

      const selectSoftware = (v) => {
        let lists = [...checkedSoftwareLists];
        if(_.includes(checkedSoftwareLists, v)){
          lists = _.remove(lists, data => data !== v);
        }else{
          lists = [...checkedSoftwareLists, v];
        }
        dispatch(updateCheckedSoftwareLists(lists));
      }

      const handleFilter = (value) => {
        setFilterValue(value);
        let newSoftwareLists = [];
        _.forEach(softwareLists, item => {
          const lists = _.filter(item.lists, rs =>
_.lowerCase(rs.application).indexOf(_.lowerCase(value)) !== -1)
          if(!_.isEmpty(lists)){
            newSoftwareLists.push({
              group: item.group,
              lists
            })
```

```
        }
      })
      setFilterSoftwareLists(newSoftwareLists)
    }

    const changeDisplayForm = (e) => {
      setDisplayForm(e);
    }

    return (
      <div className="stepTwoWrap">
        <div className={`sidebar-step-title`}><FormattedMessage id="Step 2: Software
selection"/></div>
        <div className="sidebar-step-content">
          <div className='searchWrap'>
            <div className="search_mod">
              <Search
                placeholder="Filter"
                className="form-control"
                onSearch={(v) => {
                  handleFilter(v)
                }}
                onChange={(e) => {
                  handleFilter(e.target.value)
                }}
                onPressEnter={(e) => {
                  handleFilter(e.target.value)
                }}
                value={filterValue}
              />
            </div>
            <div className="btn-group" >
              <label className={getDisplayFormClassnames(displayForm, 'apps')}
onClick={()=>changeDisplayForm('apps')}>
                <AppstoreFilled />
              </label>
              <label className={getDisplayFormClassnames(displayForm, 'list')}
onClick={()=>changeDisplayForm('list')}>
                <UnorderedListOutlined />
            </label>
            </div>
          </div>
          <div className={`apps-wrap`}>
            {
              status['getSoftwareLists'] === 'loading' && <Loading3QuartersOutlined
spin={true} className="loading" style={{margin: '1rem auto', display:'block'}}/>
            }
            {
              displayForm === 'apps' &&
              <AppIcons
                filterSoftwareLists={filterSoftwareLists}
                selectSoftware={selectSoftware}
```

```
            checkedSoftwareLists={checkedSoftwareLists}
          />
        }
        {
          displayForm === 'list' &&
          <AppLists
            filterSoftwareLists={filterSoftwareLists}
            selectSoftware={selectSoftware}
            checkedSoftwareLists={checkedSoftwareLists}
          />
        }
      </div>
    </div>
  </div>
  );
}
export default Step2;
```

Step2组件中包含了标题Step 2: Software selection、搜索框Search、软件展示切换按钮和软件展示模块。其中，软件切换按钮用于切换软件列表的展示形式。

26.8.4　子组件 AppIcons

图文的形式的软件展示界面如图26.17所示，对应组件为AppIcons。

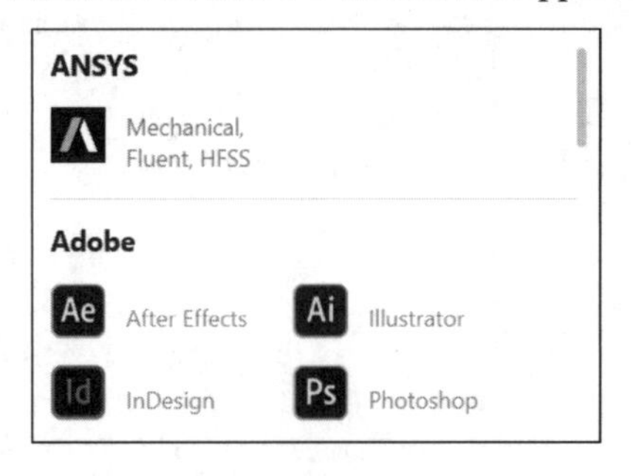

图 26.17　AppIcons 的界面

打开AppIcons.js，该文件定义了AppIcons组件，代码如下：

```
01  import React from 'react';
02  import _ from 'lodash';
03  import classNames from 'classnames';
04  import tick_icon from '../../../assets/images/tick_small.png';
05  import {SOFTWARE_LISTS_ICON} from '../../../help/constants';
06  import './appIcons.scss';

const getCurClassnames = (state, value) => {
  const condition = _.includes(state, value);
  const imgClassname = classNames('image', {
    'selected-opacity': condition,
    'selected-translate': condition
```

```
    });
    const tickClassname = classNames('tick', {
      'selected-opacity': condition
    });
    return {imgClassname, tickClassname}
  }

  const AppIcons = (props) => {
    const {filterSoftwareLists, selectSoftware, checkedSoftwareLists} = props;
    return (
      <div className="apps-icons">
        {
          _.map(filterSoftwareLists, (data, index) => {
            const len = filterSoftwareLists.length;
            const modClassName = index === len-1 ? 'search-content-mod' :
'search-content-mod borderBottom';
            return (
              <div className={modClassName} key={data.group}>
                <h3>{data.group}</h3>
                <div>
                  {
                    _.map(data.lists, item => {
                      const {imgClassname, tickClassname} =
getCurClassnames(checkedSoftwareLists, item.application);
                      return (
                        <div className="softwareBox" key={item.application}>
                          <div className="cursor-pointer"
onClick={selectSoftware.bind(this, item.application)}>
                            <span className="softwareIcon">
                              <img
src={SOFTWARE_LISTS_ICON[_.trim((item.application).toString())] ||
SOFTWARE_LISTS_ICON['default']} className={imgClassname}/>
                              <img src={tick_icon} className={tickClassname}/>
                            </span>
                            <div className="title">{item.application}</div>
                          </div>
                        </div>
                      )
                    })
                  }
                </div>
              </div>
            )
          })
        }
      </div>
    );
  }

  export default AppIcons;
```

26.8.5　子组件 AppLists

表格的形式的软件展示界面如图26.18所示，对应组件为AppLists。

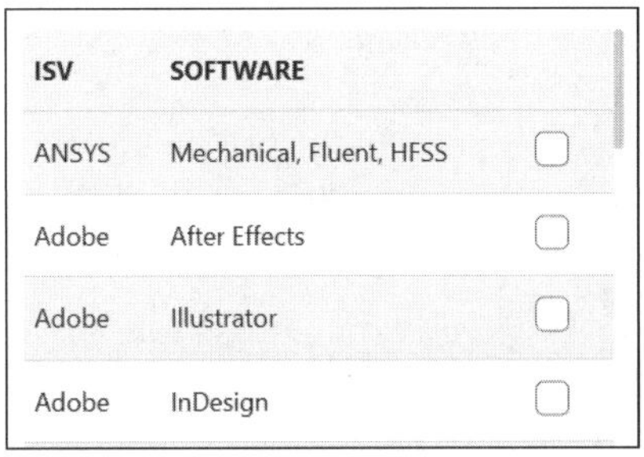

ISV	SOFTWARE	
ANSYS	Mechanical, Fluent, HFSS	
Adobe	After Effects	
Adobe	Illustrator	
Adobe	InDesign	

图 26.18　AppLists 的界面

打开AppLists.js，该文件中定义了AppLists组件，代码如下：

```
import React from 'react';
import _ from 'lodash';
import { Checkbox } from 'antd';
import './appLists.scss';

const AppLists = (props) => {
  const {filterSoftwareLists, selectSoftware, checkedSoftwareLists} = props;
  const getTableDataSource = () => {
    let dataSource = [];
    _.forEach(filterSoftwareLists, softwareList => {
      const group = softwareList.group;
      const lists = _.map(softwareList.lists, software => {
        return {...software, selected: _.includes(checkedSoftwareLists,
software.title), group, key: software.application + '-' + group}
      })
      dataSource = _.concat(dataSource, lists)
    })
    return dataSource;
  }

  return (
    <ul className="apps-lists">
      <li key={"apps-lists-title"} className="apps-lists-title">
        <span className="column column-isv">ISV</span>
        <span className="column column-software">SOFTWARE</span>
        <span className="column column-select"></span>
      </li>
      {
        _.map(getTableDataSource(), (item, index) => {
          const checked = _.includes(checkedSoftwareLists, item.application);
          const selectedClassName = checked ? 'selectedLine' : '';
          return (
            <li key={item.key} className={`${selectedClassName}`}
onClick={selectSoftware.bind(this, item.application)}>
```

```
              <span className="column column-isv">{item.group}</span>
              <span className="column column-software">{item.application}</span>
              <span className="column column-select"><Checkbox
checked={checked}/></span>
            </li>
          )
        })
      }
    </ul>
  );
}

export default AppLists;
```

26.8.6 子组件 Search

功能区模块的另一个子组件是搜索按钮。因为搜索按钮需要调用接口才能实现搜索功能，所以单独为一个组件，对应子组件Search。

默认情况，搜索按钮是不可单击的置灰状态，如图26.19所示。

当用户选择条件后，搜索按钮的状态变为蓝色可单击状态，如图26.20所示。

图 26.19　搜索组件的界面——不可单击状态

图 26.20　搜索组件的界面——可单击状态

打开Search.js文件，该文件中定义了Search组件，代码如下：

```
import React, { useState, useEffect } from 'react';
import { useSelector, useDispatch } from 'react-redux';
import {FormattedMessage} from 'react-intl';
import _ from 'lodash';
import { getProducts, updateSearchSoftwares } from '../../product/actions';
import { selectPreferences} from '../../wrappers/selector';
import { selectCheckedSoftwareLists } from '../selector';
import { selectSearchStatus } from '../../product/selector';
import { Button } from 'antd';
import './search.scss';

const Search = () => {
  const preferences = useSelector(selectPreferences);
  const countryCode = preferences.countryCode;
  const currency = preferences.currency;
  const checkedSoftwareLists = useSelector(selectCheckedSoftwareLists);
  const searchStatus = useSelector(selectSearchStatus);
  const [disabled, setDisabled] = useState(false);
  const dispatch = useDispatch();

  useEffect(() => {
    if(!countryCode){
```

```
      setDisabled(true);
      return;
    }
    if(_.isEmpty(checkedSoftwareLists)){
      setDisabled(true);
      return;
    }
    setDisabled(false);
  }, [countryCode, checkedSoftwareLists])

  const handleSearch = async () => {
    if(disabled){
      return;
    }
    const response = await getProducts({countryCode, currencyCode: currency,
applications: checkedSoftwareLists, lang: 'en' })(dispatch);
    if(response.payload.code === 200){
      console.log('response:',response)
      dispatch(updateSearchSoftwares(checkedSoftwareLists))
    }
  }

  return (
      <Button
        id="search-button"
        type="primary"
        onClick={handleSearch}
        disabled={disabled}
        loading={searchStatus === 'loading'}
      >
        <FormattedMessage id="SEARCH"/>
      </Button>
  );
}

export default Search;
```

在Search组件中，定义了函数handleSearch，当单击搜索按钮后，调用该函数。在此函数内调用接口/api/product/recommend，请求产品列表数据。

26.9　编写联系我们模块

内容页面还包含“联系我们”模块，容器组件名为Concat。

联系我们模块的界面如图26.21所示，对应的组件名为Concat。该模块在产品模块下方，只有一个容器组件。

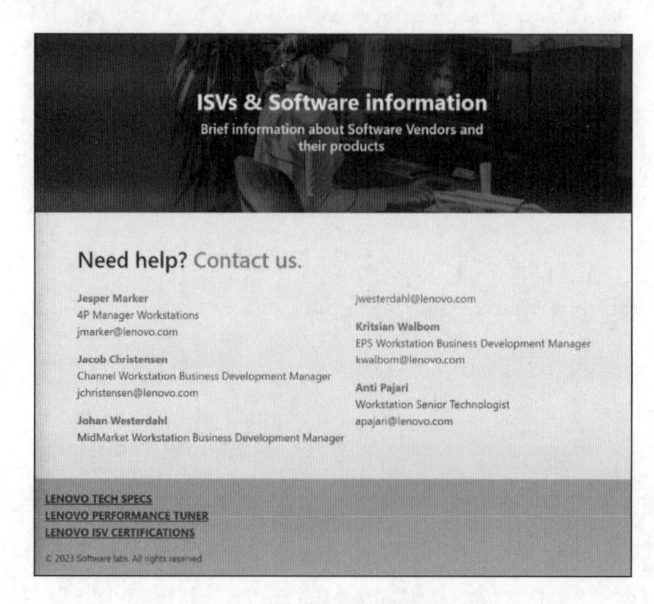

图 26.21　联系我们模块的界面

打开src/features/concat/index.jsy文件，在该文件中编写Concat容器组件，代码如下：

```
01  import React from 'react';
02  import { useSelector } from 'react-redux';
03  import './index.scss';
04  import {CONCAT_INFORMATION} from './constants';
05  import information_bg from '../../assets/images/information.jpg';
06  import _ from 'lodash';
07  import { selectProducts } from '../product/selector';
08
09  const Concat = () => {
10    const products = useSelector(selectProducts);
11    if(_.isEmpty(products)){
12      return null;
13    }
14    return (
15      <div className="concat" id="concat">
16        {/* information banner start */}
17        <div className="image-container mt-5 image-information">
18            <img src={information_bg} alt="" className="w-100 image-opacity"
style={{display: 'block'}}/>
19          <div className="image-text">
20                  <h2 className="font-weight-bold">ISVs &amp; Software
information</h2>
21            <h5>Brief information about Software Vendors and their products</h5>
22          </div>
23        </div>
24        {/* information banner end */}
25
26        <footer className="container-fluid">
27          <div className="row contact-footer">
28            <div className="col-9">
```

```
29              <div className="p-5">
30                <div>
31                    <h2 className="mb-4">Need help? <span style={{color:
'#2699FB'}}>Contact us.</span></h2>
32                  <div className="two-col">
33                    {
34                      _.map(CONCAT_INFORMATION, data => {
35                        return (
36                          <div className="mb-3" key={data.name}>
37                            <div className="row">
38                              <div className="col">
39                            <span className="contact-name">{data.name}</span>
40                                <div className="contact-info">{data.position}
41                                <div>
42                                  <a style={{color: '#555555'}}
href={`mailto:${data.email}`}>{data.email}</a>
43                                </div>
44                              </div>
45                            </div>
46                          </div>
47                        </div>
48                        )
49                      })
50                    }
51                  </div>
52                </div>
53              </div>
54            </div>
55            <div className="col-12 p-3 footer-side">
56              <div className="side-content">
57                <a href="https://thinkstation-specs.com/" target="_blank"
className="lenovo-link">Lenovo Tech Specs</a>
58                <a href="https://support.lenovo.com/ar/en/downloads/ds105193"
target="_blank" className="lenovo-link">Lenovo Performance Tuner</a>
59               <a href="https://www.thinkworkstations.com/isv-certifications/"
target="_blank" className="lenovo-link mb-3">Lenovo ISV Certifications</a>
60                <div className="lenovo-legal">© 2023 Software labs. All rights
reserved</div>
61              </div>
62            </div>
63          </div>
64        </footer>
65      </div>
66    );
67  }
68  export default Concat;
```

代码解析：

上述代码中第04行的CONCAT_INFORMATION常量来自constants.js文件，是页面展示的联系信息数据。

在企业级项目中，为了便于维护，每个组件中的常量通过名为constants.js的文件保存。

创建constants.js文件，代码如下：

```
export const CONCAT_INFORMATION = [
    {
        name: 'Jesper Marker',
        position: '4P Manager Workstations',
        email: 'jmarker@lenovo.com'
    },
    {
        name: 'Jacob Christensen',
        position: 'Channel Workstation Business Development Manager',
        email: 'jchristensen@lenovo.com'
    },
    {
        name: 'Johan Westerdahl',
        position: 'MidMarket Workstation Business Development Manager',
        email: 'jwesterdahl@lenovo.com'
    },
    {
        name: 'Kritsian Walbom',
        position: 'EPS Workstation Business Development Manager',
        email: 'kwalbom@lenovo.com'
    },
    {
        name: 'Anti Pajari',
        position: 'Workstation Senior Technologist',
        email: 'apajari@lenovo.com'
    },
]
```

上面代码中，CONCAT_INFORMATION对象中保存了联系人的姓名、地址和邮箱。在Concat组件中，循环遍历CONCAT_INFORMATION对象，将联系人信息展示到页面中。

26.10 编写产品模块

内容页面中最重要的模块是产品模块。当单击左侧功能区的搜索按钮后，展示产品模块。

26.10.1 容器组件 Products

产品模块的界面如图26.22所示，对应的组件名为Products。它位于内容页面中功能区模块的右侧。Products组件是一个容器组件，根据界面中的功能划分，Products组件包含以下11个子组件：SearchSoftwares、ClearAll、ProductLists、Product、CarouselCard、CarouselButton、Category、Stock、ProductTable、TotalPrice、PriceTip。

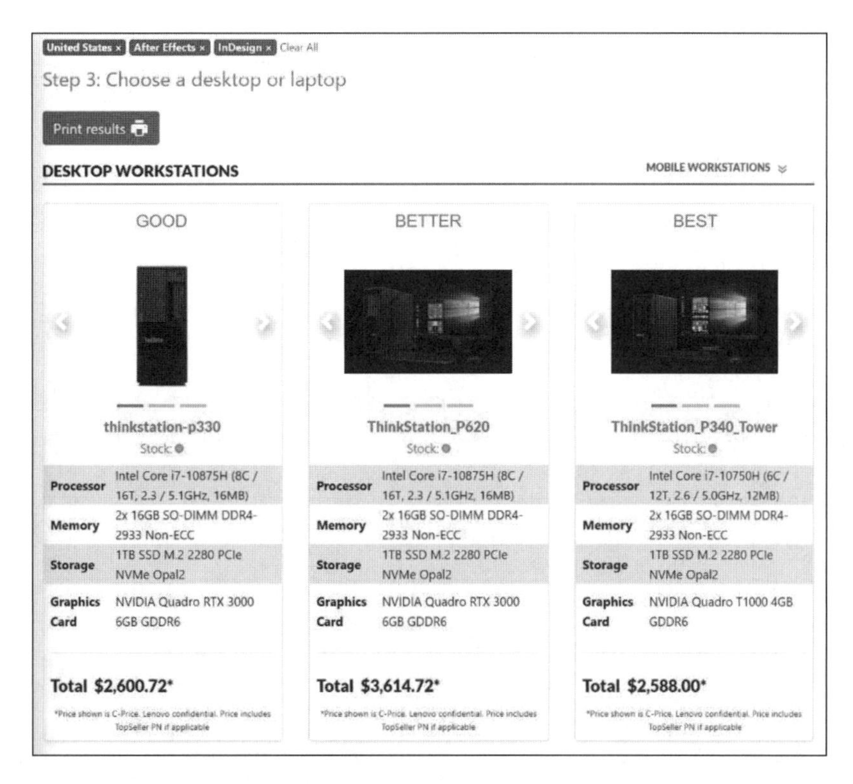

图 26.22 产品模块的界面

打开src/features/product/index.js文件，编写如下代码：

```
    import React, { useEffect } from 'react';
    import { useSelector, useDispatch } from 'react-redux';
    import { Loading3QuartersOutlined, PrinterFilled } from '@ant-design/icons';
    import './index.scss';
    import _ from 'lodash';
    import {FormattedMessage} from 'react-intl';
    import { selectProducts, selectSearchSoftwares, selectSearchStatus } from
'./selector';
    import { selectPreferences } from '../wrappers/selector';
    import { getProducts, updateSearchSoftwares, productReset } from './actions';
    import { updateCheckedSoftwareLists, barReset} from '../bar/actions';
    import { appReset } from '../wrappers/actions';
    import { updatePreferences } from '../wrappers/actions';
    import SearchSoftwares from './components/SearchSoftwares';
    import ClearAll from './components/ClearAll';
    import ProductLists from './components/ProductLists';
    const Products = () => {
      const dispatch = useDispatch();
      const products = useSelector(selectProducts);
      const searchSoftwares = useSelector(selectSearchSoftwares);
      const searchStatus = useSelector(selectSearchStatus);
      const preferences = useSelector(selectPreferences);
      const countryName = preferences.countryName;
      const countryCode = preferences.countryCode;
```

```
const region = preferences.region;
const currency = preferences.currency;

useEffect(() => {
  if(!_.isEmpty(products)){
    scrollPos('product_container');
  }
}, [products])

const scrollPos = (id, offsetUp = 0) => {
  const produceListDom = document.getElementById(id);
  if(produceListDom){
    const productList_offsetTop = produceListDom.offsetTop + offsetUp;
    window.scrollTo({
      top: productList_offsetTop,
      behavior: "smooth"
    });
  }
}

const printResults = () => {
  window.print();
}

const delTag = (v) => {
  if (v === 'country') {
    delTagAll()
    return
  }
  if (searchSoftwares.length === 1) {
    dispatch(updateSearchSoftwares([]))
    dispatch(updateCheckedSoftwareLists([]));
    dispatch(productReset());
    return
  }
  const searchValue = _.cloneDeep(searchSoftwares)
  const itemIndex = searchValue.findIndex(i => i === v)
  if (itemIndex > -1) {
    searchValue.splice(itemIndex, 1)
    dispatch(updateSearchSoftwares(searchValue))
    // 左侧联动
    let lists = [...searchSoftwares];
    if (_.includes(searchSoftwares, v)) {
      lists = _.remove(lists, data => data !== v);
    } else {
      lists = [...searchSoftwares, v];
    }
    dispatch(updateCheckedSoftwareLists(lists));
    getProduct(lists)
  }
}
const delTagAll = () => {
  dispatch(appReset());
```

```
        dispatch(barReset());
        dispatch(productReset());
        dispatch(updatePreferences({
          region
        }));
      }

      const getProduct = async (checkedSoftwareLists) => {
        await getProducts({ countryCode, currencyCode: currency, applications: 
checkedSoftwareLists, lang: 'en' })(dispatch);
      }

      if(_.isEmpty(products)){
        return null;
      }
      return (
        <div className="container-fluid" id="product_container">
          <div className="step3 ng-star-inserted">
            <span className="badge badge-secondary mr-1 tag">{countryName}<span 
className='cursor-pointer' onClick={()=>delTag('country')}> ×</span> </span>
            <SearchSoftwares delTag={delTag}/>
            <ClearAll delTagAll={delTagAll}/>
            <div style={{position:'relative'}}>
              <div className="main-step-title pt-2"> <FormattedMessage id="Step 3: 
Choose a desktop or laptop"/></div>
              {searchStatus === 'loading' && <Loading3QuartersOutlined spin={true} 
className="loading loading-mobile"/>}
            </div>
            <button className="btn btn-primary form-group print-button" style={{
                display: 'flex',
                justifyContent: 'center',
                alignItems: 'center'
              }} onClick={printResults}>
              <span style={{marginRight: 6}}>Print results</span>
              <PrinterFilled style={{fontSize: '1.25rem'}} />
            </button>
            <ProductLists scrollPos={scrollPos}/>
          </div>
        </div>
      );
    }
    export default Products;
```

26.10.2　子组件 SearchSoftwares

子组件SearchSoftwares位于产品模块的顶部，界面如图26.23所示。

United States ×　After Effects ×　InDesign ×

图 26.23　子组件 SearchSoftwares 的界面

图中，United States是用户选中的国家，After Effects和InDesign是用户选中的软件。其中，国家的标签是深灰色背景，软件的标签是蓝色背景。

每个标签都由文字和X按钮组成。单击X按钮后，可以删除当前标签。同时，功能区软件列表中被选中软件也要变更为取消选中。

打开src/features/product/components/文件夹，创建SearchSoftwares.js，定义组件SearchSoftwares，代码如下：

```
import { useSelector } from 'react-redux';
import _ from 'lodash';
import { selectSearchSoftwares } from '../selector';

const SearchSoftwares = (props) => {
  const {delTag} = props;
  const searchSoftwares = useSelector(selectSearchSoftwares);
  return (
    <>
      {
        _.map(searchSoftwares, sf => {
          return <span className="badge badge-primary mr-1 tag ng-star-inserted"
key={sf}>{sf}
            <span className='cursor-pointer' onClick={()=>delTag(sf)}> ×</span>
          </span>
        })
      }
    </>
  );
}
export default SearchSoftwares;
```

上面代码中，单击标签的X按钮后，调用函数delTag。

26.10.3 子组件 ClearAll

子组件ClearAll位于SearchSoftwares组件的右侧，界面如图26.24所示。

Clear All是一个可单击的按钮。单击后，将清空SearchSoftwares组件中所有的标签。同时，隐藏产品模块，内容页面显示系统介绍模块，即Banner组件。

Clear All

图 26.24 子组件 ClearAll 的界面

打开src/features/product/components/文件夹，创建ClearAll.js文件，定义子组件ClearAll，代码如下：

```
import { useSelector } from 'react-redux';
import _ from 'lodash';
import {FormattedMessage} from 'react-intl';
import { selectSearchSoftwares } from '../selector';

const ClearAll = (props) => {
  const {delTagAll} = props;
  const searchSoftwares = useSelector(selectSearchSoftwares);
  return (
```

```
        <>
          {
            searchSoftwares.length > 0 ? <span className='clear cursor-pointer'
onClick={delTagAll}><FormattedMessage id="Clear All"/></span> : <></>
          }
        </>
      );
    }
    export default ClearAll;
```

26.10.4　子组件 ProductLists

子组件ProductLists是产品列表模块，用于展示推荐给用户的个人计算机和服务器，界面如图26.25所示。

图 26.25　子组件 ProductLists 的界面 1

ProductLists由6个Product模块组成。Product模块对应Product组件。界面右上角的蓝色链接用于定位，当单击“MOBILE WORKSTATIONS”时，页面向下滚动，定位到MOBILE WORKSTATIONS那一栏，如图26.25所示。当单击“DESKTOP WORKSTATIONS”时，页面向上滚动，定位到DESKTOP WORKSTATIONS那一栏，如图26.26所示。

图 26.26　子组件 ProductLists 的界面 2

打开src/features/product/components文件夹，创建ProductLists.js文件，定义组件ProductLists，代码如下：

```
import { useSelector } from 'react-redux';
import { DoubleRightOutlined } from '@ant-design/icons';
import _ from 'lodash';
import { selectProducts } from '../selector';
import Product from './Product';
import './productLists.scss';

const ProductLists = (props) => {
  const {scrollPos} = props;
  const products = useSelector(selectProducts);
  return (
    <>
     {
       _.map(products, group => {
         let sectionId, sectionTitle, linkText, linkIconClassName, scrollId;
         if(group.group === 'DTWS'){
           sectionId = 'section-desktop';
           scrollId = 'section-mobile';
           sectionTitle = 'DESKTOP WORKSTATIONS';
           linkText = 'MOBILE WORKSTATIONS';
           linkIconClassName = 'arrow-down slideInDown';
         }else{
           sectionId = 'section-mobile';
           scrollId = 'section-desktop';
           sectionTitle = 'MOBILE WORKSTATIONS';
```

```
            linkText = 'DESKTOP WORKSTATIONS';
            linkIconClassName = 'arrow-up slideInUp';
          }
          return (
            <div className="section" key={group.group} id={sectionId}>
              <span className="section-title">{sectionTitle}</span>
              <a className="downscroll-link" onClick={() => {scrollPos(scrollId,
-12)}}>{linkText}<DoubleRightOutlined className={linkIconClassName}/></a>
              <div className="line-red"></div>
              <div className="row row-sm">
              {
                _.map(group.lists, product => {
                  return <Product product={product} key={product.category}/>
                })
              }
            </div>
            </div>
          )
        })
      }
    </>
  );
}
export default ProductLists;
```

26.10.5　子组件 Product

子组件Product是单个产品模块，界面如图26.27所示。

当鼠标悬停在Product模块上时，将出现蓝色边框，并且放大显示，如图26.28所示。

图 26.27　子组件 Product 的界面——默认状态

图 26.28　子组件 Product 的界面——鼠标悬停状态

打开src/features/product/components/文件夹，创建Product.js文件，定义组件Product；同时创建product.scss文件。Product组件的代码如下：

```
import { Card } from 'antd';
import _ from 'lodash';
import './product.scss';
import CarouselCard from './CarouselCard';
import CarouselButton from './CarouselButton';
import ProductTable from './ProductTable';
import TotalPrice from './TotalPrice';
import PriceTip from './PriceTip';
import Stock from './Stock';
import Category from './Category';

const Product = (props) => {
  const {product} = props;

  return (
    <div className="col-12 col-lg-4 mb-4">
      <Card bordered={false}>
        <div className="card ng-star-inserted">
          <div className="level">{product.level}</div>
          <CarouselCard product={product}/>
          <CarouselButton/>
          <Category product={product}/>
          <Stock product={product}/>
          <ProductTable product={product}/>
          <hr className="mx-2"></hr>
          <TotalPrice product={product}/>
          <PriceTip/>
        </div>
      </Card>
    </div>
  )
}
export default Product;
```

Product组件由于内容较多，因此拆分成几个子组件。鼠标悬停的效果在product.scss中编写。

26.10.6 子组件 CarouselCard

子组件CarouselCard是单个产品模块中的轮播图模块，界面如图26.29所示。

图 26.29 子组件 CarouselCard 的界面

打开src/features/product/components文件夹，创建CarouselCard.js文件，定义组件CarouselCard；同时创建carouselCard.scss文件。CarouselCard组件的代码如下：

```
import { Carousel } from 'antd';
import _ from 'lodash';
import './carouselCard.scss';

const CarouselCard = (props) => {
  const {product} = props;
  const buildImagesUrl = (product) => {
    const imageMap = product.imageMap;
    if(!imageMap){
      return;
    }
    return [imageMap['0'], imageMap['1'], imageMap['2']];
  }
  const images = buildImagesUrl(product);
  return (
    <Carousel /* autoplay */ arrows={true}>
      {
        _.map(images, img => {
          return (
            <div className="item" key={img}>
              <img alt="" className="image" src={img}/>
            </div>
          )
        })
      }
    </Carousel>
  )
}
export default CarouselCard;
```

子组件CarouselCard中使用了antd组件Carousel。图片地址来自接口返回的imageMap对象。

26.10.7　子组件 CarouselButton

子组件CarouselButton是单个产品模块中的轮播图的按钮模块，界面如图26.30所示。

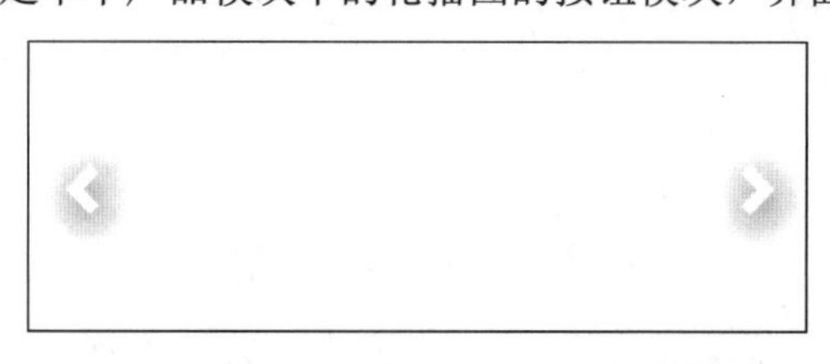

图 26.30　子组件 CarouselButton 的界面

打开src/features/product/components文件夹，创建CarouselButton.js文件，定义组件CarouselButton。CarouselButton组件的代码如下：

```
const CarouselButton = () => {
  return (
```

```
      <div className="carousel slide">
        <a className="left carousel-control carousel-control-prev ng-star-inserted">
          <span className="icon-prev carousel-control-prev-icon"></span>
          <span className="sr-only ng-star-inserted">Previous</span>
        </a>
        <a className="right carousel-control carousel-control-next
ng-star-inserted">
          <span className="icon-next carousel-control-next-icon"></span>
          <span className="sr-only">Next</span>
        </a>
      </div>
    )
  }
  export default CarouselButton;
```

26.10.8 子组件 Category

子组件Category是单个产品模块中的产品目录模块，界面如图26.31所示。

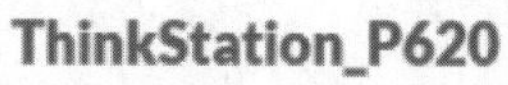

ThinkStation_P620

图 26.31 子组件 Category 的界面

打开src/features/product/components文件夹，创建Category.js文件，定义组件Category；同时创建category.scss文件。Category.js的代码如下：

```
  import './category.scss';

  const Category = (props) => {
    const {product} = props;

    return (
      <div className="title mt-2">{product.category}</div>
    )
  }
  export default Category;
```

26.10.9 子组件 Stock

子组件Stock是单个产品模块中的产品库存模块，界面如图26.32所示。

Stock: ●

图 26.32 子组件 Stock 的界面

打开src/features/product/components文件夹，创建Stock.js文件，定义组件Stock；同时创建stock.scss文件。Stock.js的代码如下：

```
  import './stock.scss';

  const Stock = (props) => {
    const {product} = props;
```

```
      return (
        <div className="stock">Stock:
          {product.supplyColor==='red' ? <div className="circle red"></div> : ''}
          {product.supplyColor==='green' ? <div className="circle green"></div> : ''}
          {product.supplyColor==='yellow' ? <div className="circle yellow"></div> : ''}
        </div>
      )
    }
    export default Stock;
```

在子组件Stock中，库存状态有3种：红色、绿色和黄色。数据从接口返回的product.supplyColor中获取。

26.10.10　子组件 ProductTable

子组件ProductTable是单个产品模块中的产品信息模块，界面如图26.33所示。

Processor	Intel Core i7-10875H (8C / 16T, 2.3 / 5.1GHz, 16MB)
Memory	2x 16GB SO-DIMM DDR4-2933 Non-ECC
Storage	1TB SSD M.2 2280 PCIe NVMe Opal2
Graphics Card	NVIDIA Quadro RTX 3000 6GB GDDR6

图 26.33　子组件 ProductTable 的界面

打开src/features/product/components文件夹，创建ProductTable.js文件，定义组件ProductTable；同时创建productTable.scss文件。ProductTable.js的代码如下：

```
    import './productTable.scss';
    const ProductTable = (props) => {
      const {product} = props;
      const {processor, memory, graphicCapability} = product;
      return (
        <table className="table-custom mt-2 w-100">
          <tbody>
            <tr className="row-gray line-clamp-tr">
              <td className="table-header p-2"><span>Processor</span></td>
              <td className='line-clamp' title={processor}><span>
{processor}</span></td>
            </tr>
            <tr className='line-clamp-tr'>
              <td className="table-header p-2"><span>Memory</span></td>
              <td className='line-clamp' title={memory}><span>{memory}</span></td>
            </tr>
            <tr className="row-gray line-clamp-tr">
              <td className="table-header p-2"><span>Storage</span></td>
              <td className='line-clamp' title={product.storage}><span>
{product.storage}</span></td>
```

```
          </tr>
          <tr className="line-clamp-tr">
            <td className="table-header p-2"><span>Graphics Card</span></td>
            <td className='line-clamp' title={graphicCapability}><span>
{graphicCapability}</span></td>
          </tr>
        </tbody>
      </table>
    )
  }
  export default ProductTable;
```

26.10.11 子组件 TotalPrice

子组件TotalPrice是单个产品模块中的产品总价模块，界面如图26.34所示。

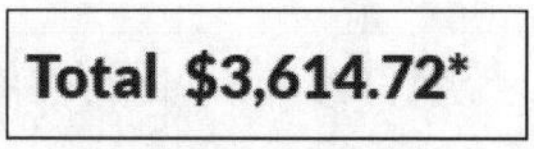

Total $3,614.72*

图 26.34 子组件 TotalPrice 的界面

打开 src/features/product/components 文件夹，创建TotalPrice.js文件，定义组件TotalPrice；同时创建totalPrice.scss文件。TotalPrice.js的代码如下：

```
  import React from 'react';
  import { useSelector } from 'react-redux';
  import {FormattedNumber} from 'react-intl';
  import { Card} from 'antd';
  import _ from 'lodash';
  import { selectPreferences } from '../../wrappers/selector';
  import './totalPrice.scss';

  const TotalPrice = (props) => {
    const {product} = props;
    const preferences = useSelector(selectPreferences);
    const currency = preferences.currency;

    return (
      <div style={{paddingTop: 6}}>
        <span className="price ml-2">Total</span>
        <span className="price ml-2"><FormattedNumber value={product.totalPrice}
style="currency" currency={currency}/>*</span>
      </div>
    )
  }
  export default TotalPrice;
```

26.10.12 子组件 PriceTip

子组件PriceTip是单个产品模块中的价格提示模块，界面如图26.35所示。

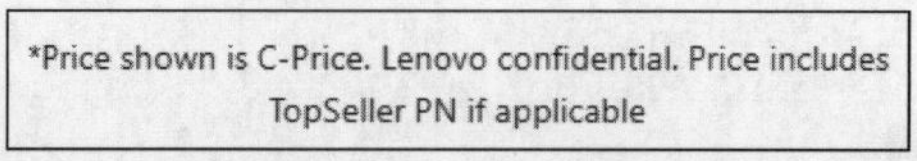

*Price shown is C-Price. Lenovo confidential. Price includes TopSeller PN if applicable

图 26.35 子组件 PriceTip 的界面

打开src/features/product/components文件夹，创建PriceTip.js文件，定义组件PriceTip；同时创建priceTip.scss文件。PriceTip.js的代码如下：

```
import {FormattedMessage} from 'react-intl';
import './priceTip.scss';

const PriceTip = () => {
  return (
    <div className="priceNote m-2 text-center"><span>*<FormattedMessage id="Price
shown is C-Price. Lenovo confidential. Price includes TopSeller PN if
applicable"/></span></div>
  )
}
export default PriceTip;
```

26.11　编写反馈模块

内容页面还有一个反馈模块，用于反馈用户的意见和满意度。单击内容页面中蓝色的FEEDBACK按钮后，会出现一个意见收集弹窗。整个反馈模块由反馈按钮和收集弹窗组成。

26.11.1　容器组件 FeedBack

反馈模块的界面默认状态下如图26.36所示，是一个蓝色的按钮，对应的组件名为FeedBack。鼠标悬停在蓝色的FEEDBACK按钮时的界面如图26.37所示。

图 26.36　反馈模块的蓝色按钮——默认状态

图 26.37　反馈模块的蓝色按钮——鼠标悬停状态

打开src/features/feedback/index.js文件，在该文件中编写FeedBack组件，代码如下：

```
import React, { useState } from 'react';
import _ from 'lodash';
import './index.scss';
import feedback_icon from '../../assets/images/feedback-icon.png'
import FeedBackModal from './components/FeedBackModal';

const FeedBack = () => {
  const [visible, setVisible] = useState(false);

  const handleCancel = () => {
    setVisible(false);
  }
```

```
    const handleOk = () => {
      setVisible(false);
    }
    const openModal = () => {
      setVisible(true);
    }

    return (
      <div id="feedBackMod">
        <button type="button" className="btn btn-feedback" onClick={openModal}>
          <img src={feedback_icon} className="mr-2"/>
          <span>FEEDBACK</span>
        </button>
        <FeedBackModal visible={visible} handleCancel={handleCancel}
handleOk={handleOk}/>
      </div>
    );
  }
  export default FeedBack;
```

FeedBackModal是引入的子组件。当单击FEEDBACK按钮时，调用openModal方法，打开弹窗。

26.11.2 子组件 FeedBackModal

反馈模块的弹窗组件是FeedBackModal，界面如图26.38所示。界面中有5个满意度图标，默认置灰。当单击这些图标时，图标被点亮，变为黄色。用户还可以在文本框中输入内容。当单击SEND FEEDBACK按钮后，前端向后端发送ajax请求，将收集的用户满意度和意见发送给后端。

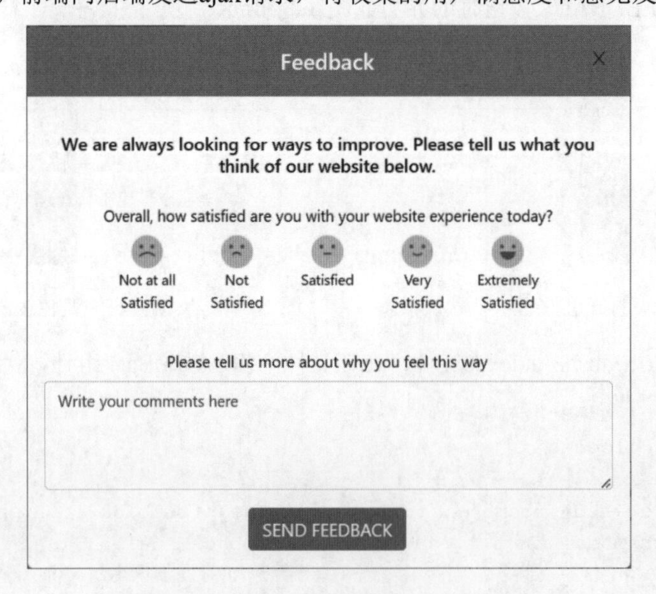

图 26.38 子组件 FeedBackModal 的界面

打开src/features/feedback/components文件夹，创建FeedBackModal.js文件并编写FeedBackModal组件，同时创建FeedBackModal.scss文件。

FeedBackModal组件的代码如下：

```
import React, { useState, useEffect } from 'react';
import { useSelector, useDispatch } from 'react-redux';
import _ from 'lodash';
import { Modal, Input, Tooltip } from 'antd';
import classNames from 'classnames';
import './FeedBackModal.scss';
import { saveFeedback } from '../actions';
import { selectUsername } from '../../login/selector';
import feedback_pic1 from '../../../assets/images/1-2.png';
import feedback_pic2 from '../../../assets/images/3-4.png';
import feedback_pic3 from '../../../assets/images/5-6.png';
import feedback_pic4 from '../../../assets/images/7-8.png';
import feedback_pic5 from '../../../assets/images/9-10.png';
import { selectPreferences } from '../../wrappers/selector';
const { TextArea } = Input;
const feedback_arr = [
  {
    img: feedback_pic1,
    text: 'Not at all Satisfied'
  },
  {
    img: feedback_pic2,
    text: 'Not Satisfied'
  },
  {
    img: feedback_pic3,
    text: 'Satisfied'
  },
  {
    img: feedback_pic4,
    text: 'Very Satisfied'
  },
  {
    img: feedback_pic5,
    text: 'Extremely Satisfied'
  }
];

const FeedBackModal = (props) => {
  const { visible, handleCancel, handleOk } = props;
  const dispatch = useDispatch();
  const [checked, setChecked] = useState('');
  const [comment, setComment] = useState('');
  const [toolVisible, setToolVisible] = useState(false);
  const [toolDisabled, setToolDisabled] = useState(false);
  const userName = useSelector(selectUsername);
  const preferences = useSelector(selectPreferences);
  const countryCode = preferences.countryCode;

  useEffect(() => {
    setChecked('');
```

```
      setComment('');
    }, [visible])

    const ModalHeader = () => {
      return (
        <div className="modal-header">
          <h5 className="modal-title mx-auto" style={{ color: '#fff' }}>Feedback</h5>
        </div>
      )
    }

    const submit = async (v) => {
      if (toolVisible || toolDisabled) return
      if (!checked || !comment) {
        setToolVisible(true)
        setToolDisabled(true)
        setTimeout(() => {
          setToolDisabled(false)
          setToolVisible(false)
        }, 4000)
        return
      }
      setToolDisabled(true)
      const response = await saveFeedback({ status: checked, comment, userName,
countryCode })(dispatch);
      setToolDisabled(false)
      handleOk();
    }

    const modalCancel = async () => {
      await setToolDisabled(false)
      await setToolVisible(false)
      handleCancel()
    }

    const changeComment = (v) => {
      setComment(v)
    }

    const feedbackEvaluate = (e) => {
      const value = e.target.getAttribute('value') ||
e.target.parentNode.getAttribute('value');
      console.log(value);
      setChecked(value);
    }

    return (
      <Modal
        title={ModalHeader()}
        open={visible}
        onCancel={modalCancel}
```

```
          wrapClassName="feedBackModal"
          footer={null}
        >
          <div className="modal-body text-center">
            <h6 className="mt-2 mb-4">We are always looking for ways to improve. Please
tell us what you think of our website below.</h6>
            <div className="row mb-3">
              <legend className="col-form-label pt-0">Overall, how satisfied are you
with your website experience today?</legend>
              <div className="mx-auto w-75">
                {
                  _.map(feedback_arr, item => {
                    const classnames = classNames('mx-auto d-block', {
                      'checked': checked === item.text
                    });
                    return (
                      <div className="form-check rating-icons p-0" value={item.text}
key={item.text} onClick={feedbackEvaluate}>
                        <img src={item.img} className={classnames} />
                        <label>{item.text}</label>
                      </div>
                    )
                  })
                }
              </div>
            </div>
            <div className="form-group row d-block mx-auto">
              <label className="col-form-label">Please tell us more about why you feel
this way</label>
              <TextArea id="inputFeedback" placeholder="Write your comments here"
className="form-control" maxLength={400} value={comment} onChange={(e) =>
changeComment(e.target.value)} />
            </div>
            <Tooltip title="Oops.. You haven't tell us anything yet. We would love to
know your feelings. :)"
              open={toolVisible}
              color='#40a9ff'
              overlayInnerStyle={{
                borderRadius: 16,
                padding: 12,
                fontSize: 12,
                width: 252
              }}
            >
              <button type="submit" className={toolDisabled ? 'btn btn-primary
btn-feedback-send send-disabled' : 'btn btn-primary btn-feedback-send'}
onClick={submit}>SEND FEEDBACK</button>
            </Tooltip>
          </div>
        </Modal>
    )
```

```
}

export default FeedBackModal;
```

feedback_arr是满意度图标的URL地址和文案的集合。单击SEND FEEDBACK按钮后，调用submit函数，在该函数中调用saveFeedback发送ajax请求。

26.12 编写内容页面

内容页面对应的组件是App，它是一个容器组件，用于将前面介绍的各个子组件组合在一起。打开src/features/app/index.js文件，在该文件中编写App容器组件，代码如下：

```
import React from 'react';
import { useSelector } from 'react-redux';
import _ from 'lodash';
import Concat from '../concat';
import FeedBack from '../feedback';
import Bar from '../bar';
import Products from '../product/index.js';
import Banner from '../banner/index.js';
import './index.scss';
import { selectToken } from '../login/selector';

const App = () => {
  const token = useSelector(selectToken) || window.sessionStorage.getItem('token');
  if(_.isEmpty(token)){
    return null;
  }

  return (
    <>
      <Bar/>
      <div className='main'>
        <Banner/>
        <Products/>
        <Concat/>
        <FeedBack/>
      </div>
    </>
  );
}
export default App;
```

在上面的代码中判断token是否存在，只有token存在才能正常显示页面的其他组件。token是调用登录接口后由后端返回的。

26.13 编写组件处理国际化

根据React项目优化原则，将国际化处理单独编写为一个组件Wrappers。该组件不对应界面UI，只是一些国际化处理的业务逻辑代码。

在Wrappers中除了具有处理项目页面的自定义文案的国际化，还有antd组件的国际化。

本节将编写Wrappers组件，并展示怎样在项目中实现前端的国际化处理。

打开src/features/wrappers/index.js文件，编写如下代码：

```
01  import React, { useState, useEffect } from 'react';
02  import { useSelector, useDispatch } from 'react-redux';
03  import {Outlet} from "react-router-dom";
04  import {IntlProvider} from 'react-intl';
05  import { ConfigProvider, message } from 'antd';
06  import { selectError, selectPreferences } from './selector';
07  import {getBrowserLocal, getLocaleMessages} from '../../help/utils';
08  import localeData from '../../help/localeData';
09  import {FormattedMessage} from 'react-intl';

    const Wrappers = (props) => {
      const [messageApi, contextHolder] = message.useMessage();
      const preferences = useSelector(selectPreferences);
      const error = useSelector(selectError);
      const {languageCode} = getBrowserLocal();
      const locale = preferences.languageCode || languageCode;
      const antdLocale = localeData[locale];
      const messages = getLocaleMessages(locale);
      useEffect(() => {
        if(error){
          messageApi.open({
            type: 'error',
            content: <FormattedMessage id={error}/>,
          });
      }
   }, [error])

   return (
     <ConfigProvider locale={antdLocale}>
       <IntlProvider locale={locale} messages={messages}>
         {contextHolder}
         <Outlet />
       </IntlProvider>
     </ConfigProvider>
   );
 }
 export default Wrappers;
```

代码解析：

（1）在上述代码中，第07行引入函数getLocaleMessages，用于获取不同语言下的翻译文件。打开src/help/utils.js文件，编写getLocaleMessages函数，代码如下：

```
export const loadMessages = () => {
  const en = require('./translations/en.json');
  const fr = require('./translations/fr.json');
  const zh = require('./translations/zh.json');
  const de = require('./translations/de.json');
  return {en, fr, zh, de}
}

export const getLocaleMessages = (languageCode) => {
  const messages = loadMessages();
  return messages[languageCode];
}
```

在loadMessages函数中需要引入各语言的翻译文件。打开src/help/translations文件夹，在其中创建文件en.json、fr.json、zh.json和de.json。这些文件中的翻译文案一般由专业翻译公司提供。

在zh.json文件中编写如下代码：

```
{
  "China": "中国",
  "Australia": "澳大利亚",
  "India": "印度",
  "Indonesia": "印度尼西亚",
  "Japan": "日本",
  "Malaysia": "马来西亚",
  "New Zealand": "新西兰",
  "Philippines": "菲律宾",
  "Singapore": "新加坡",
  "South Korea": "韩国",
  "Sri Lanka": "斯里兰卡",
  "Thailand": "泰国",
  "Vietnam": "越南",
  "Albania": "阿尔巴尼亚",
  "Algeria": "阿尔及利亚",
  "Angola": "安哥拉",
  "Armenia": "亚美尼亚",
  "Austria": "奥地利",
  "Azerbaijan": "阿塞拜疆",
  "Bahrain": "巴林",
  "Belarus": "白俄罗斯",
  "Belgium": "比利时",
  "Bosnia & Herzegovina": "波斯尼亚和黑塞哥维那",
  "Botswana": "博茨瓦纳",
  "Bulgaria": "保加利亚",
  "Cameroon": "喀麦隆",
  "Côte d'Ivoire": "科特迪瓦",
  "Croatia": "克罗地亚",
```

```
"Cyprus": "塞浦路斯",
"Czechia": "捷克",
"Denmark": "丹麦",
"Egypt": "埃及",
"Estonia": "爱沙尼亚",
"Finland": "芬兰",
"France": "法国",
"Georgia": "格鲁吉亚",
"Germany": "德国",
"Ghana": "加纳",
"Greece": "希腊",
"Hungary": "匈牙利",
"Ireland": "爱尔兰",
"Israel": "以色列",
"Italy": "意大利",
"Jordan": "乔丹",
"Kazakhstan": "哈萨克斯坦",
"Kenya": "肯尼亚",
"Kosovo": "科索沃",
"Kuwait": "科威特",
"Latvia": "拉脱维亚",
"Lebanon": "黎巴嫩",
"Lithuania": "立陶宛",
"North Macedonia": "北马其顿",
"Mauritius": "毛里求斯",
"Moldova": "摩尔多瓦",
"Morocco": "摩洛哥",
"Netherlands": "荷兰",
"Nigeria": "尼日利亚",
"Norway": "挪威",
"Oman": "阿曼",
"Pakistan": "巴基斯坦",
"Poland": "波兰",
"Portugal": "葡萄牙",
"Qatar": "卡塔尔",
"Romania": "罗马尼亚",
"Russia": "俄罗斯",
"Saudi Arabia": "沙特阿拉伯",
"Senegal": "塞内加尔",
"Serbia": "塞尔维亚",
"Slovakia": "斯洛伐克",
"Slovenia": "斯洛文尼亚",
"South Africa": "南非",
"Spain": "西班牙",
"Sweden": "瑞典",
"Switzerland": "瑞士",
"Tajikistan": "塔吉克斯坦",
"Tunisia": "突尼斯",
"Turkiye": "土耳其",
"Turkmenistan": "土库曼斯坦",
"Uganda": "乌干达",
```

```
    "Ukraine": "乌克兰",
    "United Arab Emirates": "阿拉伯联合酋长国",
    "United Kingdom": "英国",
    "Uzbekistan": "乌兹别克斯坦",
    "Argentina": "阿根廷",
    "Bolivia": "玻利维亚",
    "Brazil": "巴西",
    "Chile": "智利",
    "Colombia": "哥伦比亚",
    "Ecuador": "厄瓜多尔",
    "Mexico": "墨西哥",
    "Paraguay": "巴拉圭",
    "Peru": "秘鲁",
    "Uruguay": "乌拉圭",
    "Venezuela": "委内瑞拉",
    "Canada": "加拿大",
    "United States": "美国",
    "Chinese": "中文",
    "English": "英语",
    "Step 1: Choose a market": "第一步：选择市场",
    "Step 2: Software selection": "第二步：选择软件",
    "Step 3: Choose a desktop or laptop": "第三步：选择台式机或笔记本计算机",
    "Price shown is C-Price. Lenovo confidential. Price includes TopSeller PN if
applicable": "显示的价格为C价格。联想机密。价格包括TopSeller PN（如适用）",
    "Success": "成功",
    "Incorrect username or password": "用户名或密码错误",
    "User already exists": "用户名已存在",
    "Register success": "注册成功",
    "Welcome to Software Labs": "欢迎来到软件实验室",
    "Software Labs can help you find a more suitable hardware solution based on your
requirement.": "软件实验室可以根据你的需求帮助你找到更合适的硬件解决方案。",
    "Username": "用户名",
    "Password": "密码",
    "Please input your username!": "请输入用户名!",
    "Please input your password!": "请输入密码!",
    "Remember me": "记住我",
    "register now!": "现在注册!",
    "Or": "或者",
    "LOGIN": "登录",
    "REGISTER": "注册",
    "Logout": "登出",
    "user": "用户",
    "SEARCH": "搜索",
    "We Help You Make The Right Software Decisions.": "我们帮助你做出正确的软件决策。",
    "Online Tool to suggest the Good/Better/Best Desktop & Mobile Workstation
configurations(Top Sellers whenever possible),considering the software/applications
(ISVs) the customer is using.": "考虑到客户正在使用的软件/应用程序（ISV），建议良好/更好/最佳
桌面和移动工作站配置的在线工具（尽可能成为畅销产品）。",
    "A good system should impact every single part of your business. These highly
sought-after enterprise applications help manage activities, including planning,
research and development, purchasing, supply chain management, sales, and marketing.":
```

```
"一个好的系统应该影响你业务的每一个部分。这些备受追捧的企业应用程序有助于管理活动，包括规划、研发、采购、供应链管理、销售和营销。",
    "Please select the region and country first, and then select the softwares that will be installed on your computer in the future.": "请先选择地区和国家，然后选择将来将安装在你的计算机上的软件。",
    "Service request timeout": "请求超时",
    "Clear All": "清空"
}
```

其他JSON文件与之类似，具体可以参考本书配套资源中提供的源代码。

（2）第08行引入localeData。打开src/help/localeData.js文件，编写如下代码：

```
import enUS from 'antd/locale/en_US';
import frFR from 'antd/locale/fr_FR';
import esES from 'antd/locale/es_ES';
import deDE from 'antd/locale/de_DE';
import zhCN from 'antd/locale/zh_CN';

const localeData = {
  en: enUS,
  fr: frFR,
  es: esES,
  de: deDE,
  zh: zhCN
}

export default localeData;
```

到目前为止，所有组件的DOM部分和大部分交互已经完成了。

26.14　编写组件样式

组件的DOM和交互逻辑完成后，接下来编写组件样式，样式文件使用SCSS文件，各组件对应的样式文件如表26.1所示，请读者自行打开相应的文件查阅。

表 26.1　各组件对应的样式文件

组　　件	样式文件
Login 组件	src/features/login/index.scss
Banner 组件	src/features/banner/index.scss
Bar 组件	src/features/bar/index.scss
Step1 组件	src/features/bar/components/step1.scss
AppIcons 组件	src/features/bar/components/appIcons.scss
AppLists 组件	src/features/bar/components/appLists.scss
Search 组件	src/features/bar/search.scss
Concat 组件	src/features/concat/index.scss
Products 组件	src/features/product/index.scss
ProductLists 组件	src/features/product/components/productLists.scss

（续表）

组　件	样式文件
Product 组件	src/features/product/components/product.scss
CarouselCard 组件	src/features/product/components/carouselCard.scss
Category 组件	src/features/product/components/category.scss
Stock 组件	src/features/product/components/stock.scss
ProductTable 组件	src/features/product/components/productTable.scss
TotalPrice 组件	src/features/product/components/totalPrice.scss
PriceTip 组件	src/features/product/components/priceTip.scss
FeedBack 组件	src/features/feedback/index.scss
FeedBackModal 组件	src/features/feedback/components/FeedBackModal.scss

26.15 编写 actions.js

每个容器组件对应一个actions.js文件，在actions.js中创建reducer、定义ajax请求函数、发送action。

首先打开src/help/utils.js文件，编写generateApiUrl函数，用于获取拼接后的完整接口地址，代码如下：

```
import _ from 'lodash';
import {api} from './requestAPI';

export const generateApiUrl = (key, params = {}) => {
  const query = [];
  const prefix = '/api';
  params['lang'] = window.sessionStorage.getItem('lang');
  for(let key in params){
    if(params[key]){
      const str = key + '=' + params[key];
      query.push(str);
    }
  }
  return _.isEmpty(query) ? prefix + api[key] : prefix + api[key] + '?' +
query.join('&');
}
```

打开src/help/requestAPI.js文件，定义api对象，用于保存所有接口地址，代码如下：

```
export const api = {
  login: '/login',
  register: '/register',
  fetchFeatureToggles: '/featuresToggle',
  softwareLists: '/product/getApplication',
  locales: '/product/getLocales',
  getProducts: '/product/recommend',
  saveFeedback: '/product/saveFeedback'
}
```

26.15.1　Login 组件的 actions

打开src/features/login/actions.js文件，这个文件用于处理登录和注册组件的actions和reducers，代码如下：

```
01  import { createAsyncThunk, createSlice } from '@reduxjs/toolkit';
02  import _ from 'lodash';
03  import {request} from '../../help/request';
04  import {generateApiUrl} from '../../help/utils';
05  
06  const initialState = {
07    username: '',
08    status: 'idle',
09    token: ''
10  };
11  
12  //reducers - synchronous actions
13  const reducers = {
14    updateToken: (state, action) => {
15      state.token = '';
16    }
17  }
18  
19  export const logout = (dispatch) => {
20    dispatch(updateToken(''));
21  }
22  
23  export const getLoginAuth = createAsyncThunk(
24    'login/getLoginAuth',
25    async (params) => {
26      const response = await request.post(generateApiUrl('login'), params);
27      return response.data;
28    }
29  );
30  
31  export const getRegisterAuth = createAsyncThunk(
32    'login/getRegisterAuth',
33    async (params) => {
34      const response = await request.post(generateApiUrl('register'), params);
35      return response.data;
36    }
37  );
38  
39  export const slice = createSlice({
40    name: 'app',
41    initialState,
42    reducers,
43    extraReducers: (builder) => {
44      builder
45        .addCase(getLoginAuth.pending, (state) => {
```

```
46            state.status = 'loading';
47          })
48          .addCase(getLoginAuth.fulfilled, (state, action) => {
49            state.status = 'succeeded';
50            console.log('action.payload:',action.payload)
51            state.username = _.get(action.payload, ['data', 'username']);
52            state.token = _.get(action.payload, ['data', 'token']);
53          })
54          .addCase(getRegisterAuth.pending, (state) => {
55            state.status = 'loading';
56          })
57          .addCase(getRegisterAuth.fulfilled, (state, action) => {
58            state.status = 'succeeded';
59            console.log('action.payload:',action.payload)
60            state.username = action.payload.data.username;
61            state.token = action.payload.data.token;
62          });
63      },
64    });
65
66    //actions
67    export const { updateToken } = slice.actions;
68
69    export default slice.reducer;
```

代码解析：

- 第01行从Redux Toolkit中引入createAsyncThunk和createSlice。
- 第02行引入工具库lodash。
- 第03行引入request对象，该对象中封装了axios的get和post方法，用于发送异步请求。
- 第04行引入generateApiUrl函数，用于统一处理接口URL。
- 第06~10行是初始state对象。其中，username保存登录后的用户名；status保存ajax请求状态；token是登录接口返回的token，用于在调用接口或其他模块时识别用户是否为登录状态。
- 第13~17行是reducers函数集合。updateToken用于更新token。
- 第19行定义logout函数。当用户登出系统时执行此函数，它同时将token值置为空。
- 第23行定义getLoginAuth函数，用于发送ajax请求提交用户登录信息。
- 第31行定义getRegisterAuth函数，用于发送ajax请求提交用户注册信息。
- 第39~64行通过createSlice生成名为slice的数据分片，分别在getLoginAuth和getRegisterAuth的pending和fulfilled状态时更新Redux中的state数据。
- 第67行导出updateToken函数，供组件使用。
- 第69行导出reducer函数。

26.15.2 Bar 组件的 actions

打开src/features/bar/actions.js文件，该文件用于Bar组件中Redux数据的处理和actions动作的发送，代码如下：

```
01  import { createAsyncThunk, createSlice } from '@reduxjs/toolkit';
02  import _ from 'lodash';
03  import {request} from '../../help/request';
04  import {generateApiUrl, structuralTransformationSoftwareLists} from
'../../help/utils';
05
06  const initialState = {
07    softwareLists: [],
08    checkedSoftwareLists: [],
09    locales: [],
10    error: null,
11    status: {}
12  };
13
14  //reducers - synchronous actions
15  const reducers = {
16    updateCheckedSoftwareLists: (state, action) => {
17      state.checkedSoftwareLists = action.payload;
18    },
19    softwareListsReset: (state, action) => {
20      state.softwareLists = [];
21    },
22    barReset: (state, action) => {
23      const noInclude = ['locales', 'softwareLists'];
24      for(let key in initialState){
25        if(!_.includes(noInclude, key)){
26          state[key] = initialState[key];
27        }
28      }
29    }
30  }
31
32  //async actions
33  export const getSoftwareLists = createAsyncThunk(
34    'bar/fetchSoftwareLists',
35    async (params) => {
36      const response = await request.get(generateApiUrl('softwareLists',
params))
37      return response.data;
38    }
39  );
40
41  export const getLocales = createAsyncThunk(
42    'bar/fetchLocales',
43    async () => {
44      const response = await request.get(generateApiUrl('locales'))
45      return response.data;
46    }
47  );
48
49  export const barSlice = createSlice({
```

```
50    name: 'bar',
51    initialState,
52    reducers,
53    extraReducers: (builder) => {
54      builder
55        .addCase(getSoftwareLists.pending, (state) => {
56          state.status.getSoftwareLists = 'loading';
57        })
58        .addCase(getSoftwareLists.fulfilled, (state, action) => {
59          state.status.getSoftwareLists = 'succeeded';
60          state.softwareLists =
structuralTransformationSoftwareLists(action.payload.data);
61        })
62        .addCase(getSoftwareLists.rejected, (state, action) => {
63          state.status.getSoftwareLists = 'failed';
64          state.error = action.error.message
65        })
66        .addCase(getLocales.pending, (state) => {
67          state.status.getLocales = 'loading';
68        })
69        .addCase(getLocales.fulfilled, (state, action) => {
71          state.status.getLocales = 'succeeded';
72          state.locales = action.payload.data;
73        })
74        .addCase(getLocales.rejected, (state, action) => {
75          state.status.getLocales = 'failed';
76          state.error = action.error.message
77        });
78    },
79  });
80
81  //actions
82  export const {updateCheckedSoftwareLists, barReset, softwareListsReset} =
barSlice.actions;
83
84  export default barSlice.reducer;
```

代码解析：

- 第01行从Redux Toolkit中引入createAsyncThunk和createSlice。
- 第02行引入工具库lodash。
- 第03行引入request对象，该对象中封装了axios的get和post方法，用于发送异步请求。
- 第04行引入generateApiUrl和structuralTransformationSoftwareLists，generateApiUrl用于统一处理接口URL，structuralTransformationSoftwareLists用于将接口返回的软件列表数据转换为UI渲染需要的结构。
- 第06~13行是初始state对象。其中，softwareLists用于保存软件列表数据，checkedSoftwareLists用于保存选中的软件列表，locales用于保存国家和语言列表数据，error是Bar组件的错误信息，status是请求状态。

- 第 15~30 行是 reducers 函数集合。其中，updateCheckedSoftwareLists 用于更新 checkedSoftwareLists，softwareListsReset用于重置softwareLists，barReset用于重置除locales和softwareLists之外的其他state值。
- 第33行定义getSoftwareLists，用于发送ajax请求从接口获取softwareLists数据。
- 第41行定义getLocales，用于发送ajax请求从接口获取locales数据。
- 第49~79行通过createSlice生成名为barSlice的数据分片。
- 第55~57行表示在getSoftwareLists请求过程中即pending时，设置status.getSoftwareLists值为loading。
- 第58~61行表示当getSoftwareLists请求成功即fulfilled时，设置status.getSoftwareLists值为succeeded，设置 softwareLists 值为经过 structuralTransformationSoftwareLists 处理的 action.payload.data。
- 第62~65行表示当getSoftwareLists请求失败即rejected时，设置status.getSoftwareLists值为failed，设置error值为action.error.message。
- 第66~68行表示在getLocales请求过程中即pending时，设置status.getLocales值为loading。
- 第69~73行表示当getLocales请求成功即fulfilled时，设置status.getLocales值为succeeded，设置locales值为action.payload.data。
- 第74~77行表示当getLocales请求失败即rejected时，设置status.getLocales值为failed，设置error值为action.error.message。
- 第82行导出updateCheckedSoftwareLists、barReset、softwareListsReset函数，供组件使用。
- 第84行导出reducer函数。

26.15.3 Product 组件的 actions

打开src/features/product/actions.js文件，这个文件用于处理搜索出来的产品组件的actions和reducers，代码如下：

```
01  import { createAsyncThunk, createSlice } from '@reduxjs/toolkit';
02  import {request} from '../../help/request';
03  import {generateApiUrl, structuralTransformation} from '../../help/utils';
04
05  const initialState = {
06    products: [],
07    searchSoftwares: [],
08    status: 'idle'
09  };
10
11  //reducers
12  const reducers = {
13    updateSearchSoftwares: (state, action) => {
14      state.searchSoftwares = action.payload;
15    },
16    productReset: (state, action) => {
17      for(let key in initialState){
18        state[key] = initialState[key];
19      }
```

```
20    },
21  }
22
23  //async actions
24  export const getProducts = createAsyncThunk(
25    'product/fetchProducts',
26    async (params) => {
27      const response = await request.post(generateApiUrl('getProducts'), params)
28      return response.data;
29    }
30  );
31
32  export const productSlice = createSlice({
33    name: 'product',
34    initialState,
35    reducers,
36    extraReducers: (builder) => {
37      builder
38        .addCase(getProducts.pending, (state) => {
39         state.status = 'loading';
40        })
41        .addCase(getProducts.fulfilled, (state, action) => {
42          state.status = 'success';
43          let product = structuralTransformation(action.payload.data);
44          if (product[0]?.group !== 'DTWS') product.reverse()
45          state.products = product
46        })
47    },
48  });
49
50  //actions
51  export const { updateSearchSoftwares, productReset } = productSlice.actions;
52
53  export default productSlice.reducer;
```

代码解析：

- 第01行引入createAsyncThunk。
- 第02行引入request对象，该对象中封装了axios的get和post方法，用于发送异步请求。
- 第03行引入generateApiUrl和structuralTransformation，其中generateApiUrl方法用于统一处理接口URL，structuralTransformation用于二次处理/product/recommend接口返回的数据。
- 第05~09行是初始state对象，包含了products、searchSoftwares和status。其中products是UI展示的产品列表数据；searchSoftwares是/product/recommend接口的参数之一，即用户选中的软件的集合；status是保存接口状态的字段。
- 12~21行是reducers函数集合。其中，updateSearchSoftwares用于更新searchSoftwares，productReset用于重置state。
- 第24~30行调用createAsyncThunk函数，其中第27行调用request.post发送POST请求。response是接口返回的数据。

- 第32~48行通过createSlice生成名为productSlice的数据分片。
- 第36行是新增参数extraReducers。
- 第38~46行表示当action为getProducts的接口的请求状态为pending（请求中）时，将status值设置为loading；当接口状态为fulfilled（完成）时，status的值设置为success，并在第43行通过structuralTransformation处理接口返回的数据，在第45行将products的值设置为处理后的product。
- 第51行导出updateSearchSoftwares和productReset供组件使用。
- 第53行导出Product模块对应的reducer函数。

到这里，需要打开src/help/utils.js文件，编写函数structuralTransformationSoftwareLists和structuralTransformation，代码如下：

```
import _ from 'lodash';
export const structuralTransformation = (obj) => {
  let data = [];
  const order = ['Good', 'Better', 'Best'];
  for(let group in obj){
    let rs = {
      group,
      lists: []
    };
    for(let level in obj[group]){
      const orderIndex = order.indexOf(level);
      const product = obj[group][level];
      rs.lists = _.concat(rs.lists, {...product, level, orderIndex});
    }
    rs.lists.sort((a, b) => a.orderIndex - b.orderIndex);
    data = _.concat(data, rs);
  }
  return data;
}

export const structuralTransformationSoftwareLists = (obj) => {
  let data = [];
  for(let group in obj){
    data.push({
      group,
      lists: obj[group]
    })
  }
  return data;
}
```

26.15.4　FeedBack 组件的 actions

打开src/features/feedback/actions.js文件，这个文件用于处理用户反馈组件FeedBack的actions，FeedBack组件没有需要保存到Redux中的数据。代码如下：

```
01  import { createAsyncThunk } from '@reduxjs/toolkit';
02  import {request} from '../../help/request';
03  import {generateApiUrl} from '../../help/utils';
04
05  export const saveFeedback = createAsyncThunk(
06    'product/saveFeedback',
07    async (params) => {
08      const response = await request.post(generateApiUrl('saveFeedback'),
params)
09      return response.data;
10    }
11  );
```

代码解析：

- 第01行引入createAsyncThunk。
- 第02行引入request对象，该对象中封装了axios的get和post方法，用于发送异步请求。
- 第03行引入generateApiUrl，该方法用于统一处理接口URL。
- 第05~11行调用createAsyncThunk函数，其中第06行是action type，是一个字符串；第07~10行是异步函数，params是异步请求需要传入的参数；第08行调用request.post发送POST请求，response是接口返回的数据。

在第6章讲解createSlice函数的时候，说过这个函数可以传入3个参数，其实它还可以传入第4个参数extraReducers，用于补充异步actions的逻辑，例如在异步actions的不同阶段（pending、fulfilled、rejected）更新Redux state。这些异步actions包括由createAsyncThunk或其他slice生成的actions。

26.15.5 App 组件的 actions

打开src/features/app/actions.js文件，这个文件用于App组件的actions和reducers，代码如下：

```
01  import { createAsyncThunk, createSlice } from '@reduxjs/toolkit';
02  import _ from 'lodash';
03  import {request} from '../../help/request';
04  import {generateApiUrl} from '../../help/utils';
05
06  const initialState = {
07    featureToggles: {},
08    status: 'idle'
09  };
10
11  //reducers
12  const reducers = {}
13
14  //async actions
15  export const fetchFeatureToggles = createAsyncThunk(
16    'app/fetchFeatureToggles',
17    async (params) => {
18      const response = await request.get(generateApiUrl('fetchFeatureToggles'),
params)
```

```
19       return response.data;
20     }
21   );
22
23   export const appSlice = createSlice({
24     name: 'app',
25     initialState,
26     reducers,
27     extraReducers: (builder) => {
28       builder
29         .addCase(fetchFeatureToggles.pending, (state) => {
30               state.status = 'loading';
31         })
32         .addCase(fetchFeatureToggles.fulfilled, (state, action) => {
33           state.status = 'success';
34           state.featureToggles = action.payload.data
35         })
36     },
37   });
38   export default appSlice.reducer;
```

代码解析：

- 第01行从Redux Toolkit中引入createAsyncThunk和createSlice。
- 第02行引入工具库lodash。
- 第03行引入request对象，该对象中封装了axios的get和post方法，用于发送异步请求。
- 第04行引入generateApiUrl函数，用于统一处理接口URL。
- 第06~09行是初始state对象。其中，featureToggles保存接口/api/featuresToggle返回的数据，此数据用于控制页面组件或某个功能是否展示；status保存ajax请求状态。
- 第12行是reducers函数集合，为空。
- 第15行定义fetchFeatureToggles函数。系统打开进行初始化时就执行此函数。
- 第23~37行通过createSlice生成名为appSlice的数据分片。在fetchFeatureToggles的pending和fulfilled状态时更新Redux中的state数据。
- 第38行导出reducer函数。

26.15.6　Wrappers 组件的 actions

打开src/features/wrappers下的actions.js文件，该文件用于Wrappers组件的actions和reducers的处理，代码如下：

```
01   import { createAsyncThunk, createSlice } from '@reduxjs/toolkit';
02   import _ from 'lodash';
03   import {request} from '../../help/request';
04   import {generateApiUrl} from '../../help/utils';
05
06   const initialState = {
07     preferences: {
08       region: '',
```

```
09      countryName: '',
10      countryCode: undefined, //for antd select show placeholder
11      currency: '',
12      language: '',
13      languageCode: ''
14    },
15    error: ''
16  };
17
18  //reducers
19  const reducers = {
20    updatePreferences: (state, action) => {
21      state.preferences = {...state.preferences, ...action.payload};
22      console.log('state.preferences:',state.preferences)
23      window.sessionStorage.setItem('lang', state.preferences.languageCode);
24    },
25    updateError: (state, action) => {
26      state.error = action.payload;
27    },
28    appReset: (state, action) => {
29      for(let key in initialState){
30        state[key] = initialState[key];
31      }
32    }
33  }
34
35  export const wrappersSlice = createSlice({
36    name: 'wrappers',
37    initialState,
38    reducers,
39  });
40
41  //actions
42  export const { updatePreferences, updateError, appReset } =
wrappersSlice.actions;
43
44  export default wrappersSlice.reducer;
```

代码解析：

- 第01行从Redux Toolkit中引入createAsyncThunk和createSlice。
- 第02行引入工具库lodash。
- 第03行引入request对象，该对象中封装了axios的get和post方法，用于发送异步请求。
- 第04行引入generateApiUrl，该方法用于统一处理接口URL。
- 第06~16行是初始state对象。其中，preferences中保存了区域、国家、货币和语言信息，error是整个网站的error提示信息。
- 第19~33行是reducers函数集合。其中，updatePreferences用于更新preferences，updateError用于更新error信息，appReset用于重置state。
- 第35~39行通过createSlice生成名为wrappersSlice的数据分片。

- 第42行导出updatePreferences、updateError、appReset方法，供组件使用。
- 第44行导出reducer函数。

编写完所有actions.js后，需要将所有reducers汇总合成一个store，供Provider组件及所有容器组件使用。

打开src/store.js文件，这个文件是之前新建的空白文件，编写如下代码：

```
import { configureStore} from '@reduxjs/toolkit';
import wrappersReducer from './features/wrappers/actions';
import appReducer from './features/app/actions';
import barReducer from './features/bar/actions';
import productReducer from './features/product/actions';
import loginReducer from './features/login/actions';

export const store = configureStore({
  reducer: {
    wrappers: wrappersReducer,
    bar: barReducer,
    product: productReducer,
    login: loginReducer,
    app: appReducer
  },
  devTools: process.env.NODE_ENV !== 'production',
});
```

26.16　编写 selector.js

每个容器组件对应一个selector.js文件，该文件用于定义selector函数，调用该函数可以从Redux中获取数据。

26.16.1　Login 组件的 selector

打开src/features/login/selector.js文件，在该文件中编写selectToken和selectUsername函数，分别用于获取Login组件的reducers中的token和username数据。代码如下：

```
export const selectToken = (state) => state.login.token;
export const selectUsername = (state) => state.login.username;
```

26.16.2　Bar 组件的 selector

打开src/features/bar/selector.js文件，在该文件中编写selectSoftwareLists、selectCheckedSoftwareLists、selectLocales和selectStatus函数，分别用于获取Bar组件的reducers中的softwareLists、checkedSoftwareLists、locales和status数据。代码如下：

```
    export const selectSoftwareLists = (state) => state.bar.softwareLists;
    export const selectCheckedSoftwareLists = (state) =>
state.bar.checkedSoftwareLists;
```

```
export const selectLocales = (state) => state.bar.locales;
export const selectStatus = (state) => state.bar.status;
```

26.16.3 Product 组件的 selector

打开src/features/product/selector.js文件，在该文件中编写selectProducts、selectSearchStatus和selectSearchSoftwares函数，分别用于获取Product组件的reducers中的products、status和searchSoftwares数据。代码如下：

```
export const selectProducts = (state) => state.product.products;
export const selectSearchStatus = (state) => state.product.status;
export const selectSearchSoftwares = (state) => state.product.searchSoftwares;
```

26.16.4 Wrappers 组件的 selector

打开src/features/wrappers/selector.js文件，在该文件中编写selectPreferences和selectError函数，分别用于获取Wrappers组件的reducers中的preferences和error数据。代码如下：

```
export const selectPreferences = (state) => state.wrappers.preferences;
export const selectError = (state) => state.wrappers.error;
```

26.17 mock 数据

在全栈开发中，工程师会依次进行前后端的开发，而此时还没有接口，即后端没有向前端提供真实的数据。因此，如果前端项目中请求接口，可以使用mock数据来查看页面展示效果。

打开src/mock文件夹，创建几个JSON文件，分别保存接口返回的模拟数据。

创建login.json文件夹，此文件中保存了登录接口返回的模拟数据，代码如下：

```
{
  "code": 200,
  "message": "success",
  "data": {
    "username": "lihy",
    "token": "aaa"
  }
}
```

创建application.json、feedback.json、locales.json、recommend.json、toggles.json。它们的内容可参考源代码。

创建data.js文件，该文件汇总所有JSON格式的模拟数据，并返回data对象，代码如下：

```
const toggles = require('./toggles.json');
const login = require('./login.json');
const locales = require('./locales.json');
const application = require('./application.json');
const recommend = require('./recommend.json');
const feedback = require('./feedback.json');
```

```
const data = {
  toggles,
  login,
  locales,
  application,
  recommend,
  feedback
}
module.exports = data;
```

创建MockServer.js文件，此文件创建一个基于Express框架的本地服务器，端口为8090，代码如下：

```
let express = require('express');
const data = require('./data');
const port = 8090;
const app = express();

app.use(function(req, res, next) {
  res.header("Access-Control-Allow-Origin", "*");
  res.header('Access-Control-Allow-Methods', 'PUT, GET, POST, DELETE, OPTIONS');
  res.header("Access-Control-Allow-Headers", "X-Requested-With");
  res.header('Access-Control-Allow-Headers', 'Content-Type');
  res.header("Content-Type", "application/json;charset=utf-8");
  next();
});

app.use('/api/featuresToggle',function(req, res){
  res.json(data.toggles)
})

app.use('/api/login',function(req, res){
  res.json(data.login)
})

app.use('/api/register',function(req, res){
  res.json(data.login)
})

app.use('/api/product/getLocales',function(req, res){
  res.json(data.locales)
})

app.use('/api/product/getApplication',function(req, res){
  res.json(data.application)
})

app.use('/api/recommend',function(req, res){
  res.json(data.recommend)
})
```

```
app.use('/api/saveFeedback',function(req, res){
  res.json(data.feedback)
})

app.listen(port, () => {
  console.log('监听端口 8090')
})
```

上面的代码中定义了React前端项目中所需的所有接口。这些接口将data.js中的模拟数据返回给前端使用。

那么怎样开始使用mock数据呢？

首先，打开src/help/request.js文件，增加以下代码：

```
axios.defaults.baseURL = 'http://localhost:8090/'
```

上面的代码设置了axios的baseUrl。

然后在/help/mock/目录下打开Powershell终端，输入node MockServer.js启动服务器。

至此，前端就可以正常调用ajax请求了，只不过接口返回的数据是模拟的。等后端接口开发完成后，再使用真正的数据。

26.18 增加 toggle 控制

项目在迭代过程中为了保证新增代码不会影响线上的功能，需要对新增的代码增加toggle控制。

应用toggle控制前，首先编写公用代码。

打开src/help/toggle.js文件，编写如下代码：

```
import _ from 'lodash';
class FeatureToggle {
  setStore(store) {
  if (!_.isEmpty(this.featureToggles)) console.warn('Feature toggles have set!');
    let featureToggles = {}
    _.forEach(store.getState().app.featureToggles, toggle => {
      _.set(featureToggles, toggle.name, toggle.enabled);
    });
    this.featureToggles = featureToggles;
  }

  toggle(toggleName) {
    if (!this.featureToggles) throw new Error('Fetch feature toggles fail.');
    let featureEnabled = !!this.featureToggles[toggleName];

    return {
      isEnabled: () => featureEnabled
    }
  }
}
```

```
export const featureToggle = new FeatureToggle();
export default featureToggle.toggle.bind(featureToggle);
```

上面代码的详细介绍请参考第17章toggle控制。

打开src/help/utils.js文件，编写函数initFeatureToggle，同时引入需要的函数，代码如下：

```
import {fetchFeatureToggles} from '../features/app/actions';
import {featureToggle} from './toggle';
export const initFeatureToggle = (store) => {
  return fetchFeatureToggles()(store.dispatch, store.getState)
    .then(() => {
      featureToggle.setStore(store);
    });
};
```

打开项目根目录下的src/index.js文件，调用initFeatureToggle方法。index.js的代码修改为：

```
...
import {initFeatureToggle} from './help/utils';
...
initFeatureToggle(store).finally(() => {
  console.log('redux data:',store.getState());
  root.render(
    <Provider store={store}>
      ...
    </Provider>
  );
})
...
```

如果业务提出的需求要暂缓反馈模块上线，那么我们就可以用toggle进行控制。当业务在将来某个时间提出反馈模块可以上线了，只要在数据库中将控制该模块的toggle打开即可。

打开src/features/feedback/index.js，更新代码如下：

```
01  import React, { useState } from 'react';
02  import _ from 'lodash';
03  import './index.scss';
04  import feedback_icon from '../../assets/images/feedback-icon.png'
05  import FeedBackModal from './components/FeedBackModal';
06  import featureToggle from '../../help/toggle';
07  import { FEATURE_TOGGLES } from '../../help/constants';
08
09  const FeedBack = () => {
10    const [visible, setVisible] = useState(false);
11
12    const handleCancel = () => {
13      setVisible(false);
14    }
15
16    const handleOk = () => {
17      setVisible(false);
18    }
```

```
19
20    const openModal = () => {
21      setVisible(true);
22    }
23
24    return (
25      featureToggle(FEATURE_TOGGLES.FEED_BACK).isEnabled() && <div
id="feedBackMod">
26        <button type="button" className="btn btn-feedback" onClick={openModal}>
27          <img src={feedback_icon} className="mr-2"/>
28          <span>FEEDBACK</span>
29        </button>
30        <FeedBackModal visible={visible} handleCancel={handleCancel}
handleOk={handleOk}/>
31      </div>
32    );
33  }
34  export default FeedBack;
```

代码解析：

- 第06行和第07行引入了featureToggle和FEATURE_TOGGLES。
- 第25行增加代码featureToggle(FEATURE_TOGGLES.FEED_BACK).isEnabled() &&，如果值为ture，则显示feedBackMod模块，否则不显示。

26.19 小结

本章详解讲解了企业项目案例计算机选购配置系统中React前端项目的开发流程、公用文件和组件的编写、容器组件和子组件的编写、actions.js文件和selector.js的编写，帮助读者快速掌握React前端项目的开发方法。

第 27 章

项目 Node 后端开发

由于是全栈开发，因此工程师在完成项目的前端开发后，会进入项目的Node后端开发阶段。本章将按照企业Node项目开发的实际步骤，一步一步地进行环境搭建和接口开发。

本章主要涉及的知识点有：

- 开发环境的准备和搭建
- 编写公用文件
- 创建并连接MongoDB数据库，准备数据
- 定义接口的路由
- 编写接口/login
- 编写接口/register
- 编写接口/featuresToggle
- 编写接口/product/getLocales
- 编写接口/product/getApplication
- 编写接口/product/recommend
- 编写接口/product/saveFeedback

27.1 开发环境的准备和搭建

在项目Node后端开发之前，先确保Node.js已安装完成。项目使用基于Node.js的Express框架进行开发。

首先，打开D:/project/，在此文件夹下打开Powershell终端，输入以下代码初始化项目software-labs-server：

```
npx express-generator --view=ejs software-labs-server
```

在software-labs-server/根目录下输入以下命令启动项目：

```
npm install
```

```
npm start
```

接下来安装一些必要的package包。

使用VS Code打开项目software-labs-server，在VS Code终端输入如下代码：

```
npm install cors express-validator i18n jsonwebtoken lodash mongoose @hapi/boom
```

安装nodemon：

```
npm install nodemon --save-dev
```

安装完依赖后，修改项目的结构，如图27.1所示。

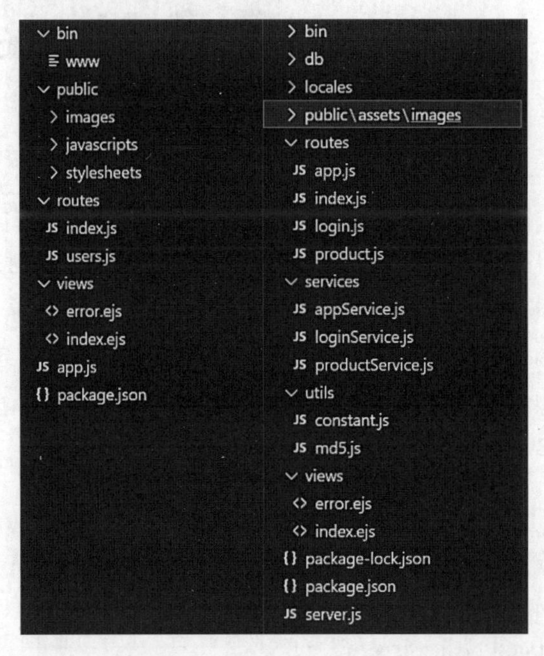

图27.1　Node后端项目software-labs-server目录结构修改前后对比

图中左侧是利用脚手架搭建好的初始结构，右侧是修改后的项目结构，增加了文件夹db、locales、services、utils。其中，db中保存的是操作MongoDB数据库的文件，locales中保存的是国际化的翻译文件，services中保存的是编写接口的文件，utils中保存的是公用文件。

其他的变化还有：

（1）public文件夹中只保留images，用于保存接口需要返回的图片。

（2）删除原routes文件夹的文件，新增空白文件app.js、index.js、login.js、product.js。其中index.js是路由入口文件，其他几个文件对应不同模块的路由。

（3）services文件夹中新增空白文件appService.js、loginService.js、productService.js。

（4）utils文件夹中新增constant.js文件，用于保存常量。md5.js文件中定义了md5函数，用于生成md5随机字符串。

使用nodemon可以避免每次修改代码后重启服务，因此修改代码，改为通过nodemon打开package.json文件，在scripts下增加一行代码：

```
"dev": "nodemon ./bin/www"
```

修改后，保存package.json，在VS Code终端重新执行命令npm run dev，就会更改为通过nodemon启动服务。

27.2　编写公用文件

打开locales文件夹，创建JSON文件en.json和zh.json，这两个文件用于保存后端国际化的翻译文件。en.json代码如下：

```
{
    "Intel Core i7-10875H (8C / 16T, 2.3 / 5.1GHz, 16MB)": "Intel Core i7-10875H (8C / 16T, 2.3 / 5.1GHz, 16MB)",
    "NVIDIA Quadro RTX 3000 6GB": "NVIDIA Quadro RTX 3000 6GB"
}
```

zh.json代码如下：

```
{
    "Intel Core i7-10875H (8C / 16T, 2.3 / 5.1GHz, 16MB)": "英特尔内核 i7-10875H (8C / 16T, 2.3 / 5.1GHz, 16MB)",
    "NVIDIA Quadro RTX 3000 6GB": "英伟达 Quadro RTX 3000 6GB"
}
```

打开utils文件夹，创建constant.js文件，该文件保存Node项目的常量，代码如下：

```
module.exports = {
  CODE_ERROR: -1,                    // 请求响应失败code码
  CODE_SUCCESS: 200,                 // 请求响应成功code码
  CODE_TOKEN_EXPIRED: 401,           // 授权失败
  PRIVATE_KEY: 'jackchen',           // 自定义jwt加密的私钥
  JWT_EXPIRED: 60 * 60 * 24,         // 过期时间24小时
}
```

创建md5.js文件，定义md5函数，用于生成md5字符串，代码如下：

```
const crypto = require('crypto'); // 引入crypto加密模块
function md5(s) {
  return crypto.createHash('md5').update('' + s).digest('hex');
}
module.exports = md5;
```

打开server.js文件，该文件是Node项目的入口文件，代码如下：

```
01  var express = require('express');
02  const i18n = require('i18n');
03  var path = require('path');
04  const cors = require('cors');
05
06  const routes = require('./routes');   //导入自定义路由文件，创建模块化路由
07
08  var app = express();
```

```
09
10  i18n.configure({
11    locales: ['en', 'zh'],                    // 声明包含的语言
12    directory: __dirname + '/locales', // 设置语言文件目录
13    queryParameter: 'lang',                   // 设置查询参数
14    defaultLocale: 'en',                      // 设置默认语言
15  });
16
17  app.use(i18n.init)
18
19  // 设置视图引擎
20  app.set('views', path.join(__dirname, 'views'));
21  app.set('view engine', 'ejs');
22
23  app.use(express.json());
24  app.use(express.urlencoded({ extended: false }));
25  app.use(express.static(path.join(__dirname, 'public')));
26  app.use(cors()); // 注入cors模块解决跨域
27
28  app.use('/', routes);
29
30  // 捕捉404错误并转发至错误处理器
31  app.use(function(req, res, next) {
32    next(404);
33  });
34
35  // 错误处理器
36  app.use(function(err, req, res, next) {
37    // set locals, only providing error in development
38    res.locals.message = err.message;
39    res.locals.error = req.app.get('env') === 'development' ? err : {};
40
41    // 渲染错误页面
42    res.status(err.status || 500);
43    res.render('error');
44  });
45
46  module.exports = app;
```

代码解析：

- 第02行引入i18n。
- 第17行通过app.use使用i18n。
- 有些数据由于是接口动态返回的，因此需要后端做国际化处理。
- 第23行解析JSON格式的请求体数据。
- 第24行解析URL-encoded格式的请求体数据，即application/x-www-form-urlencoded格式的数据。
- 第25行利用express.static托管静态文件。
- 第26行解决跨域访问问题。

- 第28行加载自定义路由模块routes。
- 第31~33行处理404错误。
- 第36~44行是错误处理中间件函数，它要在其他app.use()方法和路由调用之后定义。

27.3　创建并连接 MongoDB 数据库，准备数据

本节主要创建MongoDB数据库并导入数据。

首先从MongoDB官方网站下载安装程序并完成安装。具体步骤和注意事项可以参考24.2节。

然后打开MongoDB Compass图形化界面工具，导入MongoDB数据。数据来源可以从本章配套的项目源代码mongoDB.json文件夹中找到，例如toggles.json文件是接口/featuresToggle的数据源；或者开发者手动添加数据。toggles.json的数据如下：

```
[{
   "name":"FEED_BACK",
   "enabled": true
}]
```

将getApplication.json、getLocales.json、recommends.json都导入数据后，MongoDB的数据就准备好了。

接下来按照24.3节的讲解启动MongoDB服务。

下面开始在Node后端项目中连接数据库、创建数据模型。

打开software-labs-server，在db/下创建index.js文件，该文件用于连接MongoDB数据库。代码如下：

```
const mongoose = require('mongoose')
// 连接数据库
const options = {
  autoIndex: false, // Don't build indexes
  maxPoolSize: 10, // Maintain up to 10 socket connections
  serverSelectionTimeoutMS: 50000, // Keep trying to send operations for 5 seconds
  socketTimeoutMS: 45000, // Close sockets after 45 seconds of inactivity
  family: 4 // Use IPv4, skip trying IPv6
};
mongoose.connect('mongodb://localhost:27017/softwarelabs',options)
.then(() => {
  console.log('数据库连接成功')
})
.catch(err => {
  console.log('数据库连接失败', err)
})
module.exports = mongoose
```

在db/下创建DataModal.js文件，该文件用于创建数据模型、定义Scheme及其集合。代码如下：

```
const mongoose = require('./index')
//定义Schema，描述文档结构，对字段值进行类型校验以及初始化
```

```
const UserSchema = new mongoose.Schema({
  username: String,
  password: String,
  createTime: {
    type: Date,
    default: Date.now
  },
  updateTime: {
    type: Date,
    default: Date.now
  }
})
const ToggleSchema = new mongoose.Schema({
  name: String,
  enabled: Boolean
})
const LocalSchema = new mongoose.Schema({
  countryCode: String,
  countryName: String,
  currency: String,
  languages: Array,
  region: String
})
const ApplicationSchema = new mongoose.Schema({
  group: String,
  application: String
})
const RecommendSchema = new mongoose.Schema({
  ff: String,
  pn: String,
  graphicCapability: String,
  category: String,
  memory: String,
  storage: String,
  processor: String,
  channelPrice: Number,
  totalPrice: Number,
  shortdesc: String,
  inventory: Number,
  supplyColor: String,
  imageMap: Object,
  attributes: Object,
  softwares: Array
})
const FeedbackSchema = new mongoose.Schema({
  group: String,
  application: String
})
//定义Model，与集合对应，可以操作集合
const User = mongoose.model('users', UserSchema);
const Toggle = mongoose.model('toggles', ToggleSchema);
```

```
const Locale = mongoose.model('locales', LocalSchema);
const Application = mongoose.model('applications', ApplicationSchema);
const Recommend = mongoose.model('recommends', RecommendSchema);
const Feedback = mongoose.model('feedback', FeedbackSchema);
//向外暴露Model，会在routes中引入
module.exports = { User, Locale, Application, Recommend, Feedback, Toggle }
```

27.4　定义接口的路由

后端接口之所以能被访问，是因为定义了其路由。

打开项目根目录下的routes/index.js空白文件，该文件是所有接口路由的入口文件。编写代码如下：

```
var express = require('express');
var router = express.Router();

var loginRouter = require('./login');
var appRouter = require('./app');
var productRouter = require('./product');

router.use('/api', loginRouter);      // 注入登录路由模块
router.use('/api', appRouter);        // 注入app路由模块
router.use('/api', productRouter);    // 注入产品路由模块

module.exports = router;
```

下面开始编写各模块的路由。

打开routes/app.js文件，编写如下代码：

```
var express = require('express');
var router = express.Router();
const service = require('../services/appService');

router.get('/featuresToggle', service.featuresToggle);

module.exports = router;
```

上面的代码通过router.get定义了访问/api/featureToggle接口时需要调用service.featureToggle函数。

打开routes/login.js文件，编写如下代码：

```
var express = require('express');
var router = express.Router();
const service = require('../services/loginService');

router.post('/login', service.login);
router.post('/register', service.register);
```

```
module.exports = router;
```

上面的代码通过router.post定义了访问/api/login接口时需要调用service.login函数，访问/api/register接口时需要调用service.register函数。

打开routes/product.js文件，编写如下代码：

```
var express = require('express');
var router = express.Router();
const service = require('../services/productService');

router.get('/product/getLocales', service.getLocales);
router.get('/product/getApplication', service.getApplication);
router.post('/product/recommend', service.getRecommend);
router.post('/product/saveFeedback', service.saveFeedback);

module.exports = router;
```

上面的代码通过router.get定义了访问/api/product/getLocales接口时需要调用service.getLocales函数，访问/api/product/getApplication接口时需要调用service.getApplication函数；通过router.post定义了访问/api/product/recommend接口时需要调用service.getRecommend函数，访问/api/product/saveFeedback接口时需要调用service.saveFeedback函数。

27.5 编写接口/login

打开services/loginService.js文件，编写如下代码：

```
01  const md5 = require('../utils/md5');
02  const jwt = require('jsonwebtoken');
03  const boom = require('@hapi/boom');
04  const { body, validationResult } = require('express-validator');
05  const {
06    CODE_ERROR,
07    CODE_SUCCESS,
08    PRIVATE_KEY,
09    JWT_EXPIRED
10  } = require('../utils/constant');
11  const { User } = require('../db/DataModal')
12
13  //登录
14  const login = async (req, res, next) => {
15    let { username, password } = req.body;
16    const err = validationResult(req);
17    //如果验证错误
18    if (!err.isEmpty()) {
19      // 获取错误信息
20      const [{ msg }] = err.errors;
21      // 抛出错误，交给自定义的统一异常处理程序进行错误返回
22      next(boom.badRequest(msg));
23    } else {
```

```
24      //md5加密
25      password = md5(password);
26      const data = await User.findOne({username, password});
27      console.log('data:',data)
28      //登录成功
29      if(data){
30        const token = jwt.sign(
31          // payload：签发的token里面要包含的一些数据
32          { username },
33          // 私钥
34          PRIVATE_KEY,
35          // 设置过期时间
36          { expiresIn: JWT_EXPIRED }
37        )
38
39        res.json({
40          code: CODE_SUCCESS,
41          msg: 'Success',
42          data: {
43            token,
44            username
45          }
46        })
47        return;
48      }
49      //用户名或密码错误
50      res.json({
51        code: CODE_ERROR,
52        msg: 'Incorrect username or password'
53      })
54    }
55  }
56
57  module.exports = {
58    login
59  }
```

代码解析：

- 第14~55行定义函数login，用于处理接口/api/login。
- 第25行调用md5函数对密码进行加密。
- 第26行根据接口传来的用户名和密码从数据库提取用户信息。若用户信息存在，则表示登录成功，后续执行29~48行代码；否则表示登录失败，后续执行第50~53行，返回登录失败。
- 第57~59行导出login函数。

27.6 编写接口/register

在services/loginService.js中还定义了register函数，用于对/register接口进行处理。编写register函数，代码如下：

```
01 const register = async (req, res, next) => {
02   let { username, password } = req.body;
03   const err = validationResult(req);
04   if (!err.isEmpty()) {
05     const [{ msg }] = err.errors;
06     next(boom.badRequest(msg));
07   } else {
08     password = md5(password);
09     const data = await User.findOne({username});
10     //用户已存在
11     if(data){
12       res.json({
13         code: CODE_ERROR,
14         msg: 'User already exists',
15         data: null
16       })
17     }
18     await User.create({
19       username,
20       password
21     })
22     const token = jwt.sign(
23       {username},
24       PRIVATE_KEY,
25       {expiresIn: JWT_EXPIRED}
26     )
27 
28     res.json({
29       code: CODE_SUCCESS,
30       msg: 'Register success',
31       data: {
32         token,
33         username
34       }
35     })
36   }
37 }
```

代码解析：

- 第11~17行表示如果数据库中已经存在接口传来的用户名，则注册失败；如果数据库中还没有接口传来的用户名，则可以继续注册。

- 第18~21行表示将数据插入数据库。
- 第22~26行生成token。
- 第28~35行是接口返回给前端的内容。

同时，在module.exports中追加导出register函数的代码。代码如下：

```
module.exports = {
  login,
  register
}
```

27.7　编写接口/featuresToggle

打开services/appService.js文件，编写如下代码：

```
01  const boom = require('@hapi/boom');
02  const { validationResult } = require('express-validator');
03  const {
04    CODE_SUCCESS
05  } = require('../utils/constant');
06  const { Toggle } = require('../db/DataModal')
07
08  const featuresToggle = async (req, res, next) => {
09    const err = validationResult(req);
10    if (!err.isEmpty()) {
11      const [{ msg }] = err.errors;
12      next(boom.badRequest(msg));
13    } else {
14      const data = await Toggle.find({});
15      res.json({
16        code: CODE_SUCCESS,
17        msg: 'success',
18        data: data
19      })
20    }
21  }
22
23  module.exports = {
24    featuresToggle
25  }
```

代码解析：

- 第08~21行定义featuresToggle函数。
- 第09行调用validationResult(req)对错误进行处理。
- 第10行进行判断，如果err不为空，则从err.errors中取出错误信息，并执行next跳转到server.js中最后定义的错误处理函数；如果err为空，执行第14~19行代码。

- 第14行表示从数据库中取出数据。
- 第15~19行通过res.json将从数据库中取出的数据作为结果返回给客户端，也就是在浏览器中看到的接口/api/featuresToggle/返回的数据。
- 第23~25行导出featuresToggle函数。

27.8 编写接口/product/getLocales

打开services/productService.js文件，编写如下代码：

```
01  const _ = require('lodash');
02  const boom = require('@hapi/boom');
03  const { body, validationResult } = require('express-validator');
04  const {
05    CODE_ERROR,
06    CODE_SUCCESS
07  } = require('../utils/constant');
08  const { Locale, Application } = require('../db/DataModal')
09
10  const getLocales = async (req, res, next) => {
11    const err = validationResult(req);
12    if (!err.isEmpty()) {
13      const [{ msg }] = err.errors;
14      next(boom.badRequest(msg));
15    } else {
16      const data = await Locale.find({});
17      const resData = {}
18      _.forEach(data, item => {
19        const region = item['region'];
20        if(!resData[region]){
21          resData[region] = [];
22        }
23        resData[region].push(item);
24      })
25      res.json({
26        code: CODE_SUCCESS,
27        msg: 'success',
28        data: resData
29      })
30    }
31  }
32
33  module.exports = {
34    getLocales
35  }
```

代码解析：

- 第10~31行定义getLocales函数。该函数返回接口/api/product/getLocales的数据。
- 第12~15行是对接口错误的处理。每个接口处理函数的错误处理都相似。
- 第16行是从数据库获取数据。
- 第17~24行对获取的数据进行数据结构转换。
- 第25~29行返回接口的JSON数据。
- 第33~35行导出getLocales函数。

27.9　编写接口/product/getApplication

打开services/productService.js文件，编写getApplication函数，用于处理/product/getApplication接口，代码如下：

```
const getApplication = async (req, res, next) => {
  const err = validationResult(req);
  if (!err.isEmpty()) {
    const [{ msg }] = err.errors;
    next(boom.badRequest(msg));
  } else {
    const { countryCode = 'US' } = req.query;
    const data = await Application.find({});
    const resData = {}
    _.forEach(data, item => {
     const group = item['group'];
     if(!resData[group]){
       resData[group] = [];
     }
     resData[group].push(item);
    })
    res.json({
     code: CODE_SUCCESS,
     msg: 'success',
     data: resData
    })
  }
}
```

上面代码中定义了getApplication函数，该函数返回接口/api/product/getApplication的数据。同时，还要在module.exports中追加导出getApplication函数的代码，代码如下：

```
module.exports = {
  getLocales,
  getApplication
}
```

27.10 编写接口/product/recommend

打开services/productService.js文件，编写getRecommend函数，用于处理/product/recommend接口，代码如下：

```
01 const _ = require('lodash');
02 const boom = require('@hapi/boom');
03 const { body, validationResult } = require('express-validator');
04 const {
05   CODE_ERROR,
06   CODE_SUCCESS
07 } = require('../utils/constant');
08 const { Locale, Application, Recommend } = require('../db/DataModal')
09
10 const getRecommend = async (req, res, next) => {
11   const err = validationResult(req);
12   if (!err.isEmpty()) {
13     const [{ msg }] = err.errors;
14     next(boom.badRequest(msg));
15   } else {
16     const {
17       applications = [],
18       countryCode = 'US',
19       currencyCode = 'USD',
20       lang = 'en'
21     } = req.body;
22     const data = await Recommend.find({}).sort({processor: 1, memory: 1});
23     const resData = {}
24     _.forEach(data, item => {
25       //后端国际化
26       for(let key in item){
27          const value = item[key];
28          const i18nValue = res.__(value);
29          item[key] = i18nValue ? i18nValue : value;
30       }
31       if(!resData[item.ff]){
32         resData[item.ff] = {};
33       }
34       if(!resData[item.ff]['Best']){
35         resData[item.ff]['Best'] = item;
36         return true;
37       }
38       if(!resData[item.ff]['Better']){
39         resData[item.ff]['Better'] = item;
40         return true;
41       }
42       if(!resData[item.ff]['Good']){
43         resData[item.ff]['Good'] = item;
44         return true;
```

```
45          }
46        })
47        res.json({
48          code: CODE_SUCCESS,
49          msg: 'success',
50          data: resData
51        })
52      }
53    }
```

代码解析：

- 第10~46行定义了getRecommend函数。
- 第16~21行从req.body中接收前端接口传来的参数。
- 第22行从数据库中取出所有数据。这里由于数据量有限，省略后台的业务逻辑，只简单返回所有数据。
- 第23~46行整理取出的数据，并转换成前端需要的结构。
- 第26~30行是后端对数据进行国际化处理，循环遍历数据，并使用res.__方法获得翻译后的字符串。
- 第47~51行通过res.json将数据返回。

同时，在module.exports中追加导出getRecommend函数的代码，代码如下：

```
module.exports = {
  getApplication,
  getLocales,
  getRecommend,
}
```

27.11　编写接口/product/saveFeedback

打开services/productService.js文件，编写saveFeedback函数，用于处理/product/saveFeedback接口，代码如下：

```
const saveFeedback = async (req, res, next) => {
  const err = validationResult(req);
  if (!err.isEmpty()) {
    const [{ msg }] = err.errors;
    next(boom.badRequest(msg));
  } else {
    res.json({
      code: CODE_SUCCESS,
      msg: 'success',
    })
  }
}
```

上面的代码中定义了saveFeedback函数，过程与getRecommend函数类似。

同时，在module.exports中追加导出saveFeedback函数的代码，代码如下：

```
module.exports = {
  getApplication,
  getLocales,
  getRecommend,
  saveFeedback
}
```

27.12 小结

本章详细讲解了企业案例计算机选购配置系统的Node后端项目开发环境的准备和搭建，创建并连接MongoDB数据库，定义接口的路由，编写接口/login、/register、/featuresToggle、/product/getApplication、/product/getLocales、/product/recommend和/product/saveFeedback，帮助读者快速掌握Node后端项目的开发。